A New Wave Of
Consumption
You Must Know

张内咸 —— 著

21世纪中国『文艺复兴』

The 21th Century Chinese Renaissance

 中国水利水电出版社

www.waterpub.com.cn

·北京·

内 容 提 要

伴随着中国经济的崛起与文化的复兴，以中国元素为主要内容、旨在体现中国独特文化底蕴的审美文化逐渐兴起，这便是国潮。本书共分6章，主要以国潮的含义和国潮的三大要素为线索，阐述了何为国潮、如何打造国潮等。鉴于此，本书有助于唤醒传统审美、创新审美潮流、坚定文化自信等，适合各行各业读者阅读，对于推动国潮文化建设具有一定的指导意义。本书案例典型，可读性强，是一本关于国潮的不可多得的优秀读物。

图书在版编目（CIP）数据

国潮：21世纪中国"文艺复兴" / 张内咸著 .--
北京：中国水利水电出版社，2022.1
　ISBN 978-7-5226-0449-7

Ⅰ.①国… Ⅱ.①张… Ⅲ.①审美文化—研究—中国
Ⅳ.① B83-0

中国版本图书馆 CIP 数据核字 (2022) 第 017573 号

策划编辑 / 责任编辑：石金龙（48989952@qq.con 010-68545892）

书　　名	国潮：21世纪中国"文艺复兴" GUOCHAO：21 SHIJI ZHONGGUO "WENYI FUXING"
作　　者	张内咸　著
出版发行	中国水利水电出版社 （北京市海淀区玉渊潭南路 1 号 D 座　100038） 网址：www.waterpub.com.cn E-mail：sales@waterpub.com.cn 电话：（010）68367658（营销中心）
经　　售	北京科水图书销售中心（零售） 电话：（010）88383994、63202643、68545874 全国各地新华书店和相关出版物销售网点
封面设计	解雅乔
排　　版	尚泉勇
印　　刷	天津久佳雅创印刷有限公司
规　　格	170mm×240mm　16 开本　19 印张　237 千字
版　　次	2022 年 1 月第 1 版　2022 年 1 月第 1 次印刷
定　　价	88.00 元

前言 Preface

起初编辑老师要我为这本书写前言时，我内心是拒绝的。因为这本书总共六章，而其中第一章整篇都是序章，关于创作的前因后果已经交代得很清楚。尽管这些章节的标题彼此看来毫不相干，但切实是经过我精心设计的，结构环环相扣，并不需要再加个前言。

不如用这点篇幅为读者写一段自荐吧。

本书叫《国潮：21世纪中国"文艺复兴"》，灵感源于几年前流行过的一本畅销书《21世纪资本论》。至于"国潮"这个最近正当红的词语，虽然貌似一个新词，实则是个由来已久的概念，早在一百年前就已有了它的原型。我写作这本书，就是为了向读者展现这段波澜壮阔的历史，其中涉及的学术概念皆有出处。但我并不想把它写成论文，而是加入很多插科打诨的段子，这必然会导致一部分严肃的读者对本书心生反感。如果拨开那些装饰性的叙述，只拣选结论的话，这本书其实有很强的工具性——尤其是对文化创意产业的从业者而言。通过对国潮三要素进行讨论，读者完全可以试着将旧的关键词重新排列组合，策划一场打造爆款的商业实践。

此外，我非常希望读者能够按照正常的阅读顺序慢慢寻找乐趣。当然，既然是自荐，不妨先把后面的内容提前剧透。本书讨论的核心问题固然是"国潮到底是什么"，但它只是表面上的问题，毋宁说一个伪问题。实际上这本书介绍的真正重要的概念是——

语言（language）＝符号（symbol）＝货币（currency）

因此，保护我们的语言，就等同于稳定我们的货币——这才是我们探讨"国潮"这一概念的真正原因。你说它对于这个时代而言，有着多么重要的价值！所以这本书事实上也可以看作是关于符号学（semiotics）的轻科普作品，只要理解并且消化了这些新知，便可以对未来的中国新商业产生完全不一样的洞察。

再说说我自己。

无论如何，当读者无意中翻开这本书时，第一件令你好奇的事，恐怕是笔者的身份——是的，我是个导演。当一本书的作者既不是作家更非学者时，你心里肯定要打个巨大的问号："导演写书靠谱吗？"

从历史经验出发，我无法回答这个问题。相较而言，作家跨界当导演的案例比较多，其中不乏转型成功的。反过来看，导演转型去当作家，实在没有什么先例可供参考。导演出书倒不是新鲜事，但题材都是追溯个人回忆、感悟艺术人生之类，很难称之为著作。伍迪·艾伦出版过很多作品，不过都是剧本。编剧和写小说不是一码事，所以伍迪·艾伦也不算是作家。除了电影之外还有很多图书作品的人，我只能想到北野武这一个"孤本"。但要说明的是，北野武展露写作天赋是在成为导演之前的事情，同样属于作家转型导演的路线。假设他二十几岁就当了导演，你觉得他还能否写出书来？这大概就是反过来的情况非常罕见的原因。我猜想一个人如果坐稳了导演的位置，就很难再有动力去艰苦地写作了吧，毕竟"由奢入俭难"。

所以答案只能由你读完这本书后告诉我。

作者

2021 年 12 月

目录 Contents

第一章
CHAPTER 1

序幕：
一切缘起于"汉服热"

天才的困惑

2006年，中国香港。

尖沙咀山林道是九龙半岛非常有名的一条饮食文化街，又称为"尖沙咀食街"。它靠近繁忙的尖沙咀警署——熟悉香港黑帮电影的观众一定对"尖沙咀警署"这个名字不陌生——狭窄的夹道两侧汇聚了世界各地的风味美食。在风雨侵蚀过的老城区墙面上，挂满了粤语、英语、马来语和日语混杂的各色霓虹招牌。这种古旧的港式筒子楼又称为"唐楼"，是结合了潮州人和客家人的围村习惯，使用三合土垒筑而成的一种中西结合的简易楼房，比之曾在中国北方十分常见的"赫鲁晓夫楼"还要更加狭窄。不过，唐楼与围村的热闹景象经过香港电影的塑造，早已成为大众熟悉的文化符号。每到夜晚，这条街上便弥漫着油烟的香气，无论是开超级跑车的富豪还是骑电动车的"捞仔"，都难以抗拒融合了东西方烹饪精髓的港式小吃那勾魂的味道，他们纷纷停车下马，大快朵颐。据说在这条街上吃饭经常可以看见明星出入，因为它离香港的星光大道并不远。无论哪里的都市，老城区通常都适合作为文化产业的地标，因此香港不少影视公司也驻扎在这里。其中有一家影视公司叫"星辉"，在它简陋的办公室里，造型师们正在为一群9岁左右的小演员上妆。

这是一个角色海选的过程，副导演将全国演出机构报送的演员资料汇总，并呈交给导演和制片人过目。当时无论是香港还是北京，电影行业都没有好莱坞那样完整的选角流程。与其说没有流程，不如说缺乏演员输送体系。好莱坞选演员，一般是通过美国各州的经纪公司、剧院以及发达的民间组织（如校园社团或社区剧团）递交资料，这个过程像普通公司招聘职员一样容易。对中国导演来说，这就是最令人羡慕的地方：在好莱坞，即便从群众演员中随手抓出来一位龙套，也是聪明伶俐的戏精——而这是表演资源匮乏的中国影视行业根本无法想象的。好莱坞演员在从事影视表演工作以前，通常都接受过专业的表演训练，并具有一定的戏剧表演经验。中国没有这么多满足要求的演员，普通老百姓也没有欣赏戏剧的习惯，而这种古老的欣赏氛围早在17世纪的英国可能就已经具备了。

办公室里，消瘦的导演正在观看小演员们的录影资料。这些录影大多是舞蹈、戏曲或者小品节目的片段，都不具备电影表演所需的完整的参考价值，因此导演只能在筛选形象之后再进行面对面的试镜。他压低帽檐，紧闭嘴唇，像是严肃审慎地决策思考，又像是对现实中的一切工作心不在焉。这位导演在中国，乃至整个华语圈都有着前无古人、后无来者的影响力——与其说他是导演，不如说他是演员。

他是一位喜剧演员。

他叫周星驰。

"周星驰"三个字写出来，凡地球上讲华语者，无人不知，无人不晓。然而令人百思不得其解的是，Stephen Chow却是一个在西方毫无存在感的名字。他的IMDB影人页上显示，他有71部作品，并且每一部作品都是绝对主演。这个数字即便放在好莱坞也是很惊人的，毕竟"来者不拒"的尼古拉斯·凯奇也才106部作品。然而在华语圈以外的地方，听说过周星驰的人凤毛麟角。他在中国最知名的电影叫《大话西游》（包括《大话西游之月光宝盒》和《大话西游之仙履奇缘》，后者又称《大话西游之大圣娶亲》），比《泰坦尼克号》之于西方还要火。而且与《泰坦尼克号》相比，它对于中国文化的影响是深层次的。在电影发行以后持续二十多年的时间里，它创造了一种语言模式，改变了男女之间的恋爱观，甚至成为中国青年普遍信奉的行为哲学。《大话西游》之后，作为一部电影，在没有任何人的推动下，它自发地形成了一个宇宙——就如同漫威的超级英雄宇宙一样。而从这个宇宙中衍生出来的电影，无论是官方的还是非官方的（很多并没有经过任何授权），也已经有几十部甚至上百部之多。你要知道，这部电影只是周星驰71部作品中的其中一部而已——所以现在，你可以试着想象一下周星驰到底有多么恐怖的影响力！在中国，仅仅靠模仿周星驰就可以成为一个收入颇丰的职业表演者，而靠模仿周星驰出道的影视明星和导演，亦早已不计其数。

然而，我们再来看一下IMDB上显示的《大话西游之仙履奇缘》。我起初甚至不知道它的英文片名 *Sai yau gei: Sin leui kei yun* 是什么语言，后来仔细拼读才理解，它大概是用粤语方言念出中文名字的七个罗马音节。影片介绍处写了这样两行字：跨越五个世纪，小丑猴王必须与各种怪物、诱人的女人和超级强大的恶棍战斗，才能拯救垂死的白晶晶！而在影片下方，评论寥寥可数，我们来看看打分最高的一位观众是怎么说的。

Someone may think it is a love story while someone may think it is a comedy. But I think it is a sort of tragedy full of sarcasm. I think it is the best Chinese movie I've ever seen. It is totally worth watching. If you really give it a time to think about this movie, I promise you can gain a lot from it. It is way better than *Journey to the West*.

Sometimes you will feel lonely even when you are successful. Sometimes you have to accept the fact that you cherished and loved is gone because they didn't belong to you any more. Sometimes when you finally got what you've always wanted but it doesn't matter now because the one you loved is gone, so what's the point of all these efforts? Sometimes in order to succeed, we have to give up something that may seemed unimportant in the first place. But after we made it, you would be painful to find out that all things you once gave up has been always important, you just got blind and didn't notice that.

If you really catch the meaning of this movie, well, congratulations. Cuz you are really grown-up. ENJOY IT!!!! It's full of joys and tears.

上述评论翻译如下。

　　有人可能认为这是一个爱情故事，也有人可能认为这是一个喜剧。但我认为这是一种充满讽刺的悲剧。我认为这是我看过的最好的中国电影。如果你给自己一点思考的空间，这是完全值得一看的电影。我保证你可以收获很多。它比《西游：降魔篇》好多了。

　　有时候即使你成功了也会感到孤独，有时候你不得不接受爱人的离别。有时候，当你最终得到了你一直追寻的东西，但你爱的人再也找不回来了，那么所有这些努力又有什么意义呢？有时为了成功，我们必须放弃一些最初看起来不重要的东西。但是当我们成功之后，你会发现你曾经放弃的那些才是最重要的。你只是瞎了眼才没看穿。

　　如果你真的理解了这部电影的含义——那么恭喜你，因为你真的长大了。享受它！！！！它充满了欢乐和泪水。

　　我们必须要庆幸一下，与为本片撰写介绍的仁兄相比，这位观众起码是看懂了，尽管她似乎并不清楚《大话西游之大圣娶亲》是《大话西游之月光宝盒》的下集。没有看上集直接能把下集看懂，说明电影本身并不难理解。但我严重怀疑这位观影者大抵是个美国华裔，因为白人或者其他族裔很难在面对影片中几十位中国演员来回切换时不脸盲。

　　周星驰在他的电影中一直努力传播香港文化与香港精神。他公司的所在地——香港九龙，也是他从小成长的地方。这些带殖民地风格的市井村寨，通常是包括周星驰在内很多香港导演拍摄的取景地。香港电影在世界上是有影响力的，比如李小龙、成龙、李连杰这些功夫片明星，或者王家卫这类能够在戛纳得奖的文艺片导演。周星驰与他们不同，他不擅长向西方传播自己电影的文化，他讲的故事都是本土化的，只有自己人才能明白的那种。也就是说，理解他的电影需要"共识"——一种通过集体学习方能获得的历史经验，而这是西方观众并不具备的。因此，尽管周星驰有一些功夫题材的电影在 IMDB 上观影人数稍多一些，但它们的影响更多还是在新加坡、马来西亚等泛华语地区，而不是西方。当然，活跃用户最多的还是来自中国香港本土。

对于这种尴尬，周星驰并非不在意，甚至可以说，这是周星驰一生中最大的痛点。在周星驰电影最高产的十年中，他表演的角色通常是一些具有某种天才的小人物，题材基本都源自对经典作品的恶搞——恶搞中国明清时期的小说《西游记》《三侠五义》，或者恶搞中国香港本土及好莱坞的经典电影，如李小龙的功夫片、谍战电影"007系列"。他诠释人物时善用夸张的表情及肢体动作，并借用一些日本漫才表演的荒诞叙事手法，这便形成了他自成一体的漫画式表演风格，用香港话讲叫"无厘头"。也有很多人把周星驰类比为中国的金·凯瑞，因为金·凯瑞也是一位擅长肢体语言的喜剧明星。但是，金·凯瑞对美国人的影响力远非周星驰对华人的影响力可比。这些港式喜剧用当代的眼光来看，山寨的成分很多，一些剧情设计也是抄袭的，但这应该不是出于作为演员的周星驰本人的意愿。比如《大话西游之月光宝盒》中那段经典的恶搞歌曲 *Only you*，其实是模仿查理·辛主演的《反斗神鹰 2》。当然，"反斗神鹰系列"也是恶搞类的喜剧电影，它的笑点主要来自对《第一滴血》等热门电影的插科打诨。总体上来说，那个时代的恶搞电影风潮是发源于西方的，香港电影也多是顺应潮流的跟风之作，因此世界电影的话语体系，不太可能对周星驰的电影有什么太高的评价。

但对于中国观众而言，即便仅从感情上来说，这样的理由也不够充分。仅仅因为这些琐碎的细节，西方观众就无法欣赏周星驰的电影吗？周星驰的电影中，除了令人捧腹大笑的小人物智慧，还不乏深刻动人的情感与情深意浓的乡愁，以及中国社会的浮世百态。这种无厘头风格的内容本身是无比真诚而又残酷的，甚至被誉为大智若愚的哲学缩影。是的，周星驰是一个天才，并且是迄今为止华语电影史上最重要的天才之一，所以他才能在二十多年的时间里影响了十几亿人，并且这种影响还在一直持续着。

那么问题出在哪里呢？

周星驰在后续很多年的努力中，都在试图脱离早期的港式喜剧格局，向世界传递来自东方的幽默。他在原创性、符号提炼和视觉语言运用方面都作出了巨大的改进——然而这些改进并没有形成决定性的突破。横亘在他和西方观众之间的是一堵看不见的墙。也许他不明白，这堵墙并非囿于困惑与顿悟之间的灵光一现。

问题根本不是出在他自己身上。

这堵墙，源于中国文化与西方文化之间对话本身存在的系统性障碍。

本书接下来要讲的故事与周星驰先生本人并无关系，然而，与他的电影似乎又并非毫无关联。

国潮是什么？

2018 年，我决定创作一支关于"汉服热"的纪录片，当时计划片长在 15 分钟左右。也就是说，它最初只是出于制作一个短视频的想法，而不是像后来那样变成一部 200 分钟的大部头作品，并且把选题范围扩大到了中华传统文化之于当代社会的方方面面。在此之前，我有几十部纪录片的制作经验，关注对象大部分是中国青年。那个时候，在我看来，"汉服热"是一种典型的亚文化现象，年轻人穿着五花八门的传统服饰走上街头，引发媒体的冷嘲热讽——无论如何这都是一个值得解读的现象。

汉服是汉民族的传统服饰，但是并不特指中国汉朝那四百年间的服装风格。中国在漫长的历史演变过程中，不同时期具有不同的服饰习惯，并且在多民族融合的过程中互相影响。但总体来说，汉族服饰还是有一些固定的套路与一脉相承的特点，比如夸张的宽袍大袖，以及蚕丝这种古老而独特的材料。然而这种观念也是最近十年才逐渐形成的，此前大部分国人都以为汉族的传统服饰是马褂和旗袍——实际上，这是满族服饰的传统元素，因为中国封建社会的最后形态是

17—20 世纪的大清王朝。清朝入主中原后，以满族和蒙古族为主的统治阶层保留了其传统的服饰文化，同时主动接受儒家思想并最终为其同化，至清朝末期，满汉已经难以分辨。鉴于此，今人对于古代中国的最后记忆从某种程度上仅仅印记于马褂和旗袍便不足为怪了。

因此，当互联网上刚开始出现汉服爱好者时，它只是一个极度小众的亚文化圈子。他们喜欢阅读古籍，按照古书中的记载自己动手或委托裁缝帮忙制作汉服，因为现代的服装工厂并不生产这种衣服。这些人分散在中国各地，只能通过网络论坛联系彼此，想要举办线下聚会则是一件非常困难的事。汉服爱好者彼此之间互称"同袍"，大概是指"同样身穿袍子的人"。这仿佛是某种暗语，话不投机便很难获取他们的信任。他们线下聚会时往往选择一个象征吉祥的中国传统节日，但活动并没什么具体的内容，一般都是在公园里踏青和游玩，规模不超过二十人。岂料这种小众亚文化的传播速度令人瞠目结舌，到2018 年，中国各地已经出现数以千计这类团体和组织，最大规模的聚会已经达到上万人。大众流行在一瞬间被引爆，这一点恐怕连那些圈子里老资格的网友们自己也没想到。当初他们还要一针一线地亲手缝制汉服，靠居家 DIY 的方式聚拢兴趣小组，然而现在光是各种汉服品牌就有上百家之多。其中很多品牌都是从最初那些 DIY 工作室衍生出来的，此时已经成为颇具规模的商业公司。

时至今日，已经没有人可以忽视这一现象，并且对这些青年的行为充满了好奇之心。但对于大众来说，这种行为最初仅被当成cosplay（角色扮演），因为大部分人分不清汉服活动和漫展的区别。一群穿着古装的青少年聚在一起游玩拍照，看上去确实和漫展上那些孩子差不多。由于日本和中国本土都流行古装题材的动漫，个中角色的穿着打扮本就是传统服饰，因此漫展上的角色多半是古装打扮。但对于汉服爱好者来说，把他们当成 coser（扮装者）是非常不礼貌的行为。事实上，他们的确有模仿的成分，但他们模仿的并非什么动漫角色，而是日本人在传统节日盛装和服的礼仪。汉服爱好者通常会告诉你："我们不是御宅族，我们也不是二次元，请您不要把这些奇怪的概念同我们混为一谈。汉服是我们中国人的传统服饰，和动漫没有关系。你在日本的街道上看见穿和服的人会觉得他们是二次元吗？"我从事这一行十几年，第一次遭到如此犀利的反驳。这样的问题不好回答，因为大部分人都没有去过日本。我们对于当代日本的了解与想象大部分来源于日本的动画片和电视剧。在那些诸如夏祭、新年或者恋爱男女的经典浪漫场景中，主人公确实都身穿和服，尤其令人印象深刻的是那些漂亮的女孩子。

"所以，你的意思是说……"我站在摄影机旁问道，"你们是通过穿着汉服，向别人强调自己是个中国人吗？"

一年多以后，当我在北京的崇文门大街举办这部纪录片的首映会时，我才恍然意识到那次采访对我的创作走向产生了多么大的影响。灯亮以后，观众们揉了揉红肿的眼睛，人困马乏地倒在自己的座位上。我对这个尴尬的场面实在感到不好意思，于是赶紧拿着麦克风走到台上说："对不起大家，片子太长了。其实最初我只是想拍个短纪录片，没想到后来这个计划被无限地扩大。之所以去拍摄这个题材，是因为我观察到中国青年之间悄然兴起的一种回归传统的风气，譬如汉服热，流行文化的复古、商品设计风格的改变，很多几乎早已被淘汰掉的传统艺术形式被拿出来翻新。我们似乎陷入到一种对于传统文化的初恋中，所以我想把镜头对准那些正在这浪潮里沉浮的艺术家们，也就是在座的各位……"

讲到这里我停顿了一下。如果这时会场上方有聚光灯的话，一定会像电影节的颁奖典礼那样——伴随着激昂的音乐，光柱扫向观众席上满怀期待的名流。但我们的活动只是在一个小型电影放映厅里举行，银幕前甚至连个舞台都没有。而我手中不止拿着一个麦克风，另一只手还提着一支廉价的电动小喇叭。因为影厅的音响设备并不支持麦克风功放，我只能手持这种街头促销时使用的小型扩音器，以便后排的嘉宾能听到我的声音。

嗞……刺啦刺啦！！

小喇叭发出了尖锐刺耳的噪声。

"把喇叭关了吧！我们听得见你说话！"后排的观众喊道。

于是我不得不关掉电动小喇叭，完成剩下的演讲内容。在演讲的过程中，我不时地观察每一位观众脸上的表情，看看他们是否乐意接受我在影片中对他们做的调侃。需要注意的是，在持续一年多的拍摄过程中，我选取的拍摄对象没有"普通人"，这是一般的纪录片很少遇到的情况。他们在各自的领域中具有极高的权威和公认的领导力，有些人身后甚至伴有上百万的狂热粉丝，低调外出也很难逃离被索要合影的尴尬和麻烦。但是为了配合我完成这样一个命题宏大的完整故事，他们都付出了各自的时间与耐心，因此，与其说这是我一个人的创作，毋宁说这是一个集体创作的过程。因为我们具有一个基本的共识，那就是中国文化进入了一个非常重要的阶段，但我们还说不出来这是什么。

活动结束以后，一位活跃于互联网的影评人朋友拉住我，饶有兴致地问道："张导，你觉得你的片子到底讲的是什么？"

"我刚才阐述的时候不是说了吗？就是关注中华传统文化在当代的某种……"

"不是，我觉得你的片子讲的是国潮，国潮你明白吗？"

"国潮？"遭他这样反问，我倒是语塞了。

在那一刻，我反复搜寻自己脑海中的信息，试图找到那个刚刚诞生不久的网络新名词同我影片的内在联系。耐人寻味的是，如果你去搜索这个词，网络上甚至没有一个像样的名词解释。也就是说，它既没有百科词条，也没有被收录进《现代汉语词典》。从这两个汉字的字面含义来看，"国"是"中国"的"国"，"潮"是"潮流"的"潮"，"国潮"大概就是"中国潮流"的缩写，或者"中国的流行潮"的意思，直译就是 chinese wave。但"中国潮流"的含义过于宽泛，听起来很像是千禧年后流行过的一个词语：中国风（chinese style）。但是"中国风"和"国潮"是一回事吗？如果不是，它们的区别又是什么？诸如此类的问题，恐怕每个人都会感到困惑。

如果要为"国潮"这个词寻找一个原点，大部分媒体人认为2018 年可以算是国潮元年。这一年，一个叫"李宁"的国产运动品牌在面对库存滞销的情况下，突发奇想地以一波强势的营销登上纽约时装周。这波营销非常成功，在中国掀起了巨大的声浪。实际上李宁做的事很简单，就是在他们服装最显眼的位置印上了"中国李宁"四个汉字——只是在"李宁"前面加了"中国"两个字——转瞬之间这个品牌就纵身跃至媒体讨论的风口浪尖。李宁并不是"潮牌"，卖的不过是普通的运动服和篮球鞋。甚至有业内人士指出，李宁服装的设计似乎有抄袭各种外国潮牌之嫌。然而这些质疑之声都无法阻拦消费者对它的热情。在此之后，街头巷尾到处都是穿着李宁服装的年轻人，而李宁所有的专卖店，也全部在整体上进行了品牌升级——增加两个字，变成"中国李宁"。当时的媒体中，只有一些财经作者使用"国潮"来称呼李宁，然而随后不久，中国互联网上所有人都开始使用这个词。实际上，当初使用这个词的媒体并非具有高度一致的立场，其中不乏审慎而保持距离的批评。因此这个新词诞生之初，仅从词源学上来说，我们无法判断它到底是褒义还是贬义。如果说"国潮"用以形容中国的时尚消费品，那么此后很多品牌、商业机构甚至文化内容的跟风似乎远远超出了这一范畴。一支笔可以称自己是"国潮"，一首歌可以称自己是"国潮"，连一瓶酱菜都可以是"国潮"。几乎每个人都想"趁火打劫"地分上一杯羹，但从来没有人真正试图把这个概念搞明白。很多人甚至直接把国货称为"国潮"，或者说认为"国潮"就是国货。

在讨论国潮之前，至少我们可以先把"国货"这个词搞明白，对此，《现代汉语词典（第7版）》解释为"本国制造的工业品"。结合中国实际，这一释义可以有两种解读：①旧时指我国自己生产的工业品，代表着物美价廉，主要集中在日用品、化妆品方面；②当下代表着我国自主设计、生产、创造出的工业品以及中高级服务业。

由此可知，解释"国潮"这个词语稍显复杂，其实更好的方式是把国货翻译为"中国品牌"。19世纪到20世纪70年代，中国自己生产的工业品就是中国品牌，用词时是不会产生歧义的。而20世纪80年代至今，改革开放以后的中国成为全世界的加工厂，中国制造的产品不一定是中国品牌，也有可能是外国品牌的代工。国货，显然是特指中国品牌，其重点在于品牌，而不是生产地和制造商。譬如一家繁忙的深圳工厂，上午10：30从厂区大门开出的一辆货车里面拉的是国货，下午15：00从厂区开出的另一辆货车里则可能满载"洋货"。这些"洋货"有些运往海关，有些直接在中国地区分发和售卖。

笔者并非在此故意咬文嚼字，因为弄清这些概念非常重要。现代语言学之父弗迪南·德·索绪尔，公认的结构主义大师，他教会了我们如何辨识一个词语的真正含义——我指的是"真正的含义"。首先要弄清一个词的规定性语义和描述性语义到底是什么，用以区分应然与实然、理想和现实的边界。如果此时你还看不懂这句话，没有关系，下面我们开始做个简单的选择题。

请在下列选项中，指出哪些是国货，哪些不是国货。

A．一双 Vans（范斯）滑板鞋

B．一只劳力士腕表

C．电影《红高粱》

D．贝因美婴儿配方奶粉

我想大部分人都可以轻易地找出答案，其中 C、D 是国货，A、B 则不是。

更为重要的是，我们几乎可以不假思索地说出，C 和 D 不是国潮！因为《红高粱》于 1987 年在中国上映，由张艺谋导演、姜文主演，并且获得了第 38 届柏林国际电影节金熊奖——这也是我最喜欢的中国电影之一。因为潮流是发生在当下的，而这部电影距离现在已经三十多年。至于选项 D，贝因美婴儿配方奶粉只是一款婴儿奶粉，婴儿奶粉永远不会跟"潮流"产生任何关系——即便你把"老佛爷"卡尔·拉格菲尔德请来为它设计一个太空金属罐。需要注意的是，上述判断都是基于日常生活的经验，而笔者在本书中提供的理论工具还没有登场。即便如此，这并不影响我们得出正确的答案。

然而，请读者们注意一个更加关键的问题：选项 A，一双 Vans 帆布鞋，它从 2019 年便开始陆续推出国潮系列的鞋品，并且卖得相当火爆。众所周知，Vans 是一家诞生于 20 世纪 60 年代的美国极限运动品牌，它的总部位于加利福尼亚，粉丝遍及全球。也就是说，一个外国的品牌虽然不是国货，但也可以是国潮。

综上所述，我们可以得出结论——

其一，国潮不等于国货。

其二，国潮可以不是国货。

请仔细看这两个经我们推导而得出的至关重要的结论。虽然它们很像，但描述的完全是两码事。尤其是后者，国潮还可以是"洋货"，这就使情况变得非常有趣。关于这一点，国外媒体解读的角度截然不同，有时甚至带着某种误解以至偏见。

那么，国潮的定义究竟是什么呢？由于没有任何词典提供一个公认的释义，我们不妨尝试刚才的方法，为这个词做一个描述性的"诊断"。但是当我们用同样的方式为"国潮"设置一道选择题时，情况变得异常复杂了。

请在下列选项中，指出哪些是国潮，哪些不是国潮。

A．一件印着京剧脸谱的黑色 T 恤衫

B．一首由《茉莉花》改编的 rap 歌曲

C．豆腐口味的汉堡包

D．穿马褂的布拉德·皮特

E．印着"中国吉利"四个字的吉利牌豪华跑车

F．《西游记》题材的乐高玩具

G．赛博朋克风格的雷锋手办

和此前的情况不同，这一次我们好像没办法轻易地作出判断。与其说无法作出判断，不如说是不同个体作出的选择导致答案南辕北辙。此处我仅列出 7 个选项，事实上我可以一直列下去。如果让全中

国 14 亿人来完成这样一份冗长的调查问卷，可能每个人填写的答案都不一样。当然，最终结果会生成概率分布，得出大多数人认为是国潮的东西，以及大多数人认为不是国潮的东西。可是扪心自问，你真的知道自己是如何作出判断的吗？你的意识深处，是否严苛地存在一条清晰的界线，把两者恰到好处地堆放在分界线的两边？更为复杂的是，如果这份调查问卷不是印刷 14 亿份发给中国人，而是印刷 76 亿份发给全球所有人，那么所有人有一个共通的标准吗？这就是我们要弄清这个词"真正的含义"的原因。所谓应然与实然、理想和现实，指的就是国潮应该是什么样的，以及国潮实际上、在不同情况下是什么样的。类似的词语，比如"电影"——笔者和诸如笔者这类文艺青年通常会有一个关于"电影是什么"的定义，但这个定义往往和大众理解的"电影"有巨大差异。很多我们认为不是电影的东西票房也会很高，甚至数倍于我们认为是电影的那种东西。这时文青所认为的电影，就是应然的电影，而我们消费的电影则是实然的电影。由于共识的差异，生活中很多习以为常的词语都会存在歧义。国潮也是这样，我们不可能使地球上所有人都产生一个共识，但我希望它至少有一个相对清晰的边界。

电影放映厅的场灯被工作人员熄灭，此刻我正在吩咐公司的同事们清理展台，并且收纳活动现场的海报架，但是关于国潮的问题始终在我脑海中萦绕。诚然，上述长篇大论的思考并非我在活动散场交流时一瞬间想到的。你看，这只是一种写作技巧，我当时压根没有考虑过这么多。事实上，那位朋友是这样评价影片的——

"导演，你的片子拍摄了很多人物的群像，虽然他们从事与传统文化相关的创造性工作，但它跟正常情况下我们对传统文化的想象完全不一样。所以这让我联想到，你想探讨的真正话题是国潮。你似乎在探讨国潮的边界，也许你是想给国潮下个定义，或者是输出某种标准。但这就导致——作为纪录片而言——它的内容主观性太强了，全部都是你的看法。纪录片导演应该保持克制，仅仅作为事件的见证者，结论应该让观众自己去思考，而不是像你这样把自己的喜好硬塞进去，甚至去讥笑你的拍摄对象。"

"所以……"我用虚伪的笑容掩饰着自己的尴尬，"您跟我说了半天就是为了给个差评是不是？"

关键人物

请允许我将摄影机镜头重新拉回到 2006 年的香港尖沙咀。

还是在那间简陋的办公室里，作为导演的周星驰正在为他的新片挑选演员。这是一部投资 2000 万美元的小成本科幻喜剧电影——《长江 7 号》。它是周星驰自 1997 年成立自己的影视公司以来，第五部自导自演的电影作品。与此前的电影不同，《长江 7 号》是一部试图转型的作品，搞笑的元素在片中比例并不多，而科幻的元素也浅尝辄止，它更像是一部聚焦于亲情的家庭伦理剧。周星驰在影片中饰演一位单身父亲，故事讲述了他和儿子原本过着贫困潦倒的生活，却因为意外捡到一只外星玩具狗而改变了命运。从故事结构上来看，它很像是把斯皮尔伯格那部《E.T. 外星人》和日本导演北野武的《菊次郎的夏天》结合到一起的拼凑之作，但是剧情几乎没怎么展开就结束了。为了选出一个饰演自己儿子的演员，周星驰面向全国海选，淘汰了数以千计的候选人。但最终他选中的并不是一个男孩，而是一个叫徐娇的女孩。他让徐娇剃成一头短发，反串了影片中的儿子，与自己饰演的父亲产生了奇妙的银幕化学反应。因此，尽管观众对《长江 7 号》

这部影片普遍评价不高，但从来没有人怀疑过周星驰的演技，以及他调教演员的能力。2008年影片上映以后，这位年仅11岁的小演员便获得了第28届香港电影金像奖最佳新人奖。事实上，正是由于周星驰太会调教演员了，只要是与周星驰合作过哪怕几个镜头的演员，片酬都会水涨船高，以至于在中国有一个叫作"星女郎"的衍生名词，特指周星驰电影中的女主角。这并不是什么调侃的说法，历届星女郎加总在一起，几乎就是半个华语娱乐圈。但周星驰挑选徐娇的灵感，倒是与他挑选星女郎的原则没什么关系。徐娇是个宁波人，而周星驰的祖籍也是宁波——中国人喜欢讲缘分，这很可能是他觉得这个孩子与自己颇有眼缘的真正原因。

浙江省宁波市距离上海市很近，它和上海一样都是1842年清政府被迫开放的第一批通商口岸。它恰好与上海处在长江三角洲的边缘，被钱塘江从中一分为二，形成了一个形似虎口的夹角。如果测量两座城市的直线距离，大概只有150km，陆路交通则要绕很大一圈。试着想象旧时代的出行方式，船运似乎要方便得多。但是杭州湾跨海大桥修好以后，宁波与上海之间的陆路距离大大地缩短了。笔者曾经在2017年驾驶汽车穿梭于宁波和上海之间，第一次途经这座桥时就震惊于它的规模。我驱车上桥以后环视四野，除了大海就是蜿蜒伸向远方的钢架，天边的接缝处依稀能看到尽头的关卡。然而当我开到关卡处时，才发现它只是整架桥中间一个休息处。出于好奇我踩下了刹车，索性在这里转一转。进去以后才发现它是一座综合了博物馆、购物和酒店功能的旅游景点——如果在夜黑风高时不感觉恐怖的话，睡在这个海湾中间的酒店应该是非常有趣的体验。笔者的职业虽然是导演，但同时也是个摄影爱好者。迈步穿过狭长的走廊便可登上那座建筑的露台，于开阔的广场上升起无人机，当飞机达到航拍视点时依然没能看到对岸。

和上海不一样，宁波拥有更加悠远的历史，出现过很多影响了中国政治进程的大人物，比如方孝孺、王阳明、黄宗羲、蒋介石等。其中王阳明可谓中国 14 世纪以来最有名的哲学家，其学说对近代中国的影响极其深远，用西方视角来看，他应该算得上一位类似于伏尔泰的启蒙思想家。王阳明的学说重新诠释了儒家的思想，这对当时刻板教条的读书人来说如醍醐灌顶一般。因此他的学说最初被当成一种异端，得不到官方的认可，直到去世半个多世纪后方才入祀孔庙。孔庙是祭祀孔子及其弟子们的庙宇，象征着儒家思想的最高殿堂。在孔子之后，中国历朝历代最重要的知识分子的牌位都会立在孔庙之中，迄今两千年，共入祀 172 位。孔庙其实并不是"庙"，用当代的眼光来看倒与法国的先贤祠相像。法国的先贤祠建立于 18 世纪晚期，安葬了伏尔泰、雨果、居里夫人等共计 72 位为法国作出重大贡献的名人。虽然王阳明的学说初时没有得到官场士大夫们的认可，但官场之外的商帮船队却将他视作灯塔，怀抱着他的思想将之传遍日本、韩国以及东南亚的华人社会，因此王阳明及其心学与中国近代民族资本的萌芽有着重要关系。当然，得益于通商口岸的发展，中国明清以来出现的大大小小的商帮当中，最重要的一支力量便是"宁波商帮"。中国近现代社会中出现的诸多商帮，大多在 20 世纪中期便销声匿迹，宁波商帮则活跃至今——这便是流淌在徐娇身上的"血脉"。我们常常在摄影图片或者纪录片中见到中国乡镇里随处可见的祠堂，尤其在中国南方以及海外的华人社会，至今依然香火不断。这些代表祖宗的牌位时常令观者驻足并好奇它到底是怎样一种宗教信仰。然而这种对血脉的追根溯源并不是一种宗教——所谓血脉，在外人看来是一种严肃得让人喘不过气的历史包袱，于己则是一种躲不掉的连绵意识。如果说年少成名而轻易获得的演员身份给徐娇带来的只是一个光环，那么真正让她对自我身份产生思考的则是户口本上那个不起眼的籍贯。我的意思是说，"宁波"比"周星驰"对她的塑造更为深刻。

　　13年之后的2019年夏天，我在杭州的中国丝绸博物馆里见到她。这家隐蔽在热带山丘中的博物馆并不只是一间展馆，而是由一群展馆组成的博物馆聚落。较具未来感的巨大建筑矗立在沼泽水气的环绕中，周边种满了繁茂的热带植物。其间宽阔的庭院结合了中式风水学的思想与立体主义的手法，用一汪湖水和圆锥曲线式的桥面把博物馆群落分成了若干展区，令游客在参观时仿佛穿越迷宫一般。而此刻湖面被聚光灯笼罩，桥面则被布置成电子舞台，高耸入云的古树下堆满了视频直播与音响设备。徐娇身穿自己设计的汉服，和几十位互联网上小有名气的少女一起准备登台表演。这是一场叫作"国风大赏"的服装走秀活动，说是一场走秀，却并不像时尚界的那种专业模特走台，更像是一场结合了cosplay元素的周末郊游。这些穿着汉服的模特并不是职业模特，既没有高挑的身材也没有历经千锤百炼的T台动作，而台下的专业观众席上也没有坐满设计师、名媛以及时尚评论人。实际上这场活动从模特到观众都非常业余，他们只是杭州本地的普通青少年，年纪最大的不过二十出头。每个来参加活动的模特都带着成群结队的亲友团，有些中学生甚至要在家长的陪同下才获准前来参会。而那些准备上台的女孩们也谈不上千娇百媚，用现在流行的一个词来形容，她们全都是"自然身材"。不过中国的自然身材跟欧美不一样，欧美一般是指过重，东方人则是过轻、瘦弱而扁平。常年埋头于学校功课的女孩子，家教很严，成绩很好，通常都有近视眼并且严重缺乏体育锻炼——这大概就是外国人眼里的华裔女性。虽然这是个典型的"刻板印象"，但在中国的青少年群体中，这的确是非常普遍的情况。

徐娇就混在这五花八门的游园队伍中，很难一眼就把她识别出来。当我带着摄影团队围绕她拍摄时，镜头簇拥的阵仗很难不引发观者的注意。喧闹的人群中随即出现了交头接耳的神情与指指点点的语态。

"你看，那个女孩是徐娇。"

"徐娇？就是那个童星吗？"

"对，就是她。"

"她也来了？"

如果徐娇听到这些窃窃私语，不知她心中会作何感想。虽然"童星"这个标签伴随她成长，但对于一个22岁的青年演员来说，这个词肯定不是什么好词。事实上在《长江7号》之后她还演过很多角色，比如奇幻爱情电影《星空》，她饰演了片中女主角——一位困惑于青春期的13岁少女。这部电影致敬了文森特·梵高的名画《星空》，但是电影内容跟那幅画的含义并没什么关系，所以很难让人对它的女主角留下什么印象。好莱坞的童星往往也会面对成年后观众不买账的尴尬，和艾玛·沃特森这类明星相比，徐娇还有个严重吃亏的短板——她并不是一个以漂亮而闻名的童星。她具有江南水乡地区典型的纤弱腰肢，宛如那种穿梭于粉墙黛瓦之间，在纵横交错的河面上戴着斗笠摇曳乌篷船的少女——单眼皮、低矮的鼻梁、薄如纸片的嘴唇和尖削的下巴。你能从她沉默寡言的眉宇之间感受到浙江女人的坚韧与倔强，甚至惊讶于她干瘦的身体里蕴藏的巨大能量——但这些特点肯定与男性主导下的审美观不契合。一个女演员不够漂亮就很难红起来，这一点倒是在东西方不同的文化语境下表现得毫无差别。更何况徐娇最初作为童星出道的时候，其在最红的阶段也远没有艾玛·沃特森那么大的知名度。

不过徐娇对这一切并不在乎。这场活动其实是她为推广自己创立的服装品牌而举办的，她本人就是策划人。从某种意义上来说，我们也可以把她看作是这场活动中其他模特的老板，因为她的公司承担了大部分的活动费用。尽管如此，她并没有要求所有的模特都穿着统一的服装，有些模特穿的汉服也并非她的品牌，这些姑娘甚至不知道徐娇才是这场活动的 party host（东道主），可见她在这方面并没什么控制欲。此时正值盛夏，杭州沉闷湿热的天气令人望而生畏。所有年轻人都躲在博物馆的内厅里呼吸空调吹出来的冷气，怀抱着冰镇饮料或是疯狂吞食着冰激凌，等待傍晚时分活动的开始。在由参天古树包裹的庭院中，舞台侧面设有一间独立的休息室，徐娇和她的团队便驻扎在这间独立的休息室里。她设计的汉服被认为是"改良汉服"，这表明其产品并不是"原汁原味的古代服饰复原"，而是在传统造型的基础上加入了现代服装的元素，诸如少女风格的蕾丝，或者用于修身的剪裁方式等。对于我们普通人来说，这可能无所谓，但是在"同袍"内部这会产生巨大的分歧：一部分人认为汉服应该严格按照古籍中的记载复刻出来，并且制造过程也一定要遵循传统的手艺，不能加入现代服装工厂廉价的流水线作业——这说的是保守派；而另一部分人喜欢按照自己的想法改造汉服，让它们在日常生活中更容易穿戴出门，相较品质更在意价格——这便是改革派。这两派之间无休止的口诛笔伐不亚于西方下议院的辩论，但他们制造出的热闹也让双方相得益彰。徐娇设计改良汉服是典型的改革派做法，这类商品针对的是囊中羞涩的年轻消费者，销售渠道一般都是线上电商。而保守派经营的汉服品牌走的是高端定制路线，以工艺奢侈品的姿态受到媒体的青睐。

古代服装的复原工作本来就是非常有趣的故事题材，而近年来随着考古技术的不断进步，越来越多的古墓中出土了具有极高参考价值的壁画或保存良好的服装残片，相关的畅销书与电视节目亦层出不穷。

譬如中国丝绸博物馆，作为徐娇这次"国风大赏"场地的提供方和绝对的东道主，他们内部的学术团队其实也在做服装复原与衍生品牌的运营工作，堪称保守派中的"国家队"。就在一年以前的2018年，中国丝绸博物馆刚刚用汉代的织布机完成了"五星出东方利中国"汉锦的复刻工作。这块汉锦残片1995年出土于新疆和田地区的尼雅遗址，它是由中日两国的考古工作者携手完成的壮举，堪称20世纪最伟大的考古学发现之一。当代匠人把这样的文物复原出来，当然能够在社会上制造出巨大的噱头，而诸如此类的推广活动，中国丝绸博物馆已经做了很多。徐娇在这方面自然也不甘人后，她和她的团队在休息室中有条不紊地开展工作，安排接二连三的媒体采访，这对职业演员来说根本不是问题。为了这一天她已经准备了很多年，并且承受了太多的压力与非议。从十几岁时开始，她就在公共场合穿着汉服，当然那时她还没有创立一个品牌的打算。如果一个普通少女这样打扮，最多不过被路人当成奇装异服的"杀马特"，但她毕竟具有明星的身份与属性，因此当她在2015年上海国际电影节上穿着汉服走红毯时，媒体很容易将她视作一个处于青春叛逆期的"二次元"。2015年的时候还没几个人能弄清汉服是怎么回事，所以这种讥笑一直伴随她好几年。她成了中国娱乐圈中的"异类"，直到大家总算搞明白了她穿的是汉服，不是cosplay，是汉服——我认为这是她一直努力向大众科普的结果。然而当大家终于弄明白这件事以后，又有人开始攻击她设计的改良汉服不伦不类。策划"国风大赏"这场服装秀则很可能是她对此作出的反击——向世人证明自己不但可以做出一个服装品牌，还可以打造一个平台出来。作为旁观者，你很难想象这一切的背后，徐娇对于汉服到底有多强烈的执念。

杭州郊区有全世界最先进的服装工厂，无数的国际品牌都在这里完成验布、裁剪、绣花、缝制等严苛的生产流程。如果你陪着徐娇在她的工厂里走一圈，她会热情地向你介绍每一项工艺的关键之处。你会发现她不仅精于此道，而且简直过于娴熟。在设计图纸的时候也是这样，她脑海中充满天马行空的灵感碎片，大部分是漫画、电影中梦幻的少女形象。每当她提出一个点子，满头大汗的制版师就会如临大敌一般，埋头用铅笔颤颤巍巍地画出草稿递给她问道："娇娇，这跟你想的一样吗？"

"不，我觉得你误会了我的意思。"徐娇微笑着说。

此时制版师只得低头屈从，鼓起勇气提笔修改，全力满足这位精力过剩的少女一天到晚层出不穷的花样——事实上，徐娇没有学过服装设计。她就读于美国艺术中心设计学院（Art Center College of Design），虽然这所大学以设计闻名，但徐娇本科学的是电影，跟设计没什么关系。真正影响她走上这条道路的是她的工作环境。在电影剧组候场时她喜欢观察那些服装指导带领造型团队挥洒激情的语言和动作，在笔者看来这是她收获的另一份幸运大礼包。《长江7号》的服装指导叫吴里璐，毕业于香港理工大学纺织及时装设计系，是中国在这个领域中最重要的天才之一，并且是导演陈可辛的御用服装设计师——陈可辛这个名字在西方和周星驰一样陌生，但他在行业里的地位相当于香港的丹尼·博伊尔（英国电影导演、编剧、制作人）。尽管周星驰拍摄《长江7号》时是第一次跟吴里璐合作，但这两位天才头脑的碰撞一定让当时年仅9岁的徐娇大开眼界，点燃了她内心深处的某种火花。吴里璐一共获得了6次香港电影金像奖最佳服装造型设计奖，以及2次金马奖最佳造型设计奖，获得提名更是不计其数。你很难想象具备这种全面掌控力的行业领袖，其工作时会散发出何等魅力。而当徐娇拍摄那部叫《星空》的青春电影时，剧组里的服装指导是一位叫魏湘容的年轻女性。当时她还是服装界一名初出茅庐的新人，如今她早已证明了自己的天赋，接连创作了《谁的青春不迷茫》《超时空同居》《悲伤逆流成河》《小小的愿望》等一系列票房成绩斐然的时尚大片。

从某种程度上来说，徐娇的种种幸运令人无法不心生嫉妒，但这也与"汉服热"的流行和大爆发有着某种必然的关联。在讨论这一话题之前，请允许笔者先介绍一位流行文化专家的观点。马尔科姆·格拉德威尔，1963年出生于英国，1996年加入《纽约客》之后写作的专栏文章《引爆点》大受欢迎——这篇文章构成了他著名的畅销书《引爆点》之框架基础。从此以后，格拉德威尔在畅销书创作上便一发而不可收。他在中国也有巨大的影响力，是近年来互联网科技、财经、创意商业领域中每个从业人员都绕不开的学习对象。尽管格拉德威尔最初只想在广告行业混口饭吃，无奈四处碰壁之后才不得不被迫从事新闻非虚构写作这一枯燥的职业。格拉德威尔在解构流行文化时提出了他著名的"流行三要素"，即个别人物法则、附着力因素法则与环境因素法则。

个别人物法则关注于信息传播活动中的关键人物具有什么样的人格特征。

附着力因素法则认为要想发起流行潮，传播的信息必须让人难以忘怀。

环境因素法则用于判定流行潮同其发生的时间、地点所具有的密切关联性。

假如我们试着将徐娇的故事套在格拉德威尔的理论中，无疑会发现徐娇几乎就是个天然的意见领袖。她所具有的特殊身份使得她不费吹灰之力就能向公众扮演推销员的角色，并且比任何人都有更强的动力向每一位旁观者灌输自己的信念。除此以外，她的工作性质让她可以轻易地拥有一个任何交际达人都梦寐以求的名人朋友圈。这个朋友圈的强大之处在于，即使她不够勤奋，只需要向身边几十位好友播撒这颗亚文化的种子便也足够，因为这几十位大腕朋友每个人都具备影响几百万人的号召力。而另一个得天独厚却又经常被忽略的优势在于，她背后那群"王阳明的信奉者"，或曰浙江制造业强大的执行力，能将这些微小的创意火花转瞬之间变为可以迅速复制的商业链条。然而，徐娇并不是推动这场流行的"开山祖师"，尤其是在 2015 年以前，少女时代的她还没有形成如此完整周密的全盘计划。那时她还有另外一位精神导师——和她最初的精神导师周星驰相比，这位影响了徐娇整个青春期的第二导师，同样也是一位家喻户晓的文化舵手。

这个人叫方文山，是对当代中国流行音乐影响最大的作词人。

也许方文山本人的名字没有那么知名，但他的老搭档周杰伦却是华语世界里最红的音乐人。周杰伦的粉丝数量最起码有几个亿，在欧美能与之类媲美的大概只有披头士乐队或者迈克尔·杰克逊了。巧合的是，周杰伦和周星驰都姓周，他们的英文名字分别是 *Jay Chou* 和 *Stephen Chow*。*Chou* 和 *Chow* 都不是现代标准汉语拼音的罗马字母拼写法，它们指代同一个字——周，标准写法应该是 zhōu。事实上，这是中国文化向西方世界传达时通常会遇到的第一重障碍。他们英文名字的拼写之所以出现混乱，是因为 19 世纪中文最初被西方学者翻译时，很多复杂的文化概念很难意译，况且还有人名、地名（多用于邮政）这种本来就无法意译的词语，此时就急需一种使用字母拼写的音译方式。最初这套体系是由英国汉学家汤玛斯·法兰西斯·韦德发明的——在中国一般称他威妥玛，他发明的这套罗马字母注音体系就称作威妥玛式拼音法。此后很长一段时间里，中文翻译时，拼写都建立在威妥玛式拼音法的基础上。比如北京旧时翻译为 *Peking*，用现在的标准汉语拼音翻译则是 *Beijing*。外国人看到通常都会感到困惑，以为它们是两个地方。

威妥玛式拼音法在19世纪发明时对中文翻译起到了巨大的帮助。但问题是威妥玛式拼音法并不完善，有一些错误和混淆的地方，因为当时中国有数百种方言，用威妥玛式拼音经常会出现歧义。更重要的问题是，威妥玛是个英国人，他发明的注音法选取的是与英语近似的读音，对法语、德语、西班牙语或者其他任何非英语国家的人来说，这种拼读方式就纯属添乱了——不仅没有任何帮助，反而适得其反。中国在20世纪初期已经意识到这个问题，当时国家最优秀的一批知识分子提出了新的注音方案，但这微弱的倡议根本无法影响到西方世界。毕竟改进注音方案的目的是为了翻译，而翻译服务的对象是异文化的读者。你可以建立新的标准，但别人未必有接受它的动力。更何况20世纪上半叶，整个西方世界都沦陷在战争的泥潭中，谁也无暇顾及。直到1958年中国才向世界推出了标准汉语拼音，即中国官方的"汉字注音拉丁化方案"。这套方案并不是依赖某个特权人士强行兜售的，而是由中国文字改革委员会（现国家语言文字工作委员会）面向全国募集提案，在一千多份提案的基础上，通过投票、整合、不断迭代改进而落案形成的最优解。要注意的是，在那个困难的年代，能够募集到一千多种注音方案，即便放到今天来看也是一件令人极为震惊的事。中国知识分子对于自己语言的热爱以及同世界交流的渴望，由此可见一斑。当然，1958年虽然推出了汉语拼音，但是西方直到半个多世纪之后才开始接受它。若是从19世纪60年代威妥玛发明注音法开始计算，中文仅仅为了做到"翻译时的基本准确"就花了一百五十多年的时间，在这个过程中，无数为此呕心沥血的先贤早已作古，此中悲壮不禁令人唏嘘。

方文山创作的歌词永远和周杰伦的超级金曲捆绑在一起，所以他同老搭档周杰伦的关系有点像英国词作家伯尼·陶平与流行音乐大师埃尔顿·约翰爵士。不过周杰伦的音乐在华语世界以外并没什么影响力，他最广为人知的亮相应该是与塞斯·罗根一起出演电影《青蜂侠》，在片中周杰伦饰演了青蜂侠的搭档加藤（Kato）。从"加藤"这个名字来看，很明显它不是中文名字而是日文名字，因为大部分外国人根本搞不清中日两个国家及其民族的区别。巧合的是，这部电影原本想找周星驰饰演加藤，由于周星驰最终拒绝了片方的要求，才改由周杰伦饰演。总之，从一开始，这就是一次宛如车祸现场的破圈尝试：中国观众不认识塞斯·罗根，美国观众不认识周杰伦；而塞斯·罗根为了讨好中国观众，让周杰伦从头到尾饰演了一位日本人。我想任何人都能想象出它注定两边不讨好的惨淡结果。而方文山同周杰伦一样也始终在试图破圈，只不过周杰伦想要突破的是华语文化圈，方文山则是渴望突破自己"词作者"的标签。在周杰伦火遍中国的时候，方文山自然也是大红大紫，但他的脸并没有那么知名。有时他也会在大街上被认出来，但兴奋的路人通常会惊呼道："嘿！你是那个给周杰伦写词的人！"

对方文山来说，他给自己真正的定位是一位伟大的诗人。很多词作者都是诗人，但方文山作为诗人的身份往往被忽略。如果把他写作的歌词直接视为流行诗歌的话，那他其实早已经是当代中国最红的诗人了。那些脍炙人口的歌词，他的几亿名粉丝只需每周吟唱一遍，加起来的诵读次数恐怕早已是天文数字。仅就这一点而言，在当代根本找不出比较对象。但这并不是方文山看重的东西，他的内心深处一定是希望在大街上被认出来的时候，路人会作出这样的惊呼："你是诗人方文山！萍水相逢，请受在下一拜！"

无论如何，方文山是个热爱诗歌的人，并且热爱自己的诗歌，在这方面他甚至具有某些奇怪的偏执。2007年的时候，他发行过一本个人诗集——《关于方文山的素颜韵脚诗》，其中"素颜"和"韵脚"是他为中国诗歌界提出的创新概念——

"中文诗不应添加标点符号、阿拉伯数字，并且不掺杂任何外来语汇。坚持素着一张纯汉字的脸来创作诗歌，让中文诗恢复传统诗词中的韵脚，让诗句在视觉阅读上具备音律、节奏美感。"

鉴于此，他非常认真地发起了这场新诗美学的革命，并且将自己定义为素颜韵脚诗流派的第一位代表诗人。这个倡议其实笔者也非常赞同，只是它实际执行起来困难重重。比如方文山诗集中的作品《处女座的秘密》《一幅无尾熊与尤加利树》《潜意识违规》《夜店之所以东区》《牙买加的雷鬼》《北欧重金属》《摩卡咖啡》《十六厘米纪录片》《中岛美嘉的烟熏妆》，即便只看标题，也能注意到这些诗歌的形制与方文山自己提出的标准并不契合。这些短句中的"摩卡咖啡""尤加利树""雷鬼"等词语全部都是外来的，它们实际上只是mocha、eucalyptus、reggae这些外语单词的汉字注音，"处女座""潜意识""夜店""纪录片"则是源于外来的概念。由于中国文化中原本没有这些东西，所以它们也是外来语汇。如果只是在诗歌中去掉标点符号或阿拉伯数字，倒是很容易的一件事，但排除外来语汇在如今这个世界文化大融合的扁平时代非常麻烦，甚至是不可能的事。

方文山出生于中国台湾，他的祖籍则位于江西省赣州市，更重要的是，他还是一个客家人。"客家"并不是一个民族概念，而是一个类似于族群的概念，但跟族群的概念又不完全一样。客家人实际上就是汉族人，只不过跟普通的汉族人有一些区别。在中国几千年历史上，汉族曾经因为北方游牧民族的征服而数次大规模迁徙，要么南下躲入热带森林隐居，要么索性出海流亡到东南亚岛屿。中文里的"外国"和"海外"曾是同义词，可见在旧时中国人的认知中，大海外面才是"外国"，陆地上则都是"中国"。征服汉族的游牧民族并非都要对汉族人赶尽杀绝，汉人流亡海外，最主要的动机是对异文化强烈排斥。他们移居到新的家园，与当地原住民生活在一起，就形成了"客家人"这个族群。尽管中国近世并非由汉族人统治，但是统治者接受汉文化并被逐步汉化，在民族文化不断融合的过程中，"中华"的边界已经变得极其宽广。只不过，客家人认为自己才代表正统。时至今日，无论游牧民族还是农耕民族，早已成为一家，形成了"中国人"的概念，共同生活在960多万平方公里的土地上。然而他们心中渴望恢复的，或者说他们认为的，是其生活习惯与风俗传统相较普通的汉族人更像是"远古时期的汉族人"——他们认为自己保有的文化更为纯正，并且在这件事上非常敏感。比如在汉服爱好者中，穿错衣服，有时仅仅把领子的左右搞反，就会引发大规模的群嘲。这种"纯正"与"不纯正"的差异，就好比《哈利·波特》中的纯血巫师与混血巫师——试想傲慢的德拉科·马尔福发现赫敏·格兰杰的巫师袍系错了扣子，恶狠狠地羞辱她说："你这个肮脏的小泥巴种！"

在当代，客家人安逸地生活在全世界几乎所有国家和地区。作为汉民族的移民，他们融入当地，大多以经商为生，并且固执地保持着自己古老的文化传统。而位于中国本土的客家人分布也极为广泛，只不过绝大多数居住在东南沿海地区。和他们庞大的数量相比，这个族群的发声能力却极为有限，尤其是像方文山这样的超级名人更是罕见。所以对方文山来说，他的客家人身份其实是一笔宝贵的财富，他赖以成名的歌词全部寄托了他对汉语词汇发自内心的崇敬，这大概是他最主要的灵感来源。在他的职业生涯中，曾经做过很多不同的跨界尝试，比如导演电影或者高调回乡祭祖，有时会让人感到一些偏执和无法理喻。但他的大部分行为逻辑都源于他内心对中华文化的信仰，并且伴有一种近乎执拗的坚持。"素颜韵脚诗"的春风或许并没有吹进中国广大诗人群体的心里，但方文山并没有因此而气馁。六年之后的 2013 年，他发起了另一场"革命运动"，但是这一次他幸运地正中靶心——这便是西塘汉服文化节的由来。最近几年，中国的年轻人即便对汉服装扮不感兴趣，也或多或少听说过那个特色节展的鼎鼎大名。方文山发起的这次活动第一次把汉服爱好者的线下聚会升级成为一个正式的文化品牌。在此之前，虽然民间有各种各样的社团和组织，但都不具备方文山那样一呼百应的号召力，所以很难在社会上形成什么气候。而方文山头脑中那些天马行空的古怪理念，也总算因此找到了一个非常恰当的应用场景。所有来参与活动的同袍都会按照古代祭祀时的礼仪敬拜天地。这些平日里被周遭人视作异类的青年在这里彼此拱手作揖，穿插在端庄游行的队伍里玩得不亦乐乎，原本就缤纷有趣的节日气氛被擅长制造舞台效果的方文山烘托得更加有模有样。

第一届西塘汉服节大获成功之后，影响深远。它迄今为止已经连续办了八年。如果要推举一个当代汉服运动的圣地，自然无出其右者。这座位于浙江省嘉兴市的狭小古镇，每年汉服文化节期间都会车水马龙，被围得水泄不通。需要说明的是，古镇在中国并不是什么稀罕之物，数量多到难以统计。笔者查阅《2013 中国旅游发展报告》得知，光是历史在百年以上的古镇景点，中国就有 220 个。而这 220 个已经开发的百年古镇中，浙江省就占了 39 个，比例非常惊人。这种统计只能把已经开发为旅游资源的古镇录入系统，而中国经济落后地区未被开发的古镇还多如牛毛。对于旅游内容的开发者来说，天然的历史禀赋没那么重要，开发古镇的关键在于商业运作能力。作为一名游客，在中国去的地方多了，自然会见到形形色色雷同的古镇景点，仿佛一个模子雕刻出来的装潢摆设，逛街的体验更是乏善可陈。嘉兴固然是个小地方，却恰好位于上海、杭州、苏州三座超级城市的中间，堪称长江三角洲上的"黄金眼"。不得不说，方文山能在这里发起他这场声势浩大的"革命"，主要还是因为经济发达地区的官员头脑灵活。倘若换作一些内陆地区保守的地方领导，在 2013 年时听到这样一位怪人讲出如此一番怪诞的计划，席间恐怕会落荒而逃吧。

现在，我们的线索愈发地清晰了起来。穿汉服原本只是一种极为小众的亚文化，但方文山敏锐地洞察到这种势头，并把它和自己作为艺术家的宏大野心结合到一起。而同样喜欢汉服的徐娇自然就会与方文山结为同盟，利用他们的名人身份把中华传统服饰的概念不遗余力地推向大众。两人像竞赛似地穿着汉服出席于各种正式场合，用与所有人格格不入的造型不断挑战娱乐媒体的接受底线。如果你曾到西塘古镇亲身参与过汉服节的盛况，一定会对这二位的身姿印象深刻。每一届活动上，他们都把自己当成吉祥物，乐此不疲地周旋于游客中间。在复兴汉服这艘远洋帆船上，方文山和徐娇好比船长与大副，意志坚定地扬帆启程，向着伟大航路的终点全速前进。但仅有他们两人是不够的，充满艰险的航海途中，一群身怀绝技的水手必然是不可或缺的团队基石。从打绳结到洗甲板，光荣的船员们只有团结一致地完成这些具体的工作，所有人才能顺利地沿着既定的航线驶向目标。在展开船员们的故事以前，不知读者是否会产生这样的疑问——

这艘船是谁造的呢？

船长，我的船长

1953年盛夏，中国北京。

一位身穿黄绿色50式军装的山东青年驻足于国立北京历史博物馆细料方砖铺就的地面上，一手拿着象征军人荣誉的线装草纸，一手用削到只剩拇指长短的铅笔头写写画画。他刚刚从战地归来，用懵懂而充满好奇的眼神观察一组象征人类进化的人猿泥塑。达尔文提出的进化论虽然总在广播里听到，但近距离看到模型与图片令他第一次有了具体的视觉印象。这座博物馆即如今的中国国家博物馆的前身，但当时尚未移至天安门广场东侧，而是位于民国时期安置的位置——故宫的端门与午门。巨大幽深的走廊里，西厅摆放文物，东厅用来宣讲社会进化的几个阶段。这位头发蓬乱、瘦骨嶙峋、皮肤黝黑的士兵孤身一人在空荡荡的博物馆中忘我地学习，与他所处的时代似乎很难联系到一起。这一年是朝鲜战争爆发之后的第三个年头，参战双方经历了数次残酷的战役与惨重伤亡之后，终于开始拟定停战协议。中国，这个在贫穷和苦难中挣扎了一个多世纪的国家还没完全结束自己的内战，又被拖入到另一场战争里，对当时部分知识分子来说，精神上早已不堪折磨，很多人因此陷入绝望的情绪中。所幸朝鲜半岛上的战火没有进一步扩大，中国人民志愿军在付出巨大牺牲之后，双方重新回到谈判桌上，以三八线为界划分南北。

和平可能真的要来了，紧绷的气氛也变得舒缓起来。一部分志愿军战士得以回国休整，他们平静地跨回鸭绿江，乘坐解放 6 型蒸汽机车穿越东北的满目荒凉直达北京。那时的京城街道上也逐渐热闹了起来，战后的经济开始恢复元气，街头巷尾重新出现了商贩的叫卖声。至少在中苏关系破裂以前，这是一段短暂而充满希望的幸福时光。这位山东青年正是因这个假期的空档而在北京四处闲逛的志愿军战士。他是一位文艺兵，工作是组织文工团活动、绘制板报、为演出搭建舞台和制作戏服。相较于经历过前线厮杀的战士，他受到的战争创伤比较小，因此还有充足的心思前往博物馆参观游览。当他从东厅转而去西厅观看文物时，遇到了一位热情的讲解员。起初讲解员站在他身旁默不作声，他看到哪里讲解员就看到哪里，像是共同打发寂寞的时光。后来这讲解员开始不自觉地为他解说，从唐宋时期的铜镜开始，为他讲述每一块文物背后的典故及其出土的历史趣闻。士兵不禁听入了迷，以至不时拍手称奇。站在这些暮气沉沉的"破铜烂铁"面前，普通人很难想象那布满了斑驳锈迹的乌青圆盘，在一千多年前竟是花容月貌的女子用于闺房梳妆的宝贝。不知不觉一天光景就过去了，竟然连这一个展区里的几十面镜子都没讲完。士兵这才回过神来，仔细看着这位笑眯眯的讲解员。虽然他鬓角斑白，发际线高至天际，却打扮得清新俊逸，穿一件干净笔挺的白衬衫，戴着绛红色的圆框眼镜。青年内心中的某种激情被这位老先生无端点燃了，尽管他当时还只是对此一窍不通的门外汉，却决定放任自己这份好奇心不断蔓延。

此后又花了一个多礼拜的时间，他才在这位讲解员的耐心解说下把博物馆的西厅悉数看完。而讲解员对这位文艺兵的生活也很感兴趣，总要约他凑一起吃饭，好奇地问些朝鲜战场上的情况。但讲解员先生打听的内容跟老百姓的关注点完全不一样——别人都是问美国的飞机、坦克长什么样子，要不就是英雄们击毙了多少敌人，他却问这位文艺兵组织活动的时候有没有接待过文联的访问团。

"当然接待过啊，访问团来的就是我们军。"文艺兵说。

"那你见到巴金了吗？他看起来怎么样？"讲解员问道。巴金是我国著名作家，在朝鲜战争期间曾经作为团长，带领由 18 名作家组成的中国文联朝鲜战地访问团赴朝调研组稿。这是一次冒着巨大风险、类似于战地新闻记者的素材采编活动。当时战争还在持续，壕沟里随时都会落下炸弹，但是这 18 个作家全都没有公开身份。因此一旦落入枪林弹雨的包围网，他们很可能不会像正常的战地记者那样受到《日内瓦公约》的保护。巴金当时大范围地采访了很多人，这位小说家出身的作者是文坛明星，很多士兵都是读着他的小说长大的。但他作为记者却是头一遭，如同二战期间的海明威一样，其工作时的激情给每个人都留下了深刻的印象。这位讲解员对于巴金先生的熟稔仿佛是他亲眼见过其每日生活起居似的，使得文艺兵心中开始思索老先生的真实身份到底是什么。然而每当他开口提问，讲解员总是闭口不谈。直到他结束了假期，转眼便要奔赴朝鲜继续服役的时候，这位讲解员才轻描淡写地讲出自己的名字——沈从文。听到这个名字的时候，他惊讶得说不出话，一直到分手以后火车快要开到辽宁了，他都不敢相信这位花了诸多时间陪伴自己的人生导师，竟是一位比巴金更有名的作家。贯穿整个 20 世纪直到今天，但凡读过书、上过学，对中国文学有须臾接触的人，必然都会知道沈从文的名字。而西方世界对沈从文的了解，则要感谢他的传记作者金介甫（Jeffrey C. Kinkley）。

20 世纪 70 年代，金介甫在读研究生期间无意中接触到了沈从文的小说，从此对这位来自湖南凤凰的神秘作者的作品手不释卷，并于 80 年代出版了向西方全面介绍他的权威著作《沈从文传》。他将沈从文比肩为威廉·福克纳那样伟大的现代派作家，这是一个极高的评价，因为文学评论界普遍对 20 世纪前半叶的中国小说评价不高。虽然它们对于中国人民来说相当于 18 世纪的启蒙文学，或者说具有 19 世纪那种伟大的批判现实主义作品的力量——但对于 20 世纪的评论家来说，这两种作品一个落后两百年，另一个落后一百年。然而金介甫认为，沈从文拥有超越了他那个时代的所有中国作家的独特艺术气质，并将他推荐给瑞典汉学家约然·马尔姆奎斯特（N.G.Malmqvist）。在他们的努力之下，1988 年的那一届诺贝尔文学奖评选，沈从文入围了决赛阶段的最终五人名单，然而这位八十多岁的老人却遗憾地于那一年稍早时间去世了。2012 年，中国作家莫言获得诺贝尔文学奖时，他在颁奖典礼上也提到了沈从文的名字，一方面出于致敬，另一方面出于感怀——结果说沈从文的内容可能比说他自己的还多——这就是沈从文对于中国文学界的贡献与影响。

国人对沈从文的认可则是最近几十年的事。1958 年，那位文艺兵从朝鲜归国复员以后拜沈从文为师，加入了他在博物馆里清贫的工作队伍。沈从文在 40 岁之后就几乎封笔不再写小说，整个后半生没有创作文学，而是在中国社科院做了一名普通的历史文物研究员。这位文艺兵叫王㐨，他靠着自己的勤奋努力自学成才，成为沈从文考古研究工作最重要的助手之一。两人合力完成了《中国古代服饰研究》，这是一本在多年之后才拨云见日、为后世奠定行业基础的开创性著作。如果你此前阅读过沈从文充满幻妙诗韵的文字，翻开这本书的第一感觉则是干涩质朴到简直看不出任何文学的痕迹。虽然它本身也不是文学作品，而是一部严肃的学术著作，但毕竟落笔于文坛巨匠之手。作者仿佛彻底抛弃了文豪的衣钵，赤身裸体地跪拜在跨越千年的坟冢之前，为其小心翼翼地拂去灰尘。

沈从文的名字如果用威妥玛式拼音法拼写，一般写作 *Shen Ts'ung-wen*，但是他的传记作者金介甫很早以前就使用了 *Shen Congwen* 的中国标准拼法。汉学研究离不开对中国文字的学习，如果不了解汉语的表达方式，不去看中文原文，则很难通过英文译作感受到沈从文作品的魅力。一旦认识到中国文字和语言是一种复杂的双重系统，才会明白翻译中文是多么难的一件事，这正是大部分中国文学作品在西方几乎处于未知状态的原因。20 世纪 80 年代，金介甫来到中国与自己心中敬仰的文学英雄见面，通过多次深入访谈，他完善了自己写作的细节。相比前半生的波澜壮阔，沈从文在后半生里对复兴中国文化所作的贡献往往不为人知，他自己也不愿多提。沈从文对于传统文化的兴趣很早以前就已萌发。他并不反感那些"老掉牙"的玩意儿，乡土民俗与传奇怪志才是他创作的源泉。在湖南的时候他喜欢苗族的傩戏和宗教歌舞，到北京以后他则整天逛琉璃厂看人淘古董——北京的琉璃厂现在仍是一个卖工艺品的商业街。在那个年代，街边小贩摆出的瓷器与画轴很多真的是从古墓里盗出的文物。更令他目眩神迷的是地摊上吆喝叫卖的服装与饰品、旧官纱和旧皮货、缎匹绸绢和绫罗锦绣，令这个乡下来的文艺青年大开眼界。虽然沈从文当时没有钱买古董，但他自此开始自学中国艺术史，闲暇时间全都泡在博物馆里。

沈从文虽然于解放后在博物馆里做讲解员，但他并不因此而痛苦。他每天同文物相伴，以一颗热忱之心在此后的二十年多年里接待了几十万名游客。真正令他痛苦的是，他倾尽后半生所做的工作在同时代没有多少人能够理解。他呕心沥血的著作《中国古代服饰研究》通过服饰这一载体，使读者得以一窥中国历代朝野的世态百相与伦理变迁，并研究了汉民族与其他民族融合的过程。少数民族文化在很多领域里与汉族文化一样曼妙，比如苗族刺绣的独特技艺，可惜几经战乱，已濒临失传——诸如此类，今天我们称之为"非物质文化遗产"。然而，"非物质文化遗产"在那个年代并不受人重视，《中国古代服饰研究》也无法顺利出版。直到改革开放以后，对这部著作深感兴趣的海外汉学界正在商务印书馆的帮助下，推动此书于香港付梓。此书销量不佳，它毕竟是一本纯学术著作，但在当时海外华人社会仍然引起一些关注。彼时沈从文在台湾地区尚未解禁，一些台湾学者为了一睹此书芳容，只得偷偷前往香港查阅。至于普通人——20世纪80年代在年轻人中间流行的是猫王式的喇叭裤，戴着蛤蟆镜在灯红酒绿中跳迪斯科和霹雳舞——当然不可能对中国古代服饰感兴趣。这个刚刚开放的世界对沈从文来说，也许更加陌生吧。

此后不久，沈从文便在孤独中郁郁而终，遗憾地与诺贝尔文学奖擦肩而过。他的助手——志愿兵王矛在十年之后也因战争累积的各种疾病过早去世。《中国古代服饰研究》只得躺在图书馆的角落里落灰吃土，很多年无人问津。让"中国人穿上中国衣服"大概是沈从文后半生唯一的信念，为实现这一夙愿他几乎燃烧了自己所剩无几的全部热情。但沈从文并不是一个狂热的民族主义者，他只是站在人类文明的高度上悉心守护着濒临失传的中国服饰文化。无论曾经引发过什么样的争议，晚年的沈从文就像一位倔强的船长，手握舵轮骄傲地叼着他的烟斗，轻蔑地望向空无一人的大海。这艘巨舰是他亲手打造的，崭新的桅杆上竖起的风帆在阳光里飘摇，他笃定什么样的暴风骤雨都无法给它坚实的甲板留下伤痕。然而巨舰却注定在其有生之年无法驶出这小小的港湾，它只能静谧地停泊在原地任由日月侵蚀，等待后人薪火相传。

三十年之后的北京城，仿若做了韩式半永久的"眉目山河"，叫人认不出来。一天，东城区府学胡同里的居民原本闲来无事地晒着太阳，眼见一支"怪力乱神"的队列集结于巷口。这群人穿着说不出形制的古代服装，有些戴着帽子，有些裹着头巾，并且不断有人加入他们的行列。一位心生好奇的大爷站在人群旁边反复搓揉着他的眼睛，几番端详，欲言又止，终于还是憋不住凑过去问道："韩国人吧？"

没有人理睬这位路人的提问，但大爷没有死心。围绕这群人的还有几个扛着机器的摄影师，他改变策略转而问向那些工作人员："这帮小伙是韩国人吧？"

摄影师担心镜头穿帮，赶紧扭过脸对他摇摇头，伸出手指放在嘴唇上，示意他不要说话。

大爷悻悻地揣着手离开，边走边对周遭人念叨："肯定是韩国人。拍电视剧呢这是！"

过了一会儿，街道远处传来轰鸣的引擎声，两个骑着哈雷摩托车的男人慢条斯理地把车停放在胡同口。为首一人个子不高但是精干强健，线条硬朗的脸颊上留有细心修饰过的胡须；另一人则是虎背熊腰，脚踩皮靴砸得地面上尘土飞扬。路人乍以为是帮派分子过来寻仇，警觉地退让三尺，静观其变。不曾想骑士倏地打开一个绣花的书包，掏出自己的古装披在了身上。在胡同深处，一位穿着华丽官袍的男青年站在文丞相祠朱红色的大门前，满脸堆笑地指挥胡同里的居民自觉避让。

"您慢点！"

"这儿有活动！"

"您可以看，把路让出来！"

青年长得颇似 Paul Frank——那只上蹿下跳的大嘴猴，加上这一身扎眼的古装，与其说是在维持现场秩序，不如说是在"招揽"周遭所有的手机摄像头。文丞相祠是一间供奉着文天祥牌位的四合院——文天祥是中国南宋王朝的一位悲剧人物。13世纪，蒙古铁骑入侵，文天祥不肯投降，组织义军反抗侵略，最终以死殉国。虽然他的抵抗在蒙古人强大的军事力量面前构不成什么威胁，但其精神对后世影响深远。文丞相祠设于明朝洪武九年（1376年），其旧址即为文天祥被囚于大都时的土牢。大都，就是今天的北京，它由忽必烈所建，吸收了游牧民族开放包容的文化基因。今日，北京胡同里最有趣的景致就是它如毛细血管一般密密麻麻地交错着的清真寺、喇嘛庙、基督教堂和汉族祠堂。这一特点便是从忽必烈的元大都——那个《马可·波罗游记》中五光十色的世界大都会时期奠定的。

站在文丞相祠门口的青年叫吉恩煦，他是控弦司的核心骨干之一，并且是这个网络社团的活动策划与礼仪指导。在近年兴起的各种汉服社团中，控弦司是第一个具有剧团性质的网红群体。因为他们不仅复原服装，而且复原弓箭、兵甲，同时吸纳一群受过专业训练的运动员，每次举办活动不弄出声势浩大的阵仗便不罢休，犹如罗马角斗士一般精彩的表演往往吸引媒体将之团团包围，现场惊呼不断。"控弦司"按照字面含义解释，应该是"一群射箭的同袍"，类似于日本的弓道部（一个以练习射术为活动内容的学生社团），但他们表演的射箭则是参照中国明代的形制。方文山的西塘汉服文化节从一开始就把他们奉为上宾，之后每一届活动他们都形影不离。这是一次双赢的选择，"控弦司"这个名字通过方文山的影响力进入主流文化的视野，而西塘汉

服节也因为控弦司强大的表现力，不断地给游客带来惊艳的噱头。他
们之所以总被路人当成韩国人，是因为韩国传统服饰确实与他们身上
穿的明朝官服很像。中国老百姓看了太多的韩剧与韩国电影，所以第
一印象很容易将其理解为韩国的古装戏。中国的明朝始于 14 世纪中
后叶，同时期的日本则经历了从室町幕府至江户时代的战乱与封闭，
所以日本一直受唐宋以前中华文化的影响，明代之后的中华对日本影
响较小；朝鲜半岛则正值李朝，对明朝的文化特点基本上照单全收，
直到明帝国于 17 世纪被清朝取代以后，朝鲜还一直在祭祀明朝皇帝。
由于韩国导演们不遗余力地在古装剧中推广自己的传统文化，因而在
全世界都具有极高的辨识度。但中国本土的古装剧多取材于清朝的故
事，大概是因为清朝离当代最近，而相关的小说蓝本也最多吧。与之
相比，明代的服饰风格鲜见于荧幕，所以普通人才会不认得。总之，
近年来中、日、韩三国都热衷于做传统服饰表演，不仅外国人分不清，
连自己人有时候都分不清。

此刻人声鼎沸，控弦司的青年活动家们把胡同内外塞得满满当当。
作为这场户外秀的导演，吉恩煦游刃有余地面对媒体与群众，滔滔不
绝地向听者灌输他的历史知识："什么？您问这是什么活动？这次的
活动啊，就是我们每年一次的请神牌。咱们站的这里不是文丞相祠吗？
文天祥文丞相的牌位就在这祠堂里供着呢。在文丞相之后，还有几位
他的精神的后继者，就是大家耳熟能详的于谦于少保啊、袁崇焕袁督
师啊，他们的牌位也都在北京供着呢！这些祠堂作为四合院里的小型
博物馆，平时没人去看也没人惦记，我们这些兄弟就寻思着，能不能
让这些英雄齐聚一堂，在今天也热闹热闹？"

"您的意思是说，今天会祭祀这些人的牌位吗？"一位听得如痴
如醉的记者提问道。

"是的，我们这是遵循四百多年前明朝的礼仪，请神牌、送神牌，把那些庄重的仪式给大家再现一下。祭祀的方式古籍中都有记载，我是学历史的，我就是专业干这个的。什么？您问古代祭祀都干什么？那不同时期差异可就大啦。两千多年前的周礼就有记载，焚香啊，奏乐啊，酒宴啊，各种舞蹈表演啊。君子六艺您听说过吗？就是礼、乐、射、御、书、数，各位不知道没关系哈，我们目的就是为了让大家感受到古代人的生活方式嘛。什么？您问今天祭祀都表演什么？其实这种祭祀活动啊，随着历史的发展，仪式也在不断地简化。因为对皇帝来说，大张旗鼓地搞活动劳民伤财啊，咱们自己民间祭祀也是，太麻烦了咱弄不起对不对？所以最后其实就是演变成了吃饭，甭管是家国庆典还是传统节日，都离不开吃。咱们农村地区，不是到现在婚丧嫁娶的时候也还吃流水席吗？其实这都是民间的祭祀活动，吃就是祭祀，因为吃的时候心里惦记着祖先呢。什么？您没惦记？那是您的问题，不是仪式的问题，下回吃的时候惦记惦记！"

"老师，我想问一下。您说今天要祭祀文丞相、于少保还有袁督师，但是这几个祠堂不在一个地方吧？是分成三个活动现场吗？"记者疑惑地问道。

"不是，活动现场就在文丞相祠，分开祭祀不是麻烦嘛。我们按照古代的礼仪把其他牌位请过来，把他们几位老人家放在一块儿。"

"那护送牌位的仪仗队都是什么装扮呢？是不是有马队和弓箭手？一般要多少人的规模？"记者不停地追问。

吉恩煦说到这里感觉口干舌燥，停顿了一会儿，从兜里掏出了一包烟。

"不好意思，我能抽根烟吗？"吉恩煦疲惫地说。

"没事儿，您抽吧。"

　　记者掏出一个打火机试图帮他点烟，他摆了摆手，示意自己有火。在整整一天的活动准备过程中，吉恩煦一个人要扮演好几个不同的角色，他既是导演又是主演，同时还要兼任新闻发言人。初春刺眼的斜阳晃得他睁不开眼，他不住地用自己干裂的嘴唇吞吐烟雾。

　　"老师，您还没介绍护送牌位的仪仗队呢。仪仗队的编制是什么？"热情的记者小心翼翼地拿起录音笔再次凑到吉恩煦的嘴边。

　　吉恩煦猛吸了一口烟后，淡淡地回答道："滴滴打车。"

　　北京城的另一边，永定河畔大片的桦树林深处依稀可见一家私营马术庄园。厢车停在县道上，工作人员把大型升降机与长枪短炮拖拽到树林中。此时马场上烟尘滚滚，摄影团队正在拍摄控弦司的骑射训练。率领一众骑兵队的是控弦司的创始成员陈雪飞，他身穿自己招牌式的飞鱼服，手拿木制的传统弓箭，策马奔腾的动作干净利落，举手投足之间都散发着随时准备摆拍的熟练感。只要他不说话，便是活脱脱一位明朝锦衣卫站在你面前——锦衣卫是明朝的皇家禁卫军，总是出现在武侠小说和民间故事中。对锦衣卫的成功模仿使得控弦司这个小团体在互联网上一夜走红，粉丝群体数以万计，其核心成员亦经常客串在各类电视节目中。陈雪飞通常像个真正的古代军官那样沉默寡言，与吉恩煦的滔滔不绝形成强烈对比。他是早期在互联网上通过查阅资料按图索骥，并亲手复原明朝飞鱼服的汉服爱好者。他和徐娇情况类似，也不是学服装设计的科班出身。陈雪飞大学专业是动漫美术，毕业以后闲散地混迹于艺术圈子里。他和身边几位死党复原明朝服装的主要动机源于对国产古装剧的反感，因为中国的古装剧多半反映清朝的宫廷阴谋，而这些清宫剧往往胡编滥造、罔顾史实，即便只供娱乐也缺乏对于美术和道具的细节考据。当陈雪飞和几个好友穿着飞鱼服走上大街时，每个老百姓都把他们当成韩国人——这进一步刺激了他们跟大众认知死磕的劲头。与前者不同，吉恩煦早年间则是学习文史专业，毕业后便一直赋闲在家成了一位待业青年。纵观全世界，文史专业的学生都很难找工作，因为文学与艺术总是缺乏实用性，即便只想蜷缩在象牙塔里钻营学问，也未必有那么多可以给到新人的空缺。于是吉恩煦在那段时间里整日郁郁寡欢，通过观看国产电视剧打发时间。由于他专业学的是历史，所以对古装影视作品里俯拾皆是的谬误无法容忍，于是整天在网上发稿写差评。没想到他因此久战成名，后来真的结识了很多中国一线电影导演，这些导演纷纷请他为古装作品担任礼仪指导的工作。他们对汉服本身可能并没有什么执念，他们内心深处更想进入影视圈施展一番拳脚。大部分控弦司成员的梦想都是拍电影，另一部分则是想做演员，然而他们的努力并不被封闭保守的影视圈所接受。吉恩煦自己虽然能为电影做礼仪指导，但"礼仪指导"只是个虚职，并非什么了不起的重要岗位，其实际工作就是"现场挑毛病"。导演请礼仪指导的目的——用导演的话来说就是："拍摄的时候把错误尽量规避掉，上映以后你们这些懂历史的人就别再给我写黑稿了！"

　　尽管"锦衣卫"们潇洒的动作引得现场工作人员连连叫好，但飞出的箭却没有几支真的能射中箭靶。在高速骑行过程中射箭与站立不动时射箭完全是两码事，既要身体适应马背的颠簸又要计算横移加速度的变化，其难度何止增加十倍——个中诀窍可是蒙古骑兵的看家本领，要不人家凭什么征服欧亚大陆？当然，控弦司的骑射表演只是为了配合摄影，平日活动里决计不敢做此类危险动作。这家小型俱乐部只能提供一些基础的马匹租赁服务，围栏和跑道设计简单，一圈两三百米，并没有更多的障碍设施。对控弦司成员来说，参与训练是AA制的自费活动，通过手机群聊软件自由报名，这类专业活动老玩家一般不带新人。有些开越野车的同袍会帮着大家拉装备，除了服装之外，还有弓箭、盔甲、美术道具、摄影器材、户外帐篷、野餐炊具等。如果不换上古装，他们的活动跟户外野营差不多，因为自驾大排量越野车总是能够在郊外找到荒无人烟的取景地。射箭用的靶子则是用稻草扎成，弓与箭均按照古代射礼手工定制，消耗过后便要再作补充，比体育馆里那种射箭运动的成本高得多。虽然他们的骑术与射术同草原上的蒙古族同胞相比均不值一提，但普通人想达到这种准专业的程度至少需要上千小时的训练量。马术运动本来在全世界都是贵族运动，每小时价格动辄数百元，再加上其他各种各样的成本，囊中羞涩或缺乏大把空闲时间的人很难参与他们的活动。仅仅简单罗列以上几点，想必读者也能感受到这项爱好背后不菲的开销。

事实上，控弦司是中国成千上万汉服社团中的异类，他们能够迅速红起来，是因为装扮最华丽、气势最磅礴、视觉最漂亮——同时也最昂贵。大部分汉服社团都是由普通学生组成的，没有这样的财力，也就不可能做出什么有想象力的内容。而典型的控弦司成员则是北京皇城根下的男男和女女，拥有宽裕的家庭环境和良好的教育背景，既不需要一份稳定的工作，也不在意周围人的看法。他们除了汉服之外，还有很多精力可以挥洒在五花八门的业余爱好上，即便不在西塘古镇上骑马射箭，你也会在艺术馆里看到他们摆弄装置，或者出现在大型音乐节的 DJ 舞台上。这个群体是中国出现的第一批可以选择"如何挥霍自己人生"的青年人。譬如陈雪飞，他不穿飞鱼服的时候则是素裹皮衣、跨骑哈雷摩托的嬉皮士，像中国版的逍遥骑士那样四处旅行。这个特点决定了他们不可能一直甘于现状，为区区几百名游客的欢呼而心满意足。他们心中向往的一定是更大的曝光、更多的关注、更疯狂的粉丝与更刺激的冒险。在西塘汉服节斩获成功之后，他们已经把线下推广的重心搬回了北京。类似于那种胡同里请牌位的活动不过是日常的小打小闹，每年清明节在北京昌平区明十三陵千人规模的列队表演才是重头戏。明十三陵是中国现存规模最大的一处皇陵建筑群，其年代在中国不算太古老，而清明节则是中国历史最悠久的传统节日之一。每到这一天，昌平区周边乡镇便会万人空巷，游客纷纷掏出手机拍摄这一出"由吉恩煦导演、陈雪飞领衔主演的大型古代春祭真人秀"。

这便与方文山导演的西塘汉服节形成了一种微妙的竞争关系，而徐娇在杭州独立策划的国风大赏其实也面临同样的情况。三十年前渴望被世人理解的沈从文一定不会想到，真正把他那艘船驶出港湾的既不是学者也不是官员，而是一位客家音乐人、一个宁波女演员和一群"热血中二"的北京大龄宅男。在出乎意料的时间、出乎意料的领域与出乎意料的动机下形成的"三剑客"，合力在方文山的指挥下"开天辟地"，但又悄然形成了三股相对独立、各执己见的势力。在短短几年时间里，古风、汉服或者类似的文化品牌已是遍地开花。与此同时，资本力量如约而至，无数新名词降临在这些原本不为人知的亚文化领域中——流量、赛道、入口、闭环、文旅地产、品牌升级、社群裂变、IP 授权……以及国潮。

这一章节的尾声，同时也是整本书的开端，笔者要再次提到这一含义模糊的新名词——国潮。国潮究竟是什么，它究竟涵盖了什么样的涵义？譬如汉服运动，从一开始就饱受争议，而围绕它的口诛笔伐亦从未停止过。现代人穿上古代服装就是国潮了吗？抑或把古代服饰改良为现代的服装品牌就是国潮了吗？它到底是创新还是守旧，究竟是年轻人的哗众取宠还是某种"文艺复兴"的信号？倘若着眼于时尚服饰领域之外，在什么情况下我们可以将一种产品称为国潮呢？

我们确切可知的是，沈从文在他落寞的弥留之际一定看到了什么——一个神秘的终点，又仿若遥远的彼岸。这位亲身经历了 20 世纪最混沌、最迷惘、最颠沛流离的百年孤独之后终于顿悟的老人似乎发出了爽朗的笑声："想要我的财宝吗？想要的话可以全部给你，去找吧！我把所有财宝都放在那里！"

为了寻找沈从文看到的东西，无数青年蜂拥而至，奔向大海，在波谲云诡的伟大航路上扬起风帆。

而此时此刻，海面上的战舰又岂止一艘！

第二章

CHAPTER 2

绕不开的巨大阴影

一桩围绕大师的悬案

1926 年初，北京大学。

国文系的学生们顶着腊月的寒风，走入未名湖畔的讲堂。新文化运动如火如荼，学生们看起来也精神饱满。然而新年伊始京城里便暗流涌动，东北军阀张作霖在日本海军炮火的掩护下攻入关内，国民革命军愤而抵抗，却被日军一口咬定违反了《辛丑条约》。尚不知道自己命运的张作霖趁势占领北平，学生们发起的抗议运动被血腥镇压……恰好也是在这一年，日本进入了昭和时代，25 岁的裕仁天皇带领日本走上狂热的对外扩张之路，多年后连续发动了侵华战争与太平洋战争，中国陷入血流成河的灾难之中……

在那个短暂的春天里，学生们正在修习一门叫作"中国小说史"的课程，主讲的先生横眉冷目，眼窝下陷，嘴唇上蓄着浓密的胡须。他的授课谈不上声情并茂，并不抑扬顿挫的平静叙述总被学生爆发出的笑声与掌声打断——只因此人在那个年月里是学生心中的明星与偶像，其地位远远高于今日所谓的明星与偶像。更重要的是，在随后一百年的岁月里，他都活在每个中国人的心中，并且永远都是"苦大仇深地叼着烟卷，穿一件黑色旧长袍的样子"。这位先生便是笔名叫鲁迅的周树人。

作为 20 世纪中国风云榜上排名 No.1 的作家，鲁迅波澜壮阔的人生在此无须赘述。请允许笔者介绍其人生中一个小小的插曲。

1926 年初，在鲁迅的学生"刘和珍君"牺牲之前，还有一件事令鲁迅怒不可遏。这便是中日文化艺术界的一桩悬案，鲁迅遭遇的所谓"抄袭事件"。具体来说，引起争议的是他的学术著作《中国小说史略》。鲁迅大部分作品是杂文和小说，因此这本书在他的所有著作中显得非常特殊。既然叫"史略"，读过的人便知它更像是演讲提纲，内容本是其在北大教书时用的讲义，而后才整理成书，分为上下册，于 1923—1924 年先后出版。用现代的眼光来看，其实鲁迅的本职工作是大学老师，副业才是文学家。大抵因为文学论战是纯投入，教书才能带来收入，所以研究中国小说史对鲁迅来说非常重要，就如同今日的大学老师要发论文评职称一样。但《中国小说史略》发行以后，尽管它只是本小众学术书籍，却被文坛的政敌一把抓住——学界有人质疑它抄袭了日本汉学名家盐谷温的《中国文学概论讲话》。一时之间质疑声甚嚣尘上，正方与反方唇枪舌剑，旁观者则莫衷一是。

当时北京的文人分为两大阵营，分别在两本不同的刊物上写稿对骂。这两本刊物都非常著名，一边是鲁迅等人创办的杂志《语丝》，另一边则是胡适等人创办的杂志《现代评论》。一般认为《现代评论》倾向于右派自由主义，而将《语丝》定位为左翼，但实际上分得根本没那么清楚。站队的立场更多取决于文人之间的私交关系，在大是大非的政治问题上反倒没那么多分歧。同样，如果用现代的眼光来看，流量才是大家真正的关注点。鲁迅是那个时代的顶流，写有关鲁迅的文章很容易火——无论其观点是正还是反。有的人甚至先正着写再反着写，挺是他伐也是他，跟现在部分自媒体写稿的思路差不多。中国有句古话叫"燕雀安知鸿鹄之志哉？"这句子乍一听颇有道理，仔细品味则别有意味。发言人必定站在鸿鹄的立场上发言，如果站在燕雀的立场上结果恐怕是："凭什么大家都是鸟，你却那么高调地占用公共资源？"如此看来，是不是燕雀说得也很有道理？所以公允地说，鲁迅这类人物天生就容易招惹是非。

问题在于，鲁迅在被质疑抄袭以前，大部分论战他都游刃有余。他的笔杆子应算是亘古第一犀利，旁敲侧击的讽刺根本不能穿透他的甲胄，谈笑间让群儒灰飞烟灭的战斗力也可谓独步江湖。然而抄袭这顶帽子结结实实扣了下去，绝非轻易能够撇清的。尽管鲁迅在第一时间发表长文进行反驳，但随着时间的推移，质疑之声反而越来越大。鲁迅在日本留学期间深受日本文化界的影响，诸多日本朋友中恰好就有这位盐谷温，两人恰巧又前后脚地出版了各自的著作——这千丝万缕的联系，使得事件更显微妙。同时代的人到底怎么看待已经不重要，近年来的学术研究通过详细比对内容，整理相关历史资料，倾向于认为鲁迅并不是抄袭，只是其部分论点与论据有所借鉴，所以内容上才会有些相似的地方。你可以试着想象一下，仅仅"相似"两个字就具有何等的杀伤力！可以预见，同时代的论敌必然借题发挥，欲将鲁迅除之而后快——对于任何创作者来说，抄袭都是严重损害名誉的死穴。而对鲁迅来说，学术上的抄袭还关乎他作为大学老师的职业评价，真正是戳到了痛处。

如果把前后参与讨论的风云人物凑起来排一出独幕小品，估计会是下面这个样子（小品中的对话主要为许寿裳、朱正两位先生著作中历史人物的原话，是鲁迅研究专家们从当年的报刊、日记、回忆录中拣选出来的，而非笔者"原创"。笔者只是运用剧本加工的方法将当年这一争议中相关人员彼此的回忆与评论进行了整合）。

一场事先张扬的审判

场景：法庭　气氛：日内

媒体记者交头接耳，一众陪审团成员早早入位。法官敲了敲桌子，示意大家安静。由于被告席上坐着大名鼎鼎的鲁迅先生，法庭上的众生不免露出兴奋与激动的表情。

"开庭！"

原告席上那一位仁兄蹭地站起来，用潇洒的动作捋了捋头发。他穿一身笔挺的西装，打扮得颇像英国的绅士。

"法官好！陪审团的列位，大家好。我叫陈源，笔名陈西滢，是北京大学外文系教授，也是《现代评论》的主笔。当然了，大家可能不熟悉我，但我不妨提几个名字。屠格涅夫知道吧？鄙人不才，给读者翻了些浅陋的译文。泰戈尔知道吧？鄙人斗胆，帮国家做了个简朴的接待。至于鄙人身边的朋友圈，那可真是群星璀璨。比如吧，坐我身后边这位徐志摩先生……"原告遂将目光瞥向身后。徐志摩见状尴尬地向席间众人示意微笑，然后赶紧压低眼镜把脸埋了起来。

法官轻轻咳嗽一声："请原告陈述拣取重点。"

原告："今日讲的这番话，却也不是为了我自己，就是看不惯有些个中国的批评家实在太宏博了。他们俯伏了身躯，张大了眼睛，在地面上寻找窃贼。以至于某些思想界的权威，整大本的去剽窃，他们反倒往往视而不见。"他一边说一边怒目指向鲁迅的侧影，"鲁迅先生，你常常挖苦别人抄袭，可你自己的《中国小说史略》拿日本人的著述当自己的蓝本，作何解释？噫，也罢！窃书不能算偷。读书人的事，怎么能算偷呢？"

他说到最后一句话的时候转身面向陪审团，故意尖声尖气地模仿着孔乙己的声调，引得陪审团众人哄堂大笑。

"肃静！肃静！"法官不得不拍着桌子把庭审继续下去，"被告，原告所言是否属实？"

鲁迅早已气涨了脸，从牙缝里挤出几个字："盐谷氏的书，确是我的参考书之一。二十八篇中的一小部分是根据它的，但不过是借了些大意，次序和意见就很不同，比如……"

法官："被告，你的意思是承认自己抄袭吗？"

鲁迅刚要说话，却被律师拦了下来。被告律师低声提醒道："鲁迅先生，法庭上还是我说吧，您老人家就别添乱了……"

见被告方已然输了气势，原告方趁机掏出手中一张白净的稿纸，标题上书"抄袭剽窃者不应该成为榜样！——部分文化从业者告鲁迅先生通知书"，洋洋洒洒几百字的末尾签着若干个名字。他举起稿纸在空中挥舞，义正词严地说道："吾辈一致认为鲁迅先生应该道歉！其实拿人家的著述做自己的蓝本，本可以原谅，但你的书中得有个声明。抄就是抄，抄了标注出原作者的名字便也罢了。不声明，你也不道歉，抄的还是日本人，你让中国人的脸面搁去哪里？"

原告身后的徐志摩听罢如坐针毡，一把拉住了他的手摇头劝解："通伯，带住！带住罢！大家引为前鉴就是了，再这样混斗下去方才是丢了中国人的脸面。"

被告律师："法官大人，我想请证人发言。"

不一会儿，一位身穿和服的儒雅学者走上前来。

"鲁迅先生，别来无恙。"他向被告点头示意后继续讲道，"诸位，在下盐谷温，出身于一个东京的学术世家。我家祖上三代都热爱中国文化，也研究中国文化。我自己大学时的课题是中国的俗文学，我也亲自到中国作过调研。众所周知，中国是文学的古国，有四千年的辉煌历史，其中古文、诗歌为雅，小说、戏曲即为俗。过去的中国不重视这些俗文学，鲁迅的《中国小说史略》可算作开山之作。这书在日本也出版了，我读后受益匪浅。至于你们所说的抄袭……我觉得日本在明治维新之后，向西方学习了科学的研究方法，这方面是比中国先进的。清国留学生来日本，学的主要也是这些方法。而文化则原本就是你们自己的，无所谓什么抄袭不抄袭。更何况，如果没有鲁迅先生引起的争议，在下的作品也卖不了那么多本……"

原告方律师此时按捺不住打断这番陈述问道："盐谷先生，你说的这些，只不过是表达你本人不介意。原著者介不介意，和被告到底抄没抄，这是两个问题。法官大人，我认为辩方证人的发言实不能为抄袭的行径洗白。"

被告律师："我认为盐谷先生的意思是，鲁迅的研究是独立完成的，就算有相似之处，最多不过是创意撞车。"

原告律师："独立完成？鲁迅年纪轻轻，既不是专业学者，整天又有那么多花样要忙。倘若没有日本学界同仁的深厚积累，他怎可能凭借一己之力开天辟地？"

被告律师："辩方律师的意思是，年轻便不能是天才咯？

法官大人，我想请另一位证人发言。"

这一次被告方请来的证人令在座众人更为惊讶。来者是个矮小瘦弱的白发老叟，精神矍铄地拄着拐杖走进法庭，经过每一个人时，观者都会崇敬地脱帽敬礼。证人走到鲁迅身边，鲁迅却故意把眼神看向了窗外。

原告见状气得叫道："适之先生，您……您怎么去了那边！"

证人深吸一口气对法官说："让鲁迅先生去教小说史，是我胡适的决定。至于小说史的研究，是我们二人合作的。世人皆知我少年老成，道我是胡博士，考证癖，却不知鲁迅用功也是极猛的，虽然他诬蔑我是日本帝国主义的军师——"胡适微笑着偷瞄了一眼鲁迅的表情，自顾自地往下讲，"但在这件事上，清者自清，何须证明？抄袭之说，纯粹子虚乌有！我们可否设身处地，为若干年后的中国青年着想，他们对于这种无头官司有何意义？有何兴趣？鲁迅先生说，但愿中国青年摆脱冷气，能做事的做事，能发声的发声。有一分热，发一分光；就令萤火一般，也可以在黑暗里发一点光……听完这话我是感动的，你们呢？"

胡适说完敲了敲拐杖，不顾众人还在消化他的哲思，躬身对鲁迅耳语道："豫才兄，我想，你终究还是我们的人。"他轻拍一下老友的肩膀，幽然离去。

原告律师却把大家从超然的情感中拉了回来，对法官嚷道："不就是证人吗？我们有几十位证人还在后面陆续到来。比如顾颉刚，他可是货真价实的专业学者，没有政治身份左右立场，他的看法恐怕要更具说服力。"

被告律师："法官大人，我们也还有几十位证人没到场！"

原告律师："请陪审团列位慎重决断，慎重！"

被告律师："望陪审团诸兄理清真相，理清！"

法庭上再次乱作一团，法官扶额哀叹："没完没了，实在无聊。我看还是择日再审比较妥帖，今日到此为止可好？"

"休庭！"法槌应声砸响。

以上皆是玩笑，我们就此打住进入正题。

翻开历史的鸿篇巨制，这个插曲对当事人来说也许已经无关紧要，却是关于中日文化纠缠不清的一张微缩照片。在那样一个时间节点上，鲁迅可能无法想象在此后接近一百年的时间里，他的困惑也是所有中国创作者的困惑。几乎在各行各业以及各种领域里，只要你试图去提炼"中国"的内容，便总能看到笼罩在中华文化之上的巨大阴影——日本。

国潮第一要素：中国符号

对于外国人来说，中国是什么？试着在脑海中举例，我们也许可以快速地列出一些关键词：筷子、熊猫、孙悟空、和尚、长城、灯笼、茶叶、饺子……

每个人都可以像笔者这样，在纸上写上满满一页关键词。这些关键词有一个共同的特点，就是它们都具有清晰的视觉传播力。也就是说，它们一定能被提炼为某种清晰的视觉符号。视觉符号之所以如此重要，是因为在通常情况下，你脑海中能够快速闪现的某种印象一定带有画面感，反之则很难。你绝不会在面对此问题时列出这样的关键词：君子、中庸、造化、去火、气沉丹田、道法自然、格物致知……通过这些词你能理解"中国是什么"吗？说实话，我甚至都不知道它们如何翻译成外语。

除了视觉描述以外，听觉、触觉、味觉、嗅觉也许都在信息传递上有一战之力，只是它们没有视觉传达那么简单、普适。譬如唢呐和锣鼓的声音、丝绸的柔滑、花椒的辛麻与茉莉的芬芳，这些也是鲜明的中国元素，它们都可通过人体的五感带给大脑直接而具体的印象。

所以和视觉符号类似，它们也优于不可名状的抽象表述，因此我们不妨将其列为次一级的关键词。但无论如何，抽象概念都是最糟糕的沟通语言。上面列出的第二组词就过于抽象——它们全都是中国文化中深层次的哲学与伦理概念，所以它们几乎不可能用于描述"中国是什么"——即便你重复成百上千次也形同废话。任凭人类的大脑再强大也极难建构抽象的大厦，除非将抽象的概念附着在具象的元素之上。

当然，最易于传递的信息还是视觉符号。虽然视觉符号在传播的领域里具有如此优势的地位，但是将一种文化提炼为视觉符号并不容易。能够提炼成为视觉符号的画面一定有易于描述的特征，并且拥有能与其相似符号相区别的鲜明差异。有些关键词虽然含有具象的视觉元素，但其构成过于复杂，无法简化为一个符号，只是一连串混杂的信息碎片；还有一类关键词，特征虽然易于描述，但表义含混不清，亦无法提炼成符号，比如这样一组词语：大唐盛世、江湖豪杰、青砖、菜刀、苏东坡、床前明月光……

"大唐盛世"与"江湖豪杰"这两个词虽然气势磅礴，但它们描述的范围实在太大；"青砖""菜刀"这两个词的关注点太小，光看到一块砖或者一把刀，很难判断它到底是哪里的砖抑或哪里的刀；"苏东坡"作为宋朝一位知识分子，尽管他是个具体的人，但他跌宕起伏的人生中留下了无数个不同角度的侧影，你无法猜测表述者侧重于哪个角度。至于"床前明月光"，这是中国唐朝最伟大的诗人李白在他的名作《静夜思》中留下的一个句子，作者借用"月光透过窗棂在床前留下投影"这一画面，表达了中国人思念故乡的感情，是中国最著名的诗句之一。它恰好也是一个将抽象概念附着于具象元素的典型案例，可见李白不仅是一位天才的诗人，也是一位天才的设计师。他巧妙地组合了几种画面元素，把中国文化复杂的哲学简化为小朋友也能理解的视觉符号，并且深入人心地流传了一千多年。不过，这句诗描述的画面并不适合用来表达"什么是中国"，因为它附着的抽象概念对异文化的阅读者来说是一种障碍。如果只看到月光、窗棂和一张孤独的床，是不是更容易理解为一名囚犯渴望逃狱的心情？

以上所述并非什么无聊的文字游戏，也不是针对大学生的设计思维所作的科普。本书讨论的是国潮，在第一章中，我们为一场宏大叙事揭开面纱，但疑问不仅没有回答，反而越积越多。或许读者已经迫不及待地想要知道谜底，诸如"国潮到底是什么"这样的问题，能否迅速抛个工具性的结论出来？这样的工具性结论当然有，笔者会围绕"国潮三要素"进行充分的讨论，并且教你如何在中国制造一场流行潮，必定让每一位相关领域的从业人员有所收获。然而倘若跳开推导过程，或者忽略对流行文化的深入观察，就很容易陷入误区，越走越远。譬如在近两年我所看到的诸多"国潮"产品中，充斥着大量日本浮世绘风格的图案，或是对日本流行文化的拙劣模仿。无论这些产品是什么，它们给人最大的感受就是"很潮很日本"。如果我们仅从字面上去解读，这种产品应该叫"日潮"，它怎么能叫"国潮"呢？

一个清晰的中国符号——这便是国潮所要具备的第一个要素。

作为一种消费品，它必须具有中国符号。完全仿照外国流行文化而生产的中国商品可以质量很好，并且很受市场认可，但这出离了我们讨论的语义范畴。如果不是"中国的"，它就不可能是"国潮"，我想每个人都能理解这番基本逻辑。也就是说，界定国潮要做的第一件事，是先搞清楚"中国是什么"。只不过，做到这一点并不容易。选择一个优质的符号只是走出第一步，此后的第二步才是真正的困难。我们以为确定无疑的中国符号，在仔细推敲之后也许模棱两可或含混不清。它可能是"日本的""东方的""亚洲的"或者干脆就是"世界的"，而并不真的有个遍及全人类的产权共识。我的意思是说，有些中国的符号很难说就是"中国的"符号。

在上述第一组关键词中，请读者注意，筷子并不是只有中国人用。的确，发明筷子的是中国人，但是日本、韩国、越南以及很多东南亚国家都使用筷子，其中日本料理、泰国菜、韩餐在全世界都很常见。这就意味着一个外国人看到筷子的时候，他会认为这是一个来自东方的元素，而未必联想到中国。"和尚"这个关键词不宜用，也是基于同样的道理——佛教本就源自印度，在中国古代属于舶来品。事实上，一部欧美影片中出现的和尚角色通常都是日本的禅宗，无论它是古装片还是科幻片。因为禅宗传到日本以后成为国民信仰，随着全球化的发展而流行于西方，而中国本土的汉传佛教无论哪一流派在西方几乎都不为人知。至于"茶叶"，则更难以跟中国文化产生直接的关联。饮茶的习惯虽然发源于中国唐朝，但如今茶已经成为一种世界性的植物饮料，仅从产地上来说，全球产茶的国家就有六十多个，遑论喝茶的国家！这就如同你看到咖啡不会联想到埃塞俄比亚一样，咖啡发源于埃塞俄比亚，不等于咖啡就代表埃塞俄比亚，对吗？倘若笔者再列出某些原本发源于中国古代，但现如今已然变成日本符号的关键词——不仅包括茶道与禅宗，还有插花、焚香、傩舞、竹子、屏风……恐怕更加令人愁苦。是的，这些都是从中国东渡到日本的文化和风俗，理论上应该是中国符号，但它们现在几乎都成了日本元素（由于后面章节还会涉及这些内容，在此我们先不详细介绍它们的历史演变过程）。假如你是一个内容创造者，并且试图为自己的产品提炼一个中国符号，这会是多么尴尬的一种处境？视觉演绎的过程暂且忽略不计，头脑风暴的时候就被日本无处不在的影响限制住了。我自己在工作中就经常遇到这种情况，比如在国外的设计网站上搜索"水墨"这类关键词时——我想你应该明白我要找的是中国元素——不出意料，搜索结果全是关于日本的。

我们不能轻易地责怪西方对中国缺乏认知。本书第一章写到，方文山、徐娇和控弦司总是被周遭误解为日本人或韩国人，而这真实地反映了中国民众的认知状况。日本对中国的影响自明治维新时期开始，经过了一百多年的演变，早已潜移默化地融入到我们的基本观念中。在最近几年崛起的创业品牌里，最火的莫过于 MINISO 名创优品、元気森林、奈雪の茶，以及种种仿日设计的中国商品。这些混杂着片假名和日文古体汉字的 logo 很容易让人误解，以为它们是日本进口品牌，而它们的价格又非常便宜，因此得以迅速占领市场。这些品牌自然不能称为国潮，它们只是国货，意即物理意义上的中国制造。笔者并不是要批判误导性的品牌策略，商业遵循市场规律无可厚非。我只是想用生活中常见的现象来说明中国与日本在文化上复杂而纠缠的关系。很多自诩为"国潮"的产品之所以喜欢抄袭日本，大概是因为仿日策略为这几年中国品牌的主流打法，"国潮"又是最热门的网络新词。把仿日当成国潮，似乎还很天然地契合——当然会契合，因为构成日本文化的大多数要素都是中国传统文化的一部分。消费者喜欢日式风格，恰恰缘于我们骨子里对于自己文化的熟悉感。

但是，如果连什么是中国文化都没弄明白，又如何在当代诠释国潮呢？

对于西方来说，如何区分中、日、韩三个国家的人是感到非常困惑的事情。在他们看来，这三个国家的人长得差不多，生活习惯和着装风格也近似。光看长相，不仅外国人难以区分，中、日、韩三国人自己有时候也不大分得清楚——前提是不张嘴说话，只有说话的时候才能分出日语、韩语和汉语的区别。这并不是一种调侃，近代以前，中、日、韩三国语言非常相似，无论是日本的和族还是韩国的朝鲜族，最初他们都没有自己的文字，因此只得借用外来文字，即中国的汉字。这就好比拉丁字母和拉丁语，刚开始只有罗马人使用，随着罗马帝国的影响力扩散到伊比利亚半岛、阿尔卑斯山以北乃至整个欧洲，当时的西班牙、高卢和日耳曼民族都接受了罗马人的字母系统以及拉丁语。时至今日，西班牙语、法语、英语和德语使用的全是拉丁字母。语言的相似性自不必说，文化上的影响更是深层次的。留学欧美的中国人经常发现，所在国的文科生往往要选修拉丁语这门课程，有些外国家长从孩子很小的时候就让他们学习拉丁语——越是背景深厚的家族越是重视这一传统，穷人则很难负担得起这样额外的教育开支。

汉字源于古老的象形字，只表意不表音，远比欧洲的拉丁语系统复杂。我国古人说话是说话，写作是写作，人与人之间沟通靠文字，靠说话沟通则只能形成无数个割裂的小圈子。中国有五十六个民族和数百种方言，如果光听发音，形同数百种外语。古代如此，今天来看也是这样。在某些闭塞的山区，方言体系的形成过程尤为复杂，两个村落间隔一座山谷，就可能完全听不懂对方讲话。所以古代的知识分子必须学习书面语，也就是我们所称的文言文。通过书面语，便可以跨越方言之间的沟通障碍，甚至打破国家、民族之间的隔阂，形成一个统一的文化圈。这就是中国的由来，从一开始它就是靠同一种文字聚集到一起的共同体，而并非靠武力的威慑。大略笼统地说，西方的贵族是由军人构成的，这种文化源自古罗马的传统。在古代，高卢、西班牙这些行省的人民通过参军便可以成为古罗马公民，延续至当代，少数族裔在美国也是通过参军才获得地位的，可见西方社会上升的阶梯是服役。与之相比，中国的贵族都是识字的人，中国社会上升的阶梯是考试，你便可以想象汉字有多重要了——同样，你可以想象这有多复杂。所以在我国古代，只有少数的精英和贵族才能掌握它，便形成了所谓的士大夫阶层。进入现代社会以后，这种古老的象形文字系统自然会在学习方面造成普遍的困难。比如中国学生从小开始便要接触文言文，它和现代汉语相比晦涩难懂，同数学、英语这些实用科目相比又很难与经济收入挂钩，因此大部分学生只是硬着头皮去应付（包括笔者本人），绝大多数人成年后便将它忘得一干二净。中国有句俗话叫"穷理富文"，意思是说穷人家的孩子要学习理工技术，这样才有利于就业；至于那些"美丽而无用"的文科知识，恐怕只是富人的消遣。

古代日本和朝鲜距离中国较近，他们深受中华文化的影响，当然也要学习文言文。于是，他们以汉字表意，同时保持自己语言的发音。所以从某种视角来看，古时和族和朝鲜族与中国境内的少数民族差不多，他们同中国一样，掌握汉字的也只是一小部分精英和贵族，底层老百姓只能一辈子做文盲。大概日本和朝鲜自己也意识到了这个问题，所以他们一直试图"去汉字化"，把自己从汉文学习的困难中解脱出来。奈良时代的日本形成了用于表音的假名，朝鲜则于 15 世纪发明了用于表音的谚文。这些表音符号只用于辅助，但对底层老百姓来说，日常的书写交流就可以不用汉字了。在古代社会，全民接受教育几乎是不可能的，所以这确实是一种巨大的便利。不过，假名和谚文还是得和汉字结合使用，才能把复杂的语义表达清楚，完全去掉汉字就会导致歧义和信息丢失。这就好比当代中国所用的汉语拼音，小朋友不会写字的时候，只写汉语拼音和一些表情符号，另一位小朋友也能明白他的意思。但是如果每个人都不会写字，就会导致信息传递出现混乱。中国青少年近年来发明的网络用语就属这种情况，成年人根本看不懂，觉得它们看起来像"火星文"。其实，这不过是懒得写汉字的孩子们发明的沟通办法，用缩写字母和特殊符号构成的另一种"约定俗成的假名或谚文系统"，本质上也是一种"去汉字化"。试着想象一下，如果中文也去除了汉字，你日常生活中的感受大概就是每天睁开眼便会陷入到漫天遍野飘浮着弹幕的困惑里。历史上我们真的有过废除汉字的设想：20世纪初期的新文化运动中，部分知识分子认为汉字本身是造成落后的原因之一，他们认为中国文盲多，就是因为汉字太难学；西方到了近代科技那么发达，是因为他们使用字母。为了能让中国与国际接轨，第一步是废除文言文，统一口语和书面语；第二步是废除汉字，使用拉丁字母书写。这种激进的想法放到今天来看匪夷所思，但在当年几乎就要落实下去。

其实废除汉字的想法并非国人原创，而是近代知识分子效仿日本的一种做法。需要注意的是，日本虽然有这个想法，但是实际上没能真正着手这个庞大的工程。直到20世纪70年代的韩国，时任总统朴正熙下定决心施行"去汉字化"政策，将汉字教学逐步从中小学课本体系中删除。因此，当代韩语几乎变成纯粹的谚文，能够识读汉字的人越来越少，尤其是"90后"基本上都不能识读汉字。这样做对于韩国文化是否有深层次的影响，笔者不敢妄自评论。不过对于我们这些从事影视工作的人来说，韩国文化最具魅力的地方便是从20世纪90年代开始崛起的那一批导演，比如李沧东、金基德、朴赞郁、洪尚秀，以及2020年获得奥斯卡金像奖的奉俊昊等。若是注意观察他们的年龄分布便会发现，这批导演全都生于20世纪70年代以前，其青少年阶段的教育还没有受到"去汉字化"的影响。而现如今我们所说的"韩流"，则是"去汉字化"之后成长的一两代人所引领的。相较那个大师辈出的时代，当代韩国文化似乎出现了某种奇特的割裂感。这些并不识字的韩国唱跳团体创造的表达方式,迅速在中国青少年之中扩散。

且不说韩国进口的偶像，当代中国的本土偶像也基本都是按照韩国的流水线制造出来的。这其中最微妙的地方在于，它与中国青少年偏爱使用符号化的网络语言几乎是同时风靡起来的。

仅从语言角度来看，我们已经发现日本同中国在文化上具有高度近似性。若将观察视角放大到社会生活中的方方面面，那么两国的共同点更是不胜枚举。日本从弥生时代便开始与中国汉朝进行交流，到公元6世纪，圣德太子决心派遣使节全面学习中华文化。当时的中华正处于隋唐帝国的全盛时期，文化、宗教、美学乃至建筑与服饰风格都被原封不动地搬到日本。这一过程中不乏在中日两国都耳熟能详的历史名人，比如遣隋史小野妹子，遣唐使圆仁、阿倍仲麻吕等。其中圆仁书写的名著《入唐求法巡礼行记》，是一本全面介绍他在中国所见所闻的日记，被称为东方的《马可·波罗游记》。相比后者，《入唐求法巡礼行记》的史料价值要高得多。即便不为研究历史，买一本看看也会感到非常有趣。对中国人来说，日本的古籍基本上可以毫无障碍地阅读——只要你能看懂文言文——因为日本古籍都是用文言文书写的。当然，不仅有从日本来到中国学习文化的人，也有从中国东渡到日本传播文化的人，比如著名的鉴真和尚。日本进入平安时代后，都城也从奈良迁至京都，但向中国学习的风潮并没有改变，而同时期的中国已经进入宋朝。因此有一种说法，想看看唐朝的中国就去奈良，想见识宋朝的景象便去京都——每个去日本旅行的中国人都会发出这样的感慨，大概这就是日本与中国肉眼可见的近似吧。遗憾的是，近代中国日趋衰落，日本则在明治维新之后迅速崛起，19世纪便成了中日两国的分水岭。同样被西方殖民者撬开国门，但明治维新成功了，中国人效仿日本明治维新的戊戌变法却失败了。中国在甲午战争中败于日本，彻底改写了东亚秩序。

　　每当谈及这一话题，部分国人都会表现出不耐烦的态度，觉得日本在近代的崛起是"种种巧合之下的运气使然"，有些人甚至时至今日依然喜欢以"天朝上国"自居——日本从中国拿走了那么多文化，为何全世界都没人去"追本溯源"？首先此类观点根本不值得讨论，如果非要纠缠于这个问题，道理其实非常简单：阿拉伯数字是人类历史上最伟大的发明之一，没有它就不可能有数学的进步，更不可能有随之而来的天文、航海、物理、化学等学科的发展，几乎可以说它奠定了现代文明的基础——实际上，阿拉伯数字是印度人发明的，我们为何不叫它"印度数字"呢？因为阿拉伯是海洋文明，而印度是大陆文明，虽然这种说法多少带有一些地理环境决定论的色彩，但我们至少要承认"定义认知是传播者的工作"。印度人发明了它，但并没有传播它，阿拉伯船队则将之传遍世界，因此今天的人们认为它来自阿拉伯也就情有可原了。如果自己没有传播信息的能力，凭什么责怪别人不去明晰信息背后的产权？这就好比商家把产品制造出来，既没有沟通任何渠道，也没做任何运营工作，你觉得它能自动飞进消费者手里吗？

　　总之，中国在明治维新以前一千多年的时间里一直是日本的老师，而在明治维新之后日本反过来成了中国的老师，这一点是毋庸置疑的。清末民初大批留日学生中，不仅有鲁迅、王国维、郭沫若等文化界人士，也包括了国共两党的早期缔造者，如黄兴、蒋介石、陈独秀、李大钊、周恩来等。这与戊戌变法失败之后，梁启超、康有为、章太炎等革命先贤流亡日本有很大关系。既然革命者都去了日本，革命的大本营自然也在日本，并吸引大批像孙中山这样的职业革命家。对20世纪初期的国人来说，日本明治维新的成功经验无疑具有极大的吸引力，全盘地模仿日本也就成为必然选择，不仅包括政治制度的设计、现代陆军的训练方法、工业制造技术等比较实用的知识，连文学创作、艺术潮流以及生活习惯都在模仿日本。翻看那个时代的资料，会发现很多社会名流穿着和服的老照片。民国时期流行的中山装是孙中山发明的，有人认为，它看起来很像日本的学生装。

至此，不知你是否察觉到一个非常吊诡的矛盾之处。谁都知道明治维新的成功源于日本提出"脱亚入欧"的口号并全盘西化，明治天皇带头穿西装、引西学，武士废刀、尊王攘夷。而中国效仿日本，实际上效仿的也是西方。我们学日本是因为它西化得彻底，要想学中华传统文化，还用得着去日本吗？1921年，芥川龙之介在大阪每日新闻社的邀约之下，来华采访刚被北洋政府释放不久的章太炎。章太炎讽刺芥川龙之介道："你宁愿穿洋服，不肯穿和服；宁愿吃通心粉，不肯吃刀切面；宁肯喝巴西咖啡，不肯喝日本茶。还算哪门子的日本人？"尽管这番话只是逗口舌之快，但芥川的确也被说得很尴尬。生长于士族家庭的芥川，他的日常生活习惯尚且如此，大正时代普通民众的流行文化便可想而知了。当然，我们现在讨论的问题是当代中国符号被日本纷纷拿走之后面临的困境——这就奇怪了，日本当初难道不是因为鄙视历史传统才要跟旧的文化一刀两断吗？明治五年（1872年），睦仁天皇宣布废旧历行新历，这一般被视为西化的开端。因为日本原本同中国一样用旧历，也有诸如春节返乡这样的文化传统，你很难想象过年回家吃饺子的民族如何"脱亚入欧"。作为对照，颁布废刀令则是四年之后，即明治九年，重要性明显低得多。由这个细节也可以看出，想让一个民族遗忘自己的历史，最好的办法是抛弃它的传统节日。总而言之，与旧文化一刀两断之后，日本国民经济迅速腾飞，日本人也越来越像精神上的欧洲人。与此同时，他们愈发鄙视自己一衣带水的邻居——这位当了自己一千多年的老师。从1868年到 1928 年，即明治时代至大正时代六十年间的思想演变，使得日本的大众认知逐步建立了一套这样的逻辑体系：一、中国的文化是落后的；二、所以中国是落后的民族；三、所以日本侵略中国是物竞天择的合理行为。

因此自昭和时代伊始，日本社会便彻底失控，堕入法西斯主义的深渊。这番日本发动侵华战争的思想基础，是每个中学生都知道的历史常识。既然如此，日本应该在全盘西化的道路上一直走下去，可他们为什么又一百八十度地掉头转弯，重新把"落后"的中华传统文化当宝贝似地捡了起来？

从全盘西化到回归东方

日本历史上著名的明治维新，如果仅仅把它理解为明治天皇发起的一场君主立宪制改革，那就无法解释为何中国效仿明治维新的戊戌变法注定是要失败的。明治维新的实质是一场日本国民在思想上的启蒙运动，以及社会结构上的工业革命。众所周知，启蒙运动诞生于18世纪的法国，而工业革命诞生于18世纪的英国，这两者一前一后，为世界进入现代社会奠定了基础。它们的先后顺序很重要，因为只有思想解放了，才能促成社会结构的改变，否则怎么可能产生现代工业这一结果？"现代"的概念本来就源自欧洲，这一点是毋庸置疑的。汉语中"现代"这个词，其实就是日语中的"现代"。留学日本的知识分子将这个词从日本带回祖国，从1919年的五四运动开始，中国人逐渐接受这个概念。因为戊戌变法失败以后，中国的知识分子也意识到，救国的根本在于革新中国人的思想。所以，五四运动之后诞生的新文化革命大概就相当于发生在中国的启蒙运动。我们仅从传播顺序上来看便可得知，启蒙运动是从18世纪的欧洲传到19世纪的日本，再从日本传到20世纪的中国——分别间隔了100年和50年。也就是说，欧洲进入启蒙时代以后150年，中国才开始这一进程。

倘若抛开政治立场，站在日本人民的角度上看，日本启蒙运动最重要的推手是福泽谕吉，他被称为"日本近代教育之父"和"明治时期教育的伟大功臣"，其主要工作就是把西方思想翻译成日语，并坚持不懈地倡导西学。旧版的日元货币上，一万元面值钞票上印的就是他的肖像，如果你曾去日本旅行，一定会对这张脸非常熟悉。福泽谕吉的著作大大小小算下来有66部，在明治时代的发行总量高达340万册。要知道当时的日本总人口才3000万，而且大半都是文盲，你便可以想象该销量是多么惊人。他用浅显易懂的方式，全方位地向日本人民介绍了西方政治、经济、科学的方方面面，尤其是引进了天赋人权、社会契约、自由、民主、平等、货币、外交等诸多概念，简直就是欧洲社会的大百科全书。"脱亚入欧"的口号当然也是他提出来的，因此福泽谕吉基本上可以看作是明治维新的制度设计师。他的著作中最有名的一本叫《劝学篇》，我们看到这个书名应该感觉非常熟悉。不过这种熟悉感倒不是源于福泽谕吉的著作，而是来自清末名臣张之洞写过的一本叫《劝学篇》的小册子。福泽谕吉的书原名为《学问のすゝめ》，清末引进中国时将它翻译为《劝学篇》，也许是为了致敬古代思想家荀子的儒学经典《劝学》。而张之洞写的《劝学篇》就不知到底是在致敬荀子，还是在挑衅福泽谕吉了。和福泽谕吉全盘西化的思想相比，张之洞提出的口号则是"中体西用"。他认为中学为内学，西学为外学；中学治身心，西学应世事。总之，只认可西方的技术，并不支持政治和思想上的改变。作为晚清洋务派的代表人物，他发起的兴修铁路、建设工厂并主导教育改革的种种救国举措令人敬佩，但这些举措并不能在末世力挽狂澜。所以，尽管张之洞是一位清廉爱国的伟大政治家，但他对西学并没什么真正的研究。他所提倡的西学，不过是从日本拿来的一些浅表的概念，而这已是当时清朝进步官员对于西学所能接受的极限。

需要注意的是，以上列出的西学名词，都是日本启蒙思想家翻译的。也就是说汉语中的这些名词都是源于日语，比如"社会契约""启蒙""经济""主义"，分别对应着日语中的"社会契约""啓蒙""経済""主義"。中国人并非没有直接从西方翻译这些外来概念，清末著名学者严复为了抵抗日制汉语词汇建立了另一套体系。比如他将"经济"翻译为"记学"，"進化"翻译为"天演"，今天看来别有一番风味。"信""达""雅"这三个当代翻译学的黄金准则就是严复提出的，他也被普遍看作是中国近代精通西学的第一人。但严复翻译西方概念时喜欢使用生僻汉字，本来老百姓的识字率就不高，何况是连普通读书人都看不懂的新造词呢？所以他的标准几乎没有被同时代的国人接受，其用词自然也就不会进入汉语词库。大批留日知识分子肯定会受到日本的影响，这是原因之一。但那个时代的中国知识分子也有留学欧洲的，他们为何最后也接受了日制汉语？因为留欧的那一批人更喜欢汉字注音，相较之下更没个统一标准了。事实上，注音的习惯也是模仿日本，因为只有日语中才有专门用于注音的假名。翻看民国文人所写的文章，最令人头疼的就是这些奇怪的音译词汇，密密麻麻地堆在文章里，像神秘的摩斯密码一样。比如"德莫克拉西"和"赛因斯"，分别是 democracy 和 science，试问哪个老百姓能看懂这些傲慢的读书人口中念念有词的"德先生"与"赛先生"呢？仅从这一个细节，你就能理解为何那些革命观念难以渗透到老百姓中间。而日制汉语能够一统江湖，就在于它从一开始就充分考虑了传播。如果你还记得前文我们提到的当代中国品牌流行仿日的趋势，诸如元气森林、奈雪の茶，它们之所以能够给消费者传递熟悉感，根本原因就在于现代汉语中存在大量的日制词汇。这个种子其实在一百多年前就已经种下了，现在看当然是文化影响水到渠成的结果——而这才是福泽谕吉真正的厉害之处。严格意义上来说他并不是一位思想家，因为他倡导的启蒙思想都是直接从西方拿来的，并非自己原创。但他是一位天才的传播者和流行文化"推销员"，深谙面向大众写作的诀窍，要不然他的书怎么可能卖那么多？反观中国，写畅销书直到今天仍然被瞧不起，因为社会普遍认为畅销书作者没有真正的学问。

福泽谕吉善于向老百姓鼓吹各种西方概念，一大堆新名词一股脑地涌入日本社会，把欧洲和亚洲喻为云泥之别——毕竟那时候也没几个人真的去过欧洲。所以明治维新时期的日本，自然是对西方崇拜到了狂热的地步。但是，如果你对欧洲文化和历史多少有些了解，便会意识到一个严重的问题——"西方"这个词，到底意为何物？我们总是把"西方"挂在嘴边，仿佛欧洲不同国家、不同民族以及不同的宗教信仰全都是一家子。英格兰的光荣革命和法国大革命是一回事吗？俄罗斯算西方还是东方？今天我们能提出这样的追问，是因为我们处在当代，并且从理性的角度去反思历史。但是在旧时代，人类还没有建构一个完整的世界观。比如古罗马认为的"东方"，不过就是埃及与阿拉伯半岛；中国汉朝时认知的"西方文化"，基本上来自印度和波斯。"东方"与"西方"这两个词，在现代语境下着实是最糟糕的两个词。它们充满了偏见、误解和模棱两可的描述，却又在约定俗成之下不得不使用。

是的，在日本人接受的种种西方概念中，很多都源于复杂的文化伦理和不同的地域背景，互相之间是有矛盾和冲突的。这就意味着它们全都堆在一起时，必定会造成思想和伦理上的混乱。比如"自由"和"民主"，这两个词我们虽然都很喜欢，但它们却有着相悖的作用力。倡导个人自由就会反对少数服从多数的民主，主张民主就一定会牺牲一部分人的自由。至于革命家们的一些危险言论，更是会把社会导向民粹暴力的恐怖之中。因此，那些西学名词描绘的理想听起来固然美好，但实际执行起来如何避免陷入道德困境？这恐怕是困扰人类几百年的难题。悲哀的是，20 世纪初期的日本人远远意识不到这些，而福泽谕吉当时推广的西学当中，对日本影响最深的恐怕就是边沁的功利主义。功利主义主张"达到最大善"，也就是说，边沁认为国家存在的意义应该是让尽可能多的国民获得幸福。这个治国理想听起来应该没有人会反对吧？所以和其他学说相比，这是最容易在老百姓中间传播的一种思想。因为功利主义是一种架构精简的世俗哲学，并且背后还有"日不落帝国"这样的先进榜样让人看在眼里，无论谁都会羡慕它的繁荣与昌盛。其实无论是亚当·斯密、约翰·穆勒还是边沁，这些英国伟大先贤的学说对当代的中国人来说也非常熟悉。尤其是边沁的功利主义哲学，在当下中国异常盛行。但是，倘若功利主义不加入任何道德上的限定条件，它不仅无法通向"最大善"，反而很容易产生集体性的"恶"。比如对当时的日本人来说，如果牺牲中国人可以换来日本人民最大的富足，那么是否中国人就可以牺牲掉呢？福泽谕吉恰恰认为答案是肯定的。在他那篇著名的《脱亚论》中，他就是如此总结、这番判断的。

凡是读过《脱亚论》的中国读者，无不为其言论瞠目结舌，你很难想象一个光鲜体面的学者，将西方哲学融会贯通之后得出的却是"欺亚"的结论。这就是为什么在前文介绍福泽谕吉时，笔者要加上"抛开政治立场"这样的限定条件。虽然他是日本启蒙运动的伟大导师，但他在晚年的主要工作却是为日本后来施行军国主义战略建立理论基础。全盘西化、脱亚入欧的口号是第一步，第二步便是把中、朝划归到"劣等民族"的范畴里，第三步则是按照社会达尔文主义的思路淘汰"劣等民族"。当然，并非所有学者都同意福泽谕吉的"脱亚论"，反对他的人当中最具代表性的便是一代儒宗内藤湖南。作为京都学派的创始人，他是对当代中国历史研究影响最大的一位日本汉学家。然而和全盘西化的论调相比，汉学派的声音实在太过微弱，走不出学术圈子，普通老百姓也不可能听得懂。纵观当时的日本，几乎没有人对脱亚入欧的思想产生怀疑，以至于日本发动侵华战争时，没有人对屠杀"劣等民族"产生愧疚。优胜劣汰、丛林法则的观念充斥了日本前后几代人的脑海。二战以后，战败的日本几乎在整个昭和时期都没有表示任何歉意，根源也在这里。因为日本人的逻辑是：一、西方是绝对正确的；二、所以帝国主义瓜分中国也是正确的；三、所以大和民族作为精神上的欧洲人，也必然加入这个行列。

战后日本的困惑在于：他们明明按照西方的行为准则亦步亦趋地紧跟潮流，怎么反过来被西方审判了呢？日本对中国做的事哪一件欧洲没有做过？但凡当时有人给狂热的日本社会踩下刹车，都不会产生后来的恶果。比如，站在 20 世纪初期的思想迷雾中，稍微抱有一丝怀疑地试着去推导出这样的结论：一、西方思想也会有它的局限性；二、中、日、朝三国是文化同源的邻邦；三、中、朝不是劣等民族，否则日本岂不是也变成了劣等民族？

然而历史没有机会重来一次。1945 年，美军在广岛和长崎扔下的两枚原子弹直接结束了太平洋战争。后世的统计数据一般认为，广岛在原子弹爆炸的当天有 7.8 万人死亡，后续受辐射影响死亡 17 万人，而长崎最终死亡人数是 13.5 万。这是人类历史上最令人震惊的时刻，也是世界战争史上屠杀效率的巅峰。美国加利福尼亚州立大学古典文化学教授维克托·戴维斯·汉森在他的畅销书《杀戮与文化：西方军队胜利的秘密》中指出，西方在军事上称霸世界的原因是，"我们永远都在正面战场上像男人一样决战，而东方人只会偷奸耍滑"。但是很明显，美军击败日本的方式完全不是这么回事。至少日本在美国眼里肯定不是一个值得被当成"男人"的决斗对象，因为谁都知道同样的事情在欧洲战场绝没可能发生——反正谁是男人他说了算。

原子弹在日本民众的心里留下了伤痕，也给日本的文化界带来了反思，但是对西方的重新审视是在后来几十年的时间里缓缓地酝酿的，当时并没有把日本人从狂热崇拜的心态中拉回来。非要比的话，那个时候的日本国民精神，恐怕比明治维新时期西化得更厉害。一方面，美军的征服让日本老百姓亲眼见识到了西方的强大；另一方面，如果没有美国的援助，战后的日本很可能会成为地球上最贫瘠的地区。北京大学历史系王新生教授的《战后日本史》这样描述道："1945年到1948年，日本的出口只有进口的1/3，而且进口的2/3是美国的对日援助。也就是说，日本依靠美国的援助确保超过出口三倍的进口，获得粮食和原材料。""占领军进驻后，日本的风景也为此一变。到处是英语的招牌，身穿土黄色军服、驾驶吉普车军横行街道。"

事实上，美国的确帮助日本做了战后重建的规划，但援助并不是免费的——美国提供了大约20亿美元的贷款。当时负责对日军事占领和重建工作的就是在中国非常知名的道格拉斯·麦克阿瑟将军。中国人熟悉他是因为20世纪50年代初那场发生于朝鲜半岛的著名战争。对中国人来说，麦克阿瑟将军是个彻头彻尾的反面角色，这个评价对他来说一点都不过分。这个人的性格傲慢自大，并且是个典型的白人至上主义者。在朝鲜战争期间，他甚至极力主张向中国东北投放原子弹。然而讽刺的是，他在日本期间通过有美国特色的开明专制，却收获了日本上下的一致好评——当时日本人民的生活必需品是凭票证配给的，也就是中国计划经济时代那种"粮票""肉票"之类的东西。中国人直到现在还对它们心有余悸，因为饥荒带来的恐惧早已成为我们的集体记忆。麦克阿瑟接到的任务是稳定日元、抑制恶性通货膨胀，所以施行票证配给制度确实奏效。因为在商品凭票证兑换的情况下，起作用的"货币"实际上是票证而不是法币，法币看起来当然会显得"比较稳定"。而政府主导分配、架空法币的手段是十月革命之后的苏联发明的，一向被奉行市场经济的西方所不齿。所以用今天的眼光来看，你很难理解那时的日本人民为何对麦克阿瑟将军感恩戴德。幸好他在日本待的时间不够长，任期总共不到5年就调离去了朝鲜战场。如果这样的"高效治理"持续时间久一些，历史可能就是另一番面貌。总之，当时的日本物资紧缺，黑市上的米价翻了几十倍，由此衍生出的黑帮和暴力犯罪层出不穷。日本导演黑泽明的《泥醉天使》《生之欲》都是反映这个时期日本社会普遍绝望的电影，今天看来依然令人感到非常难过。而那一刻的日本距离进入昭和时代还不到二十年光景，大正初期的骄傲与繁荣已经彻底消失不见。对此，日本著名作家永井荷风在日记中写道："耳闻目睹战败后的世间万象，竟无任何悲愁之景。眼见昨日还在日本军部的压迫下俯首呻吟之国民，居然一夜豹变，对敌国极尽阿谀逢迎之状。即便不是义士，又有谁不对此疾首蹙额？"

　　永井荷风这番对于日本国民性的批判，颇有点像鲁迅批判中国人时使用的那句"哀其不幸，怒其不争"，可见中日两国人民的相似之处远比我们想象得多。但是与鲁迅那种激烈的文学战士不同，永井荷风写作的内容反倒更像鲁迅的弟弟周作人，多以唯美的笔法描绘日本传统的民俗风情，并且快活逍遥地安于享乐。年轻时的永井荷风也是个放荡不羁的公子哥，整日颓唐地泡在歌舞伎町沉湎于旧时代的"情趣"。当然，你也可以说他是在为创作而体验生活。所以他的作品陆续因伤风败俗而惨遭查禁，他自己本人在同时代也得不到认可。按照福泽谕吉开出的药方来照单诊断，他不就是那种"恋恋于古风旧习的落后文人"吗？谈及这位作家，中国知道他的人并不多，但他建立的日式唯美主义风格却实实在在地影响了大名鼎鼎的川端康成与三岛由纪夫，以及后世许许多多我们熟悉的日本电影、动漫和诸多流行艺术。他用浮世绘一般的临摹笔法将日本社会动荡时期的固陋风俗真实地刻画了出来，书中内容反而具有超越时代的深幽隽永之感。

笔者在本小节讲述了日本从全盘西化到回归传统的前因后果，写到这里，距离故事的终点以及我们要追寻的答案已经越来越近。但是，二战以后日本国民的思潮和社会风气演变的过程非常复杂，势必无法寥寥几笔便能讲述清楚。请允许我简明扼要地拣取与本书相关的重点，略去大部分的细节。

尽管日本在20世纪40年代后期过得非常艰难，但随着朝鲜战争的爆发以及美苏冲突的愈演愈烈，日本工业迎来了军需红利。他们不仅结束了战后的经济低迷，而且迅速进入高速增长阶段。自1955年开始的一波经济起势被称为"神武景气"，日本国民的家庭收入普遍提高，纷纷置备了所谓的"三种神器"——冰箱、电视、洗衣机。对此中国读者一定感到熟悉和亲切，因为同样的东西在20世纪80年代我们称为"三大件"，这也是中国家庭普遍追求的小康生活必需品，尽管"冰箱是单开门的，洗衣机是双缸的，电视是黑白的"。虽然当时那些家用电器的标准相比同时代的日本落后很多，但是算一算时间，中国的经济高速增长阶段恰好也比战后的日本晚了三十年。有趣的是，韩国在朝鲜半岛局势基本稳定以后同样迎来了一波高速增长——比日本晚十年，比中国早二十年。单论GDP增长速度，中、日、韩三国的历史数据也非常相似，平均超过7%，高限超过10%。只是日本管它叫"神武景气"，韩国称自己为"汉江奇迹"，而我们归功于"改革开放"。更为有趣的现象是，战后的西欧也有着类似的发展规律。著名历史学家托尼·朱特在《战后欧洲史》中描述道："在西欧，自希特勒战败以后的30年里，经济的飞速增长带来了一个前所未有的繁荣时代。20世纪30年代马尔萨斯派所强调的保护主义和紧缩政策均遭到了摒弃，取而代之的是更受欢迎的自由贸易。政府不但没有缩减开支与预算，反而进一步加大了这些支出。经济的高速增长最早出现在西德和英国，稍后是法国和意大利……从1950年到1973年，德国人均GDP翻了3倍多，法国上升了1.5倍，而荷兰的年平均经济增长速度则是过去40年来的7倍。此外，奥地利人均GDP从3731美元上升到11308美元，西班牙人均GDP从2379美元上升到8739美元。"

在总结西欧的这一波高速增长时，托尼·朱特认为"繁荣源于民主政体与自由贸易"——事实上，托尼·朱特是我最喜欢的历史学家之一，但他这一观点是有瑕疵的。如果你仔细阅读上述文字，也许会注意到一个非常魔幻的地方，那就是高速增长的国家中也包括西班牙这个独特的政体。弗朗西斯科·弗朗哥元帅是20世纪最著名的独裁者之一，他从1939年到1975年统治西班牙长达三十多年，因此西班牙与希特勒时期的德国一样也是法西斯主义国家。假如你读过加西亚·马尔克斯等著名拉美作家的小说，一定会对弗朗哥和他的长枪党印象深刻。只不过西班牙虽然是法西斯国家，但在二战期间并没有对盟军出兵，并且始终站在反苏的立场上。因此尽管它战后被欧洲各国孤立，却与冷战时的美国结为重要的盟友。这个国家的产业政策也是非常微妙的，与托尼·朱特所推崇的自由贸易相距甚远。但通过阅读上述数据，想必你已经可以感受到西班牙在战后经济增长势头之迅猛。

更令人惊讶的是，作为一个既没有民主政体也没有自由贸易的反例，它恰恰是西欧经济增长最快的国家——高于西德，在全球范围内仅次于日本。

在笔者写作这本书时，人类进入 21 世纪已经 20 年。金融危机、互联网寡头、对冲基金、数字货币、人工智能、拉美问题……无穷无尽的新生事物早已把古典经济学的谆谆教诲丢到九霄云外。回看战后全球经济增长这一现象，财政赤字、凯恩斯主义盛行、科技进步与冷战时期所处的阵营可能都对经济增长产生了更为关键的影响。尤其是冷战时期所处的阵营，这一点是至关重要的。

以这样的视角来看，在当时美国铺就的资本赛道上，最优秀的"创业公司"当然就是日本。日本以全球最快的经济增长速度，只用了短短二十年时间，到 1968 年时就超越西德成为仅次于美国的第二大经济体。而日本的农村人口迅速涌入城市，到 60 年代时城市人口比例已经超过总人口的 72%，其城市化的速度是美国的 4 倍。这一时期的中国，不仅与美国敌对，也与苏联关系破裂，相当于两个平台都没站，所以陷入极度困难的情况，近乎孤立无援。直到改革开放以后，中美关系进入蜜月期，中国这才开始爆发性增长。

当日本成为全球第二大经济体时，西方学界普遍对日本发展模式予以礼赞和肯定性的评价。比如英国的《经济学人》杂志在 20 世纪60 年代分别刊出《令人惊奇的日本》与《日本上升》，将日本奇迹的成因归纳为七个方面：一、政府对企业的保护、扶植；二、高等教育的普及；三、旺盛的基础设施投资；四、动力向增长型产业转移；五、独特的银行及信贷制度；六、日本人的集团主义忠诚精神；七、有能力的优秀行政官僚。

美国更是出版大量畅销书试图研究日本经济的奥秘。最夸张的一本叫《超级大国日本的挑战》，作者甚至放出预言——"21 世纪将会是日本的世纪"。点赞跟风之作我们就不逐一列举了，最广为人知的是 1979 年美国学者傅高义著述的《日本第一》。横跨热闹的 70 年代，却有一篇不那么和谐的论文——《尼克松外交与日美关系的恶化》悄悄地发表在学术期刊上，尽管它在 1973 年刊发时也许并没有引起什么注意。

20 世纪 80 年代，日本经济继续一枝独秀，而此时的美国和西欧已经陷入增长乏力的衰退期。放眼全球，"日本制造"的产业技术傲视群雄。在"自由贸易"的前提下，几乎没有任何一个国家的本土工业产品能够与日本产品正面竞争——无论是它的技术还是它的价格。关于 80 年代日本人财大气粗的传说屡见不鲜，据说在昭和时代末期他们几乎买下了全世界的艺术品。这些花边新闻我们略去不提。此时，西方舆论出现了吊诡的转舵，"日本威胁论"此起彼伏，甚至有些媒体把日本视作比苏联更为可怕的敌人。很明显，80 年代的苏联经济濒临崩溃，其真实国力早已和西方拉开了巨大差距，不配作为美国的假想敌了。而面对日本的崛起，美国总统里根喊出"让美国恢复美国昔日的强盛"这样一句口号，将复兴的重任落在那一代美国青年的肩膀上。作为一位极具魅力的伟大政治家，里根总统是哈耶克和弗里德曼的信徒。他在任期内反对凯恩斯主义泛滥，主张自由贸易、为企业减负并削减政府开支——这一切听起来既古典又美好。然而美国却在 1989 年将日本列入"不公正贸易对象国"，并动用 301 条款予以制裁。当然，这是里根任期的最后一年，他做这件事不会影响自己的后世评价，其红利还会延续到下一任总统任期内。也恰恰就是在这一年，日本从昭和时代进入平成时代。

平成时代日本由盛转衰，又被称为"泡沫经济年代"。回望那失去的二十年，无数经济学家针对日本经济衰退做了大量研究，"地产泡沫""老龄化""平成废物""门阀政治"……许许多多的名词对中国人来说实在是太过熟悉。很长一段时间里，主流经济学界甚至认为日本陷入通货紧缩的状态——因为日本物价持续走低——是极其怪异的一种逻辑。顺便说一句，中国经济近年来出现了跟当年日本类似的情况，居然有学者认为中国也进入了通货紧缩状态，实在令人不解。所谓通货紧缩，其定义本身就存在巨大争议，其本质可以简单地理解为"货币不够用"。通常，这是在古典经济学时期才能观察到的现象。铸造金币和银币的贵金属是有可能稀缺的，但现代货币是纸币，甚至只是个数字。随着凯恩斯主义的经济政策通行于全球，试问哪一个国家的纸会不够用？如果你认为一个国家陷入了通货紧缩，那么政府全力印钞票、增加货币流通速度，是不是就可以解决这个"货币问题"？西方到底是真的在研究日本经济，还是避重就轻、含糊其辞，恐怕只有他们自己知道。而随着美日之间频繁爆发贸易摩擦，日本民间思想产生了强烈的应激反应，逐步迈入了"新保守主义"的阶段。倘若用最简约的方式去理解"新保守主义"意为何物，不妨品味一下这一事件：举世闻名的索尼公司创始人盛田昭夫与石原慎太郎合著了一本叫《日本可以说不》的畅销书，这本畅销书不仅产生了巨大影响，它还没完没了地出版续作——《日本还是可以说不》以及《日本就是可以说不》。

以上种种令人眼花缭乱的套路，对当代的中国人来说怕不是似曾相识。笔者只是为了梳理日本"重新捡回传统文化"的前因后果，对政治并没有兴趣。经过了枯燥冗长的叙述，即便你对经济学一窍不通，应该也会意识到这个思潮到底来自何方，以及它到底指向何处。日本从明治维新提出"全盘西化"的口号以后，用了一百年的时间爬升到世界第二的位置，并且在此过程中从未怀疑过西方的绝对正确。而战后在美国建立的平台上，日本也无疑是进步速度最快的"优等生"。但当一家创业公司逐渐成为平台本身的竞品时，平台又会怎么想呢？这就好比那些顶流网红头上悬挂的达摩克利斯之剑——平台给你流量是为了打造平台自己的生态，每个供应商都要扮演好它的角色；如果供应商试图单飞，或是打造全产业链，便不得不面对平台施加的种种无法名状的巨大阻力。无须赘言，一旦平台开始打压你，你是不是也会质疑它的权威？当日本开始重新审视西方，并且呼吁"日本要恢复自己的尊严"时，当然要提倡传统文化，重塑民族自我认知。日本的传统文化大多来于中国，也有些不一样的地方。更具体地说，中国传统文化主要由儒、释、道三种元素构成，也就是儒家、佛教以及道教。日本传统文化中的儒家思想与佛教文化跟中国都差不多，不同之处则是它的本土宗教——神道教。但是日本的神社并非只有一家，民间各种各样的神社到处都有，就跟中国的土地庙一样。神道教的元素广泛地出现在日本影视动漫作品中，只不过中国观众看到的时候并不认识。比如《犬夜叉》中的女主角日暮戈薇就是一位神社的巫女，类似这种人设便是非常典型的神道教符号。

说到动漫，也许你会注意到，日本漫画的风格从昭和时代到平成时代发生了微妙的变化。作为一种大众流行文化，它很直觉地流露出日本社会从全盘西化到回归传统的风气。诸如《凡尔赛的玫瑰》《鲁邦三世》这种20世纪70年代的高人气作品，从名字到题材一看就是从法国文化里拿过来的。《假面骑士》则是参考美国西部的哈雷摩托文化。而对像笔者这样的"80后"来说，车田正美的《圣斗士星矢》应该是很多人的启蒙动漫作品，而它的题材源于希腊神话。鸟山明的《龙珠》就很有趣了，主人公孙悟空的名字来自《西游记》，神龙看起来也颇像是个中国元素。这部漫画的连载始于 1984 年，完结于 1995 年，恰好横跨昭和末期至平成初期。而作品中最微妙的一个细节是：孙悟空起初是黑发，当遇到无法击败的弗利萨时终于觉醒并成为金发的超级赛亚人。也就是说，在他从黄种人的黑发变为白种人的金发后，战斗力提升到了一个更高的境界。故事后期，孙悟空越变越强的标志就是金发越来越长，头发长度跟战斗力成正比——如果你觉得这个隐喻让你感到匪夷所思，那么不如再看看平成中后期的风格。鸟山明之后，日本最红的漫画家当是尾田荣一郎。他的作品《海贼王》对"90 后"来说会更熟悉一些，笔者也是从中学时代一直追到现在。仔细观察男主人公路飞的战斗方式，他最强的状态"四档"是不是很像日本能剧中的造型？也就是说，为了表现战斗力的强大，尾田荣一郎从日本传统戏曲中汲取灵感，使用类似"天狗"或"菩萨"的隐喻来进行诠释。当然，日本能剧有几百种面具，我并不清楚他使用的具体符号，但这小小的细节其实反映了两代漫画家截然不同的思维模式。至于《火影忍者》一类漫画里面的传统元素就更是不胜枚举了。"忍者"这个关键词自不必说，天照大神、辉夜姬这些神话人物以及九尾狐这样的妖兽悉数登场，其蓝本要么源于民间传说，要么来自本土文学作品。不过九尾狐原本记载于中国的《山海经》，只是在日本也家喻户晓罢了。倘若再把画风的变化也考虑进去，那么平成时代最具代表性的漫画家应该是井上雄彦。他在创作《灌篮高手》阶段就已经尝试手法上的创新，把日本漫画"从欧美的线条中解放出来"，以至创作《浪客行》时干脆就用毛笔和水墨去画禅了。

　　进入 21 世纪之后，日本民间掀起了更加强烈的回归传统的情绪。2005 年，一本叫《国家の品格》的小册子风靡日本，成为当时最重要的一本畅销书。这本书的书名我特意用日语原文写出来，是因为所有中国人都可以毫无障碍地念出"国家品格"这几个汉字。不过日语中的"品格"和中文里的"品格"含义有些区别，它在日语里有尊严的意思，所以这本书直译过来应该叫《国家尊严》。它的作者叫藤原正彦，在出版散文以前原本是一位数学家，参与过 NHK 很多节目的录制。不过，这本书其实并非他亲自操刀，而是由他平日里演讲的内容编辑整理而成。虽然不曾了解，但我猜想他应该类似于英国的勃兰特·罗素，是个喜欢把自己平日里研究数学时思考的问题编成段子的风趣老头。这本书里表达的观点是"情感比逻辑更重要""民族语言比英语更重要""武士比民主更重要"，一句话总结就是——批判美国的理论万能主义，完全否定全球化趋势，主张恢复本国的传统美学意识。

无论是书名还是书中的观点，如果藤原正彦这番表达套用在中国的话，肯定会被批判为"文化战狼"。有趣的是，藤原正彦出生于伪满洲国的新京市，也就是今天中国的吉林省长春市。二战后他随家人出逃，扒火车经朝鲜流落至日本福冈县。

至于现在已经进入令和时代的日本，如果说它同平成时代的风气有什么差异的话，那么不如先看一下"令和"是什么——

睦仁天皇的年号"明治"出自《周易·说卦》中的"圣人南面而听天下，向明而治"。

嘉仁天皇的年号"大正"出自《易经》中的"大亨以正，天之道也"。

裕仁天皇的年号"昭和"出自《尚书·尧典》中的"百姓昭明，协和万邦"。

明仁天皇的年号"平成"出自《尚书·大禹谟》中的"地平天成"。

光看这些年号的寓意就知道日本文化中含有多少中华文化的成

分。事实上，2019 年日本改元"令和"，是自公元 645 年以来日本天皇年号第一次没有引用中国古籍中的典故，而是引用了日本的经典古籍《万叶集》。大家可以试着想象一下，在此之前一千三百多年的漫长历史中，日本天皇总共使用了 247 个年号，它们全部出自中国典籍。《万叶集》是一本诗集，据说成书于奈良时代，其中也有很多作品是飞鸟时代以前的，类似于中国先秦时代的《诗经》。"于时初春令月，气淑风和"，这便有了"令和"的年号。这个年号和以往相比，没有那么多治国安邦的口号，而是一种自然主义的古朴田园风格。从"令和"这个年号的设计开始，能依稀看出日本政府释放出的某种"去中国化"的信号。这意味着，他们不仅更加重视自己的传统文化，而且开始尽量从日本传统文化当中剥离中华文化的影响，强调本民族的价值认同。日本政府之所以选这本书，我猜是因为它成书的年代还没有受到儒家世界观的影响。不过，奈良时代的日本已经形成了定期派送遣唐使的习惯，这本诗集就算没有儒学的价值观，难免也会有唐诗的影子。

倘若聚焦于儒学元素本身，它在日本社会中更是弥漫四溢。明治时代以前的读书人也同中国一样熟读四书五经，只不过日本提倡片假名写作以后，能看懂文言文的人越来越少。和禅宗相比，儒家思想不太容易提炼为精确的符号，所以不易被外人察觉。它其实融化在日常生活的伦理中，形成了社会行为的本能。正因如此，把儒家思想从日本文化中剥离出来几乎是不可能的。我们不妨再举一个动漫的例子吧。空知英秋的作品《银魂》在中国也具有极高的人气，当我写出这个名字的时候，想必你无论如何也感觉不到它和儒学有什么关系。《银魂》的男主人公叫坂田银时，他是一位明治时代的维新志士。虽然剧情以恶搞为主，但坂田银时身边登场的角色基本都有历史人物原型，比如高杉晋作、木户孝允（原名桂小五郎）、坂本龙马等——实际上它是一部宣讲日本明治维新历史的漫画。至于坂田银时这个人物，虽然是虚构的，但他影射的人物应该是久坂玄瑞。而久坂玄瑞、高杉晋作、木户孝允的老师叫吉田松阴，是一位对明治时代影响巨大的教育家和思想家，明治维新的精神领袖与理论奠基人，重要程度并不低于前文讲到的福泽谕吉。梁启超在日本避难时给自己起的日语名字叫吉田晋——这个名字就是由"吉田松阴"和"高杉晋作"组合而成，大概是为了方便向日本人介绍自己，把自己比喻为中国的高杉晋作。从某种程度上来看，他也算是吉田松阴的一位外国粉丝吧。

吉田松阴在《银魂》这部动漫作品中是贯穿始终的线索人物，在真实的历史上更是如此。他是日本近代一位鸿儒，并且是阳明学派在日本的传播者。在上一章中我们提到过生于中国宁波的伟大思想家王阳明，用西方的视角来看，王阳明可以算是一位"宗教改革家"。这句话可能会产生误会，请允许笔者在这里用简单的文字解释一下：记录儒家思想的典籍中，《大学》《中庸》《论语》《孟子》合称"四书"；《诗经》《尚书》《礼记》《周易》《春秋》合称"五经"——这些也是儒学的核心经典。其实"四书五经"总共没多少字，所以真正重要的不是经书里写了什么，而是如何去解读它。这就类似于《圣经》，《旧约》记录犹太人的历史，而《新约》主要是耶稣的语录，经文中同样一句话在不同时代及不同语境下有着完全不同的释义——这便是神学家的作用。由于释义不同，基督教在演变过程中便逐渐形成了今日的天主教、东正教与基督新教三支大宗，而它们各自又包含众多细分的流派。中国所谓的"儒教"其实也是这样，只不过西方对此并不清楚。比如《春秋》到底是不是孔子本人所作，就有完全不同的看法和演绎。诸如此类的争论还有很多。现代社会科学对于中国儒家思想的研究始于马克斯·韦伯，他在《中国的宗教：儒教与道教》中，用更近于科普的方式简要向西方介绍了中国社会的伦理百态。他对于道教的观察更为准确，因为道教是一种多偶像崇拜的原始宗教。全世界的巫术与原始宗教都大同小异，韦伯不做过多深入研究也不会影响其结论。但是他对于儒家思想的理解就很明显地带有19世纪的局限性。当时的西方以为它是"一党专政"，却不知儒学是"一党多派"，不同派别之间打得头破血流，其竞争在内里。宋代以前的儒家思想还没有与科举考试进行深度捆绑，而宋代出现的以朱熹为代表的知识分子，将儒家思想、道教和佛教进行了体系整合，通过教育与考试，与皇权、神权进行了"三位一体"式的统一，遂形成了所谓的朱子理学。在这个基础之上，明朝开始出现了深受后世诟病的"八股文"，读书人通过钻营理学，便能成为官僚，实现社会阶层的跃迁。与之相比，无论是军人、商人还是工匠，社会地位都在官僚之下。随着理学在几百年的演变中形成绝对权威，中国社会开始闭关锁国并逐步僵化腐朽，这就如同天主教的统治把欧洲带入了黑暗的中世纪一样。19世纪欧洲观察到的中国社会，与我们新文化运动中试图打倒的旧文化，大抵都是这同一种意识形态的牢笼。

回过头来观察日本，吉田松阴的众多弟子当中不仅有攘夷志士，还有被称为"东方俾斯麦"的伊藤博文。从吉田松阴到伊藤博文，这群维新志士分明也是以儒家思想作为行动准则，为何明治维新可以成功，中国的士大夫却注定失败？此等宏大的命题当然无法仅凭一两处细节便能观察清楚，不过吉田松阴传承的儒家思想却是儒学中的阳明心学，也就是王阳明的那个学派。王阳明是反对朱子理学的，他提出的思想更近似于"儒家的新教"，颠覆了理学的秩序。其学说必然被视为离经叛道，为中国官场所打压。尽管心学在中国社会非常边缘化，却被商帮船队带到海外，而海外的儒学派别是可以共存的——日本社会就是这种情况。回忆《银魂》这部动画时，吉田师匠笑着对弟子们说："去寻找你们自己的路吧！"作为观众，你的内心中会联想到什么呢？其实这句话所表达的，就是心学中最重要的概念——知行合一。"知行合一"与基督新教所推崇的"因信称义"颇为相似，都是反对统治阶层对于经文的绝对掌控。所以心学推导出的社会秩序是自下而上的，而与之相对，理学的"格物致知"推崇的社会秩序却是自上而下。"寻找自己的路"听起来是一句无关紧要的话，但是在僵化的旧社会，士大夫怎么能寻找自己的路呢？每个人都要以既定的规矩去"格物致知"，如果你觉得"格"不出个所以然，那是你自己的问题而不会是规矩的问题——因为规矩本身是不容置疑的。但信奉知行合一的维新志士可以去追寻自己心中的理想，改变那个既定的"规矩"而不至于陷入道德与伦理的困境。

现代人可能无法想象这有多重要。马克斯·韦伯在《新教伦理与资本主义精神》这本划时代的名著中，将资本主义的崛起与新教的发展直接关联，尤其是清教徒的思维与生活方式最为关键。清教是基督新教中的加尔文派，起初在英国被排斥而流落海外。后来英国的清教徒通过反抗实现了君主立宪，而流落海外的那一支更厉害——他们建立了今天的美国。倘若用最简单的话来理解韦伯的观点，他认为是"英美的文化成就了资本主义"，而不是"资本主义的崛起成就了当代的英美"。马克思·韦伯在当时提出这一观点是有很多争议的，但在百年之后的今天看来，韦伯的观点已经基本无人可以撼动。加尔文派最主要的特点就是"人人心中有上帝"，反对教廷的那些"规矩"，与王阳明的"知行合一"颇有些殊途同归的味道。假如中国近代的思想没有为理学霸占，而是尚有其反对派说话的余地，历史是否存在另一种可能性？我们有句俗话叫"经济基础决定上层建筑"，大概是用来形容一个人"有钱以后才能有德，缺德是因为还不够有钱"——这明显是中国人对西方哲学偏颇扭曲的误解。韦伯告诉我们，文化永远都是真正的"基础"，而经济也是"上层建筑"的一部分。

当然，笔者并没有刻意贬低理学的意思。哲学思想没有高下之分，其指导行为准则也要看具体的环境。王阳明的思想在明朝末年受到强烈的批判，因为它被视为一种"自私自利"的哲学，致使人民团结不起来。有人认为，心学的流行也是导致明朝灭亡的原因之一。阳明心学的诞生与明朝中叶发达的商品经济有关，当国家面临内忧外患时，资产阶级固有的脆弱性便会显现出来；朱子理学强调唯物和理性，很明显更适合科学认识世界的现代社会。science 这个英文单词最初进入中国时就被翻译成"格致"，沿用了半个世纪以后才改为"科学"，可见它跟中国知识分子原本的世界观非常契合。日本社会中理学也无处不在，比如我们所惊叹的"日本人的工匠精神"，其实不就是朱子所说的格物致知吗？只不过把格物致知用在技艺上，便能成就伟大的专注，用在写八股文上，自然会变成蠢牛木马。当代中国文化中亦有很多心学的影子，比如吉田松阴教导弟子所说的那句"去寻找你们自己的路"，便很像武侠小说中推崇的"仗剑走天涯"。中国的侠客与日本的浪人之所以深入人心地散发魅力，与它们精神内核中传递的"知行合一"必然是分不开的。儒家思想毕竟不是什么宗教，学派之间也没有强烈的对立，尤其站在现代人的视角上来看，就更没什么水火不容的冲突，完全可以兼容并包。

然而直到今天，仍有国人认为"阻碍中国近代发展的是其落后的传统文化"，与福泽谕吉在一百五十年前的看法相差无几。这就有些令人摸不着头脑了，因为当一个人表达此类观点时，必定把自己与中国传统文化划清界限。然而根据前文的案例，你会发现我们日常生活中儒家思想的痕迹无处不在，从早上睁开眼到晚上睡觉的每一个行为都在诠释着中国符号的特点。尤其是出国以后，这种文化差异更加明显，即便你穿着西装、讲一口流利的英语，在西方看来还是一个典型的"儒教徒"。普通人以为非要像私塾先生那样满口"之乎者也"才叫儒，才是国学，其实儒家思想只是一种伦理哲学或价值哲学，它既不是神学，也不是宗教，这种思想融化在衣食住行里，所以我们才感受不到。拿最近几年最火的品牌无印良品（MUJI）来说，它在北美、欧洲和亚太地区都开有分店，遍布英国、法国、瑞典、意大利、挪威、德国、西班牙、爱尔兰、卢森堡、新加坡、马来西亚、韩国、泰国、美国、印尼、加拿大和中国。但你想不到的是，截至 2019 年，无印良品在全球总共开了 480 余家海外分店，其中 335 家在中国大陆地区。要知道中国大陆地区第一家无印良品是 2015 年才开业的，短短四年时间就超过了日本本土的直营店数量，这一速度简直令人瞠目结舌。如果再把中国港台地区的分店都算进去的话，无印良品在中国已经超过 400 家门店，这个数字实在是太吓人——毕竟全球总共也才 800 多家而已。很明显，这个日本的设计师品牌在中华文化圈的影响力远远大于它在西方的影响力。专业的设计师能从多个维度给你解读无印良品设计中彰显出的"仁""义""礼""智""信"，你看不出来恰恰是因为它对我们来说太熟悉了。当然，无印良品的设计风格融合了东西方的文化，也并非真正意义上的中国符号。但是回过头想想，当初空知英秋在连载《银魂》以前，并没有想创作这个题材，而是更想画一部类似于《哈利·波特》的漫画，纯粹是杂志社编辑给他建议，才改为顺应潮流的日本历史题材，因为明治维新对日本读者来说更熟悉。就这件事而言，并没什么大是大非的原则问题，完全是基于商业的考虑。然而假设空知英秋真的按照最初构想去画日本的《哈利·波特》，你觉得它能火起来吗？

虽然本章大部分内容是在讲述中日之间纠缠不清的复杂渊源，但此刻重新去思考我们的产业，你必然会产生同此前不一样的结论。一言以蔽之，很多人既不了解自己的文化，也对西方文化缺乏系统性的认知，进而导致乱象丛生。这也是笔者不得不在展开进一步的讨论之前，先要把最基本的历史概念梳理清楚的原因。我们真正关注的是如何制造一场中国潮流——但如果看到"中国"两个字时已经心生反感，那我们的方法论还有什么意义呢？

第三章
CHAPTER 3

模仿能够制造
流行吗？

工尺谱

2019 年 5 月 4 日，距离 1919 年爆发的五四运动已经整整过去一百年。

一百年前的 5 月 4 日之所以被后世纪念，因为它是中国启蒙运动真正的开始。虽然性质类似，但我们一般把它称为"新文化运动"，用以区别法国大革命前夜那场启蒙运动。即便对中国近代史不甚了解，也知道 20 世纪初革命者赶走了清朝皇帝，并且相对和平地过渡到共和政体，成立了中华民国。但是实际上，"和平过渡"只是表面文章，跟英国那场不流血的光荣革命完全不是一码事。中国的社会问题不仅没有得到解决，反而越积越多，暴力明显只是被推迟了。究其原因，归根结底是国人的思想还停留在皇权统治的时代，与照本宣科建立的新制度根本就不匹配——尽管如此，也不能就此误以为中国人还继续欢迎皇帝的统治吧？然而历史事实是，真的上演了复辟帝制的滑稽戏码，致使当时的知识分子不仅对政府失望透顶，更对旧文化深恶痛绝，自然也就转向彻底改造社会思想的新文化。

五四运动的直接导火索是《凡尔赛和约》——普遍认为，它也是刺激德国纳粹崛起的导火索，西方对它的评价同样很低。具体而言，第一次世界大战之后中国作为理论上的"战胜国"，却在巴黎和会的谈判桌上被列强歧视，并导致山东从战败的德国手里转到日本手里。本以为能通过外交收回殖民地主权，结果却强烈地伤害了中国青年的自尊心，他们纷纷涌上街头发泄自己的怒火，国家命运由此走上另一条路。而巴黎这座曾经光芒四射的城市，虽然曾诞生过伟大的启蒙运动，却也在这次会议上诞生了《凡尔赛和约》这头"怪兽"，欧洲的命运当然也因其产生的蝴蝶效应而改变。和谈结果对于中国人来说是一个屈辱的至暗时刻，事实上，参与和谈的国家几乎没有一个满意的，欧亚各民族之间也并未产生任何有价值的共识。英国算是《凡尔赛和约》最大的受益者之一，但是作为英国驻巴黎代表团成员之一的约翰·梅纳德·凯恩斯爵士回国之后马上辞去英国财政部的工作，挥笔写就了《和约的经济后果》这部著名的作品，忧心忡忡地预测了第二次世界大战的爆发。这本小册子倾注了凯恩斯的智慧与愤慨，并在争议中畅销一时。然而从之后发生的故事来看，这位伟大的经济学家并没能把世界从彻底失控中拯救回来，他的建议也没有为同时代的人所采纳。所以平心而论，中国代表团在巴黎和会上的表现已经不算是失败。但是种种内忧外患交缠在一起，再加上全世界都陷入了狂飙激进的民族情绪之中，历史再没能给这个古老国家一个缓冲的时间。从"五四"的学生潮开始，中国的知识分子终于下定决心，誓要跟旧的文化划清界限。

　　一百年之后的北京，新文化运动早已深入人心，中国也在改革开放之后一日千里。代表中国态度的鸟巢在 2008 年奥运会之后为全世界熟知，并且成为北京的"埃菲尔铁塔"。这么说是因为，一方面鸟巢过于现代主义的建筑风格就像巴黎的艾菲尔铁塔一样引起了广泛争议；另一方面它也和埃菲尔铁塔一样注定会成为这座城市的标志性建筑。恰恰由于这种微妙的关联性，北京和巴黎——中国新文化运动的中心与欧洲启蒙运动的圣地——总算在一百年后被放在一起相提并论。此刻风和日丽，原本应是平静祥和的一天。然而就在北四环路鸟巢体育场南侧一个年久失修的小剧场里，一个名不见经传的愣头青年正在面对台下几十位观众发表他的激昂演说："今天是2019年5月4日，很有意义的一天对不对？距离上一个很有意义的5月4日已经过去了一百年。1919年的5月4日发生了什么大家都知道吧？那个时候我们的青年非常着急，觉得自己经济和科技都是落后的，所以就产生了新文化运动，让中国的一切都向西洋看齐。到现在为止，新文化运动已经一百年了，这一百年来我们得到了什么？你们说，我们得到了什么！今天中国的经济在世界名列前茅，对吧？但是中国的文化，中国的文化……"青年讲到这里激动地挥舞着手中的麦克风，"一想到中国的文化，你们就觉得土，觉得山寨，不伦不类……要我看，放眼整个亚洲中国文化都是最不自信的。"

慷慨陈词中的青年停顿了一下，像演唱会上的歌星那样用麦克风对准台下的观众。此时此刻，倘若你尚不清楚这是一场什么活动，恐怕还以为这小伙子是选在五四青年节这一天来胡闹的。台下的观众也被他语无伦次的表述弄得云苫雾罩，既没有齐声喊出"对"，也没有齐声喊出"不对"，而是疑惑地低下头，反复查看自己手中的票根。尽管这场活动的门票印得歪歪扭扭，带有明显的家庭自制痕迹，但它上面分明写着这样的介绍——

带你穿越时空，欣赏一场来自唐朝的乐队表演！

——唐代礼乐复原小组敬上

观众心中非常凌乱，他们脸上浮现的表情约莫是让台上演说的青年意识到了尴尬。收获了几秒钟的冷场之后，他若无其事地又把麦克风拿回到自己的嘴边讲道："我是唐代礼乐复原小组的组长，我叫徐戈。今天你们来听我的音乐会，看我们的复原音乐演出，为什么呢？大家看我手中的这支唢呐。我从小吹唢呐，大家都以为唢呐是中国传统乐器对吧？但这不是事实的真相！当代中国几乎所有的传统乐器，都被西洋音乐改造过。要么'转基因'过，要么'移植'过，没有人知道真正的传统音乐应该是什么样子。中国没有真正的民族音乐，你们在电视上看到的民乐都不是真正的民乐，它们只是半殖民半交响化的怪胎……"

演出迟迟不开始，观众已经按捺不住，徐戈却饶有兴致地滔滔不绝了起来。"半殖民半交响化"是他自己发明的一个怪诞的新词，专门用来形容中国的民乐。每次他在演说中使用这个形容词，大部分人都不理解他在表达什么。不过这个词很明显是在影射"半殖民地半封建社会"——那个源于马克思主义概念，中国知识分子专门用来形容中国近代境况的词。旧时代的人使用它，是为了表达中华民族在晚清以降受到的奴役与压迫，这种愤懑的情绪很容易让人感同身受。但是说中国民乐受到了西洋音乐的"奴役与压迫"，就会让人感到无比困惑。

"民乐不是好端端地摆在那里吗？"

作为一名年轻的唢呐演奏家，徐戈并不是名人，甚至连一场像样的活动都没有举办过。当然，演奏唢呐这种事，即便付出毕生精力也不太可能成为名人。民乐本来就不是流行音乐，大众对唢呐也并不感兴趣，所以它都出现在农村的民俗表演上，用以烘托婚礼和葬礼的气氛。在此之前，徐戈一直在北京的一个军乐团里吹唢呐，有一份稳定的体制内工作，经常出现在领导人接见外宾的场合。军乐团的演奏本身就是属于外交礼仪的一部分，古代则是辅助军事活动时的伴奏——这便是所谓的顾名思义了，要不它怎么叫"军乐团"呢？现代意义上的军乐团起源于几百年前的欧洲，英国、法国、普鲁士军队在行进时都会吹吹打打。这类画面在国外的影视作品中总能见到，想必大家对此都有印象。

本质上说，军乐就是交响乐，并且与西方音乐的发展有着错综复杂、互为因果的关系。今天我们欣赏西方的古典音乐时，会发现它们大多数题材都源于歌颂英雄的史诗，很多曲子命名时直接就叫"某某进行曲"，这正是交响乐应用于军队的体现。西方古典作曲家的收入来源多是贵族的订单，而西方军队是由贵族构成的，其文化传统起源于古罗马城邦时期。古罗马人尚武，尽管他们厌恶希腊人"矫揉造作的文艺情调"，但他们在行军打仗的时候依然非常重视音乐伴奏。罗马军队伴奏使用的圆号和大号等古代乐器，传到后世就演变成了现代意义上的管弦乐器，这就是西方交响乐的起源。如果想看看它们具体长什么样子，可以在 HBO 出品的历史剧《罗马》中找到。这部耗资巨大的美剧完全可以看作是西方的"礼乐复原"，它不仅大费周章地还原了罗马时代的服饰、器皿、城市建筑，而且再现了音乐、舞蹈和戏剧等文化元素——除了所有的角色都说英语以外，一切都很完美。我的意思是说，罗马人说的是拉丁语，若是让现代人去饰演古罗马人，理论上说意大利语、法语、西班牙语、葡萄牙语或者是罗马尼亚语都比英语来得有道理。这就好比日本拍摄一部叫《春秋》的电视剧，从孔子到齐桓公全都说日语，你看了难道不会觉得奇怪吗？

随着世界大战的结束，军乐团的作用发生了转变，但悠久的历史血脉并没有断代，而是一直得到继承和发扬。在好莱坞电影中，我们经常能看到童子军参加夏令营的故事情节，他们基本上都是出身于富裕家庭的白人小孩，在夏令营中既要接受野战训练，也要学习军乐演奏。这方面最有代表性的电影是美国著名导演韦斯·安德森执导的《月升王国》，它风趣地刻画了冷战时期一对早熟的少年男女从军乐团里私奔的故事。如果你不了解西方这个古老的文化传统，肯定也不会理解韦斯·安德森在电影当中隐喻的是什么。笔者在这里不得不说句题外话，每当写到外国文化刁钻难懂的概念时，我总能找到一些影视动漫作品中的例子来辅助读者理解。但是写到中国文化模糊不清的概念时，我实在想不出什么流行文化中的应用范例，便只得用疯狂敲打键盘的方式生拉硬扯，枯燥且无聊。譬如说到西方音乐，我脑海中第一个浮现的场景其实是英国动画《小猪佩奇》，因为它用很多集内容介绍了英国文化，其中关于乐器和乐理的科普令观众忍俊不禁。《小猪佩奇》在中国也是颇受欢迎的儿童动画，不仅学龄前儿童看，成年人也看得不亦乐乎。这个动画的原作仅在视频网站上就有几百亿次的播放量，其 IP 更是衍生出无穷无尽的民间自制内容，甚至形成了一种独特的亚文化。是的，你没听错，中国有一种亚文化就叫"小猪佩奇"，比摇滚乐、朋克、Hip-hop 打包加起来还要大众一些。反观中国本土的儿童动画，要么板起脸来讲大道理，要么不停地打打杀杀，实在令人难以认同。

还是回到我们的故事主线吧。徐戈在军乐团中从事演奏工作时，很可能在自学历史的过程中逐渐意识到一个问题：中国的军乐团是在西方军乐的基础上加入一些民族乐器的元素，由于整套体系都源自交响乐，所以民族乐器只能用于提炼氛围。这就好比一个用桂花点缀的巧克力乳酪蛋糕，从烘焙粉到烤箱都是西方的，你总不能因为它撒了桂花就算作"中国美食"吧？同时，为了强行适应这个音乐系统，民族乐器必然要做一些改良，这大概就是徐戈认为中国民族乐器"被殖民过"的原因。尤其是 20 世纪初，中国军队本身就是按照西方标准建立的，军乐当然更不会有什么民族音乐的影子。最具代表性的便是中国国歌《义勇军进行曲》，从体裁上来说它是一首非常标准的西式军乐，其创作之初也是为了鼓舞军队将士。徐戈越想越是"走火入魔"，便萌生了要彻底改造这套体系的想法：既然是用于外交礼仪的军乐，难道不应该使用中国古代军队演奏的传统音乐吗？事实上，中国古代军队确有自己独特的音乐伴奏，并且发源于两千多年前的先秦时期，演变到后世便形成了中国音乐自己的一套体系——这与西方音乐从古代演变至现代的情况一样，但与西方现代音乐体系南辕北辙。可惜的是，由于中国现代音乐全都源于西方，那个神秘的"中国古代音乐体系"早已失传，所以谁也没有见过。

"假如我把这套古代的军乐研发出来用于接待外宾，岂不是能一夜之间震惊全网？"

他内心中构想的大概就是这样一个计划。此等开天辟地的创举具体怎么展开暂且不谈，如果你站在徐戈同事们的角度上看，肯定认为此人脑子绝对出了问题。他们觉得即便要做这件事情，也应该由国家级音乐研究机构去做，为何要一个普通的乐手去做？最起码经费问题就没办法解决。因此，乐团同事们自然不会陪他玩。至于乐团领导，更担心年轻人的心理健康问题，因为同事们普遍反映"这个家伙总是一谈起民乐的现状就情绪激动，跟谁都处不好关系"。总之，种种现实困难摆在面前，徐戈意识到仅靠自己的力量是不够的，所以他在北京几所高校为学生社团举办复原音乐的讲座，对此感兴趣的学生则通过网络众筹的形式支持他的工作。有些人掏钱购买他为自己代言的预售专辑，更多是以志愿者的身份加入他领导的复原小组。在徐戈看来，众筹那点微薄的预售款对于这项庞大的工程而言无疑是杯水车薪，整个人投入进来才是真正的雪中送炭。所以在这场活动中，台下坐着的观众正是用众筹支持他的高校师生们，台上演出的乐手则是身体力行加入他的那群志愿者。

"演出开始之前，首先我想感谢到场的每一位观众，没有你们的支持就不会有我们现在的这些成果。今天这场演出一定是你们从来没有见过的，因为我们使用的乐器都是参考古籍记载复原的，很多都在中国消失已久。我们使用的乐谱也源自古代，并且经过了严格的考证，曲调跟一千多年前完全一样。学术上的专业性请大家放心，我想让每一个来听我音乐会的人真真正正地感受到传统的中国音乐被改良以前是什么样的。况且我始终都不认可'改良'这个词。什么叫'改良'呢？因为它'不良'所以才要改吗？中华几千年的文明为什么要改良？话不多说，我知道我已经说得太多了。复原音乐这项工作是无比艰辛的，离不开乐队每一个小伙伴的付出——也就是站在我身后的这群人！感谢你们陪我一起同甘共苦，不计报偿用爱发电。总之，无论是台上还是台下，谢谢你们，谢谢你们每一个人。"

说完这句话，徐戈向台下的观众深鞠一躬。鞠躬之后他感觉不够表达心中的敬意，便又鞠了一躬，然后再鞠一躬——像古人那样连鞠三躬，眼眶略显红润——他始终是个情绪容易激动的人。

大幕缓缓拉开，屏风之后是一群身着唐朝服装、脑袋上包裹着幞头的乐手。男孩穿着的唐代襕袍受胡服影响而显得威风凛凛，女孩则是丰韵的襦裙打扮。徐戈也坐在乐队中间，一群人看起来就像从敦煌壁画里走出来似的。他们演奏的第一支曲子叫《兰陵王入阵曲》，该曲起源于公元 6 世纪，歌颂的是北齐名将兰陵王。兰陵王是中国历史上一位著名的武士，容貌俊美并且英勇善战，为时人称颂。但是由于过于优秀，他受到堂弟的嫉妒，最终被继位的堂弟杀害。《兰陵王入阵曲》便是那个时代的艺术家为了歌颂他的战功而创作的军乐——徐戈没有食言，他确实把中国古代那套失传的军乐重新复原了。这种军乐不仅有伴奏，还有吟唱与舞蹈，想想它在一千多年前的战场上响起时，其肃穆悲壮肯定令听者动容。兰陵王在民间深入人心，恐怕也正是这点，才给当事人惹来杀身之祸吧。

徐戈团队中的一位青年舞者从屏风之后迈着步子缓缓走出，站在舞台的中央。舞者脸上戴着一个用硬纸板打印出来的面具，手持一柄自制的木剑——它看起来更像一根普通的木头棍子。虽然道具简陋得可笑，但此时场内鸦雀无声，没有任何一个人讥笑这群青年的"贫穷"。伴随着吹奏和鼓声，他一板一眼地舞蹈着，力图表现兰陵王指麾击刺、勇冠三军的气魄。不过话说回来，台下所坐的观众大多具有较高的文化水平，甚至很多人本身就是相关领域的研究者。如果普通观众看到这一幕，恐怕第一感觉会是粗制滥造，而第二感觉也许是："怎么它看起来那么像日本的能剧呢？"日本的能剧也戴面具舞蹈，其自古一脉相承的宫廷雅乐听起来确实与徐戈团队表演的乐曲有几分相似。

在上一章中，我们详细地梳理了中日两国文化之间连绵交缠的历史渊源，想必看到这里各位读者已经有了充足的心理准备。实际上无论是日本的能剧还是徐戈复原的这种"戴面具的舞蹈"，它都源自中国远古时期的傩舞。"傩舞"是一个现代意义上的统称，古代的"傩"和"舞"是两个表意完全不同的汉字。"傩"是指戴着面具的巫术祈祷，它本身是一种仪式，面具则是巫觋与神灵沟通专用的道具。这种古老的文化传统是先秦时代的遗风，而其巫术根源最早可以追溯到新石器时代。经过一千多年的演变与丰富，"傩"到唐代时逐渐失去了祭祀的作用，转而变成戴面具的歌舞戏。唐朝至今，又是一千多年逝去，今人大多对它一无所知，也算情有可原。宋代再往后，中国才诞生了戏曲，面具也演变成了脸谱。今天我们看到的京剧脸谱，就是从"傩"演变过来的。当然，京剧也不过就是中国几百种戏曲中的一种而已。在众多的戏曲中，也有一部分像皮卡丘那样"拒绝进化"的异类，它们至今还保留着戴面具的习惯，而不是涂画脸谱。歌舞戏在唐代传入日本以后被发扬光大，演变成日本人的雅乐和能剧等艺术。《兰陵王入阵曲》在日本当然也很盛行，即便抛开其艺术魅力，仅故事题材就很容易在日本人之间产生共情。因为日本平安时代末期也有个类似兰陵王的武士，是日本最有名的悲剧英雄之一，其名曰源义经。他率领源氏击败平式，奠定了镰仓幕府的基础，却因功高盖主而被兄长谋害。总而言之，"傩"是最重要也最古老的中国符号之一，却也是被中国人彻底遗忘的典型。它是文化里的文化，根源中的根源，重要性毋庸赘言。张艺谋导演在电影《千里走单骑》中选取的就是这么一个题材，它讲述了高仓健饰演的日本老人到中国寻找傩戏的故事。这部电影选取的元素便是在中国"拒绝进化"的一种地方傩戏，无论其立意还是细节都充满真诚，但是上映后没几个人理解导演在讲什么。大部分观众看到它的感受是："这是啥？牛鬼蛇神不是早就打倒了吗？"无论国人还是西方观众，都对中国文化中的傩戏毫无概念，更不了解它与中日历史的微妙关联。况且那部电影上映于 2005 年，正是中国经济增长速度最快的时候，谁都无暇顾及什么看起来怪里怪气的农村面具。反观日本流行文化，他们对傩的重视只能令笔者望洋兴叹。不妨还是拿动画片举例：宫崎骏先生的电影《千与千寻》，其中无脸男的设定足以堪称神来之笔；另一部电视动画《死神》，面具的线索贯穿始终，其整个世界观的精彩设定，完全可以理解为是把巫觋所施的傩礼做了一次天马行空的当代演绎。

　　徐戈带领他的团队，便是在复原这种唐代的歌舞戏。在唐帝国的繁盛时期，它得益于当时发达的"娱乐产业"，逐渐形成了完整的音乐系统，在中国的音乐发展史上起到了承上启下的作用。乐手们演奏使用的乐器非常古怪，诸如排箫、阮咸、筚篥、十七簧笙、羯鼓、方响、五弦琵琶等，即便你此前看到过很多民乐演奏，也绝没见过这些东西。现代民乐中，常见乐器如二胡、洋琴等，看其命名方式你大概也能想到它们不是汉族的乐器，因为"胡"是汉族对游牧民族的一种称呼，"洋"则是指海外。包括徐戈自己吹奏了十几年的唢呐，虽然具体起源地在学术上有争议，但肯定是西域传入的。另一部分民族乐器如中国筝，则是比较典型的"改良"过的乐器（我们暂且抛开争议引用徐戈的说法）。对这些乐器进行改良，是为适应现代音乐的需要，比如徐戈吹的唢呐，它在 20 世纪以后加入了双簧管的结构，并且扩大了音域，改良以前的制作手法则早已失传。为了复原这些乐器，徐戈费尽脑筋，因为古籍中的记载只有大略的形式，详细的图纸要靠音乐家不断摸索，否则做出来也根本发不出声音。他遍访中国所剩无几的能工巧匠，手工打造出样本，然后一批一批地淘汰，试着找出正确的内部结构。这一过程中，所需费用自然都是徐戈自掏腰包，而过程之艰辛更是令人钦佩。

唐代礼乐复原小组演奏完第一支曲子，接着演奏第二首、第三首……观众慢慢失去了最初的新奇感。这些曲子听起来都差不多，节奏缓慢，令人昏昏欲睡。也许是受成本的限制，乐手对这些乐器不太熟悉，而更重要的问题恐怕在于这个系统本身——乐手在演奏时不停地低头看乐谱，乐器的音准不太稳定，互相之间也总是合不上拍子。用简单粗暴的方式来形容，就是"又乱又跑调"，无论台下的观众还是徐戈本人对此都非常清楚。他们皆为内里行家，并非普通的爱好者，因此绝不能错怪乐手懈怠。仔细观察才会发现，他们不断低头看的那种乐谱并非现代的五线谱，倒像是整张纸上堆满了符咒，排布方式也非常诡异——这便是中国古代的工尺谱，大部分人既未听说过，更没见到过。

在当代，只有深度学习戏曲的老艺人才会接触到工尺谱，普通人即便学习民族乐器也只看现代的五线谱。五线谱系统作为西方音乐的核心，是由古希腊到古罗马，再由古代欧洲至现代这样一路演变过来的。因此可以说，西方音乐与其文化根源是一脉相承的。但中国音乐的演变就没有这样的一致性，首先它在进入20世纪以后就彻底抛弃了工尺谱，古代的乐谱我们一份都没有保存下来。徐戈是在日本宫内厅书陵部找到的日本人整理的唐代乐谱，自己手抄了一份拿回北京，才能排演出这些节目。需要说明的是，宫内厅是日本皇室处理内务的办事机构，成立于明治时代。它在君主立宪的早期相当于内阁，现在则只管天皇的家事。宫内厅书陵部对中国所有从事历史研究工作的人来说都非常重要，因为它是天皇的私人图书馆，也可理解为"日本的翰林院"。其完整地保存了大量中国古籍，用于日本的汉学研究。中国学者在研究本国历史时，往往要去日本比对资料，因为我们历朝历代的开国皇帝都有篡改历史的传统，而日本保存的汉籍不会受到政治风潮的影响。

将古代乐谱对译成现代乐谱非常困难，因为它们缺乏统一的标准。不同的乐器也不一样，用于吹奏的记的是嘴的位置，用于弹奏的记的则是手的位置，乐器的制式不同，谱子就无法使用。所以与其说它们是"谱"，还不如理解为"操作说明书"更形象一些。更深层次的问题是，当不同乐器合奏时，它们如何配合到一起呢？五线谱记录的信息不仅包括音的高低，还包括长短，这就构成了声调与节奏。其中精确记录音符的长短尤为重要，当代音乐人会使用节拍器来严格控制速度，而古典交响乐在五线谱的指引下，通过指挥家来协调所有乐手。指挥家在确保节拍规整的基础上，还能控制不同乐器的强度与声部的平衡——这都是现代音乐不可或缺的要素，所以指挥必然是一个乐团的灵魂。如果你对现代音乐制作软件感兴趣，会发现它们最基础的构成组件一定是音轨、音量条和均衡器。当然，还需要音箱和耳机，以确保耳朵能听到声音，这样才能谱写出一个具体的乐句。这些工作在录音技术发明以前都是指挥家才能做的事，随着科技的进步，如今变得简单廉价，普通人也可以参与。反之，如果没有它们构成这一基础，你很难想象创作要如何展开。

很明显，中国古代没有发明这样一套系统。徐戈团队的表演既不分声部也没有指挥，每个人只看自己眼前的工尺谱，乐器在合奏时自然难以控制。除此以外还有一个更令人头疼的问题，中国古代音乐只有宫、商、角、徵、羽五个音，分别对应五线谱中的 do、re、mi、sol、la（没有 fa 和 xi），这是中国传统音乐一个显著的特征。汉语中用来形容一个人缺乏音乐素养时使用"五音不全"一词，说的就是这五个音。然而声部是交响乐最重要的概念之一，倘若一支乐队没有高音和低音，所有的乐器都集中在由这五个音构成的一个声部里，刚开始确实会给观众带来非常独特的感受，但是听多了之后就会有一种和尚念经的味道。事实上，徐戈在雅乐演奏中使用的这些乐器，有一部分至今还在寺院里用于佛事活动，它们被称为"法器"。与之相比，西方乐器得益于机械技术的发展，构造就复杂得多。最有代表性的乐器便是钢琴，它有 88 个键，代表了 88 个单音，囊括最低音到最高音，音域跨度极其宽广。如果考虑到同时按下几个键产生的和声，那么钢琴几乎能够调试出任何细腻的音调，表达出艺术家想要传递的一切情感。比它更复杂的乐器就只有被称为"乐器之王"的管风琴了——虽然名字里有个"琴"，但它根本就不是琴，而是一种超大规模的机械动力装置。如果让笔者推选一个音乐领域中最重要的西方符号，那么管风琴肯定比钢琴合适。因为钢琴已经不再是纯粹的西方乐器，所有的现代音乐流派都会用到钢琴，它并不具备"欧洲的""白人的""基督教的"这一类清晰的标签——但这几个标签全都印刻在管风琴的灵魂里。

想象一下，当中国的乐师在 19 世纪看到这些西方乐器时，他们看到的大概不是交响乐，而是穷尽智慧也无法理解的精妙魔法，它和战舰、枪炮、钟表大抵是同一种神秘的力量。这种力量连西方人自己都被震惊了——"机械主义"甚至是一个哲学名词，17 世纪的霍布斯和斯宾诺莎由此感叹人类伟大的创造力，并质疑上帝的存在。机械带给哲学家的思考正是启蒙运动的前哨站——齿轮、活塞、轴承、管道。它们组合起来就是蒸汽机——也许它们才是欧洲真正的"领袖"吧。直到今天，西方依然保留着对于自己机械文化及其历史的骄傲，对此我们能够在当代找到很多连贯的美学痕迹。例如蒸汽朋克和大本钟，再比如最贵的手表一定是纯机械的——这概念到底是如何钻进消费者脑袋的？倘若做个简单的调研，问问发烧友们为何要花几十万购买瑞士手表，他们一定会告诉你："因为瑞士的手表技术最好。"当真如此吗？瑞士制表工艺源于法国的加尔文派新教徒，它一直在匠心传承的基础上，小心翼翼而又不断突破创新。进入 21 世纪，最廉价的计算机芯片尚且应用了纳米管技术，比最精妙的机械结构都领先两百年。而同样技术的日本手表永远不可能被当成奢侈品，这就是问题所在。买这种机械表实际上是在消费西方的传统文化，与孩子们竞相参加钢琴考级本质上是同一码事，只是大部分人意识不到而已。

我们毫不怀疑音乐家彻底改造中国民乐的决心，可是，民间匠人手工打磨的中国乐器即使加总到一起也不如一架钢琴发出的音调多，留着它们又有何用？不妨把尚有希望的乐器加以改进，至于"冥顽不灵"的破玩意，还是统统丢进历史的垃圾堆吧。古典乐器早已不再是什么"乐器之王"，当代真正的"乐器之王"是电脑和人工智能。没有什么乐器能比计算机更厉害，它可以生成人类已知或未知的一切声音。录音室经过采样之后，理论上完全可以把乐器和乐手扔进博物馆里做展览。试想未来的孩子们在虚拟世界里徜徉的时候，导游会这样讲解："小朋友们，21 世纪以前的地球上生活着一种叫乐手的人类。他们昼伏夜出，脾气还不好，广泛地分布于五大洲，往往受海洋性气候的影响而偏爱饮酒作乐……"

无论如何，在这历史车轮滚滚向前的时代，逆潮流而动都是令人百思不得其解的行为。徐戈以及他这一类偏执狂到底为何要跟考古过不去？所谓的传统音乐早已被证明其跟现代体系格格不入，复原它们又有什么意义呢？

为什么世界其他地方很难听到中国音乐？

笔者写作这一节时，正值 2021 年春节前夕。跳过电脑屏幕向窗外望去，到处都是贴对联和囤年货的人群。与此同时，写字楼里却冷冷清清，很多公司提前一周就已放假。春节临近，即便老板们遵守国家规定，让员工坚持到法定节假日前最后一天，员工在公司里也是懒洋洋地消磨时间。相比之下，不如索性让大家提前放假算了。每到此时，车站和高速公路都人潮汹涌，几亿人构成的返乡队伍像候鸟一样迁徙，其规模在人类历史上绝无仅有。春节期间，老板们想照常经营，三倍的薪资都很难招到人手干活。管它什么行业，一概人去楼空，生意人宁可蚀本也要返乡与家人团聚。异文化的旁观者恐怕很难理解这种复杂纠缠的感情，比如好莱坞编剧就普遍把华人当成一群"没有信仰且唯利是图的现实主义者"，所以影视作品中出现的华人往往都是奸商和守财奴的形象。虽然近年来流行的拜金主义风潮确实令人担忧，但如果因此认为金钱就是中国人的信仰，那就是谬以千里的误会了。仅仅从"返乡"这一习俗来看，面对弯腰即可拾得的快钱，大多数人却选择视而不见，这种无法解释的行为模式不是信仰还能是什么？但凡华人，提到过年都会兴奋不已，每年春节前后接近一个月的时间里，这大概是人们唯一的话题吧。从我懵懂记事开始直到今天，三十年过去了，这种情况似乎毫无改变——尽管小时候是一家人围坐在一起看电视，而现在是人手一台手机各自低头不语。前几年 BBC 曾经拍摄过一部叫《中国新年》的纪录片，据说在海外播出时，华人看到后泪流满面。要知道这些海外的华人早已不是中国籍，不仅不会说汉语，有些人经过几代混血，连长相都已不一样了。

然而，倘若你仔细观察，一个有趣的现象恰恰出现在这十几亿人共同期盼的节日气氛中——假设我们开展一场大范围的街头采访，随机抓取路人询问："你觉得对中国人来说，最熟悉的新年声音是什么？"他们一定会抓耳挠腮地思虑很久，脑海中浮现一堆代表喜庆和热闹的名词，然后羞涩地回答诸如鞭炮声、敲锣打鼓的舞狮场面或者电视晚会直播的新年钟声。除此以外，另一个略显怪诞的答案一定会以极高的频率被路人提及，因为只要在中国经历过新年，无论是公历元旦还是春节这个传统节日（实际上这两者经常都混在一起），你就一定听到过这样一首歌——

财神来敲我家门

娃娃来点灯

新夜红包加鞭炮声

多财又多福

……

尽管笔者此处只写出四句歌词，然而此时你的耳膜一定已经不争气地开始抖动，脑壳和心里自动播放它红红火火的旋律（并且音量调至最大)。事实上,每年冬季进入 12 月以后,这首祝福大家发财的歌曲就会以疯狂循环的方式响彻在中国所有的商场、超市、购物中心、餐厅、发廊、美容院以及宽街窄巷每一个不起眼的角落。它在中国流行乐坛又被称为"超市之王"——因为所有的卖场都会在新年前夕打响促销战,抢购年货的人群平均要花费 2 个小时以上的时间用于挑选商品和排队结账时的等待——而这首歌的长度为 5 分钟,消费者在这个过程中差不多要听二十遍。需要注意的是,这不过是按照你只出一次门计算出的结果,谁都知道新年前后无论走到哪里听到的都是这首歌。中国人喜欢过年的气氛,而这首歌的歌词和旋律就是让你有一种想花钱的魔力,所以商家才会非常默契地集体循环播放。它最初流行于千禧年后,至今已经有二十年的历史,每年冬季都会有三个月左右的时间霸占你的耳朵,别忘记中国有十几亿人——简单加总这些数据,你能否估算出它被地球人听了多少次? 毫不夸张地说,这首歌很有可能在过去二十年的时间里带动了中国经济几万亿的消费增长,仅仅给它冠一个"超市之王"的名头着实有些屈尊俯就。

但是奇异之处在于,虽然每个人都听过无数遍,却没有几个人能正确说出这首歌的名字。它的歌名叫"发财发福中国年",演唱者是一个叫"中国娃娃"的女子二重唱组合。这个组合有一系列歌曲在中国爆红,但我们的头脑中却无法浮现出歌手的样子。这大概就是流行音乐圈里所谓"歌红人不红"的典型吧。道理也很简单,因为她们本来就是泰国歌手——虽然她们名叫"中国娃娃",但这个组合是在泰国出道,由两位泰国女孩组成。其作曲者当然也是泰国音乐人,最初的泰语版本叫 *H.N.Y*,收录于中国娃娃在 2000 年推出的泰语专辑 *China More* 中,因此它毫无疑问是一首地地道道的泰国歌曲。*H.N.Y* 是 *Happy New Year* 的缩写,最初的泰语版本其实也是用来贺岁中国新年的——此前如果你冬天去泰国旅行，会发现泰国也有很多人过春节。所以 *H.N.Y* 的国语版《发财发福中国年》在重新填写中文歌词时基本只是翻译了一下，并没有做出多大的改动。但即便如此，恐怕读者心中依然会产生一个巨大的疑问：为什么一首泰国歌曲能在中国流行二十年？

就事论事地说，其实二十年也不过就是个开始。笔者认为，它的地位在未来很多年里也不会被撼动。细看中国娃娃这个组合，它隶属于一家叫亚洲格莱美（GMM Grammy）的泰国唱片公司。虽然这家公司给自己起名叫"亚洲格莱美"，但它与美国的格莱美音乐奖并有什么关系。这就好比一家中国的影视公司给自己起名叫"亚洲奥斯卡"，大概只是为了讨个好彩头吧。但不要因此就认为亚洲格莱美是一家山寨的小公司，它成立于1983年，是迄今为止泰国最大的唱片公司，并且早已发展成为泰国最重要的综合性传媒集团之一。2019年这家唱片公司的收入是2亿美元，相比之下，中国唱片市场的总规模是6亿美元。问题是中国有14亿人口，泰国才7000万人口，所以我很难找到一家中国本土的唱片公司能与其相提并论。而"中国娃娃"是这家公司在20世纪90年代末推出，专门为进军华语市场而重点打造的艺人。其目标受众不仅包括中国大陆和港台地区，还有新加坡、越南、印尼、马来西亚、缅甸、老挝、菲律宾以及泰国本土。

是的，泰国本土当然是最重要的市场，因为泰国本来就有很多华裔。泰国最主要的民族叫泰族，在我国云南地区也有分布，只是我们称为傣族——"泰"字的泰语发音与汉语"傣"同音。泰国的第二大民族就是汉族，包括客家人以及不同时期从福建、海南与广东潮汕地区移民过去的商帮。泰族与汉族占了泰国总人口的90%，所以中国人去泰国旅行会有强烈的亲切感。如果你把泰语版本的那首 *H.N.Y* 找来听一听，会发现尽管你一个字都听不懂，但它的唱词方式与中文几乎没有区别。我的意思是说，外国歌曲翻译成中文以后，唱词节奏通常会有很大改变，因为汉语的音节非常少，可能是全世界音节最少的一种语言。例如甲壳虫乐队的名曲 *Yesterday*（相信大家都听过这首歌），它的英文歌词是这样的——

Yesterday, all my troubles seemed so far away.

[ˈjɛstədeɪ], [ɔːl] [maɪ] [ˈtrʌblz] [siːmd] [səʊ] [fɑː(r)] [əˈweɪ].

Now it looks as though they are here to stay.

[naʊ] [ɪt] [lʊks] [æz] [ðəʊ] [ðeɪ] [ɑː(r)] [hɪər] [tu] [steɪ].

Oh, I believe in yesterday.

[əʊ], [aɪ] [bɪˈliːv] [ɪn] [ˈjɛstədeɪ].

我为前三句歌词标出了音标，仔细数一数的话，它大概有 36 个音节。当然唱的时候会有省略和连读的情况，并不会逐个音节去念。而中国人用中文唱这首歌，假如不重新填词，只是将英文原意翻译成中文，那么它对应的歌词的中文译文则是——

昨天，一切烦恼行将远去

Zuótiān, yíqiè fánnǎo xíngjiāng yuǎnqù

可我如今却忧心忡忡

Kě wǒ rújīn què yōuxīnchōngchōng

哦，我相信昨天

Ò, wǒ xiāngxìn zuótiān

如果直接用中文唱出来，它只有 25 个音节。也许你觉得 36 和 25 的差异并不是很大，但我挑选的 *Yesterday* 这首歌，是一首慢节奏的抒情歌曲，同汉语慢悠悠的念白方式比较接近。所以，这首歌本来也是非常适合翻唱为中文歌曲的。但是当节奏变快，词句信息量变大的时候——例如一首 Rap 风格的说唱歌曲——中文与英语产生的音节错位则会不可控制地激增，旋律和节奏就完全对不上了。比如做耳机的知名企业家 Dr. Dre 与 Snoop Dogg 合作的那首名曲 *The Next Episode*，虽然它是二十年前的老歌，但最近几年随着综艺节目带动 Hip-hop 潮流，大街小巷到处都播放这首歌。尽管看到它的歌名会感到很陌生，大部分读者甚至反应不过来它是什么，但你肯定听过无数遍。因为打开手机刷短视频，十个里面有三个用它做配乐。*The Next Episode* 是一首非常正统的 Gangsta Rap 歌曲，但它的说词速度不算快，比如"lookin at me strange but you know I don't care"这句，它翻译成中文则是"用异样的眼神盯着我，但你懂的——哥们根本不在乎"。

原作者唱这句英文歌词大概用时 2 秒，问题是汉语没有连读的概念，只能逐字逐句地念。你很难想象 2 秒钟怎么才能把这些词说完，同时还要兼顾节奏。所以，这就导致一个很严重的问题：当中国人用中文演唱外国歌曲的时候，不仅要重新填词，还要改变自己的语言习惯，甚至必须用汉语夹杂外语词汇的方式才能勉强适应。全世界的语言在进化过程中都往多音节的方向发展，并且必须淘汰象形文字，使用更为先进的字母系统。唯独汉语在几千年的演变过程中几乎没有改变，比如佶屈聱牙的古代文言文，虽然我们大多数人读不懂，但肯定能按照读音念出来，这就是汉字最奇妙的地方。作为一种古老的象形文字，日、韩在使用汉字时只用于表意，发音却是用多音节的方式，这是日语和韩语的重要特征。汉语使用汉字则既要表意又要表音，一个字对一个音——这点我们习以为常，外国人看来却匪夷所思。

我们在前文多次提到汉语的特点，此处不得不再次谈及这一话题。近代以来，部分知识分子认为汉语落后，其中一个论据就是汉语音节少：既然语言进化的方向是从单音节到多音节，从象形字到字母，那么汉语作为一种不仅使用象形字，而且还是单音节的语言，它必然是"停留在原始社会毫无进化意识"的"超级落后分子"。因此，把一首外语歌原汁原味地演绎为中国歌曲着实是很难的一件事。泰国歌曲却不同，因为泰语完全不存在这种麻烦。它与汉语同属于汉藏语系，基本上也是一种单音节的语言。尽管泰语看上去非常难懂，但那只不过是泰国文字给你造成的假象。泰文是在印度梵文的基础上发明的一种文字，而梵语是世界上最难学的语言之一。要注意的是，梵语不是印度语，而是古印度语，相当于印度的文言文。想想我们中国人学习自己古代的文言文尚且那么困难，何况是外国人零基础去学习一门深奥晦涩的古代语言呢？在中国古代，梵文随着佛教的传入而对中国文化亦有深层次的影响，只不过现在基本上已经没人懂了。看到这些形如天书的古怪符号，想必谁都会害怕去学习它吧。但是反过来想，如果只考虑口语而忽略读写文字，事实上，泰语对于中国人来说是最容易学习的一种外语，并不比广东、福建地区的方言困难多少。不信你可以试着把一首泰语歌曲不停地循环播放，即便一句话都听不懂，也能有模有样地唱出来。

至于"语系"的概念，请允许笔者稍作些解释。倘若我们站在外星人的立场上去研究人类这个物种，它最基本的几个特征是什么呢？假如你对体态、肤色、遗传变异感兴趣，那么这就是自然人类学的观察视角；如果你对语言、历史、风俗习惯更感兴趣，则是所谓的文化人类学范畴；一旦从文化的角度去研究人类，语言就必定是毫无争议的第一研究对象。无论民族、历史、宗教伦理，全都是在语言的地基上建构的大厦，语言是一切文化之根本。要不《旧约》中怎么会有巴别塔那样的隐喻呢？

或许正因为《圣经》中这个影响深远的故事，西方一直都有重新统一天下语言的梦想。波兰籍犹太学者柴门霍夫博士在19世纪末曾经发明过一种叫"世界语"的人造语言，因为他觉得任何一种已经存在的语言，比如英语、法语或者西班牙语，尽管它们伴随着殖民扩张而推广到全球，但皆因其背后的种族色彩而不适合作为世界通用语言。一种适用于全人类的语言一定要尽取各家所长，消除歧视和文化代沟，既简单易懂又兼具表达复杂含义的能力。这样一来，人类之间就不会再有沟通上的障碍，战争和种族冲突也就能被消灭。想想地球上所有人在一个大家庭中和睦共处，该是一个多么美好的愿景！笔者上小学的时候，柴门霍夫的世界语还真流行过一段时间，培训机构到学校里招生，也确有学生报名学习。这就好比一个邻居家的叔叔神秘兮兮地告诉你："小朋友，把你的手机扔了吧，未来世界将会属于Windows Phone！现在开始转战WP，待它一统江湖以后，所有的同学都会羡慕你。"——我想你大概也能理解那些花费许多精力去学世界语的同学该有多么后悔！强行推广一种没有文化根基的语言，从操作上来说就不可行，更何况按照联合国教科文组织的统计，全世界有七千种语言，超过80%都濒临灭绝。统一人类语言，实质上就是灭绝文化的多样性，这样造成的结果到底是有利于和平还是不利于和平呢？

把全世界所有的语言按照它们的历史演变方式，通过科学研究整理为语言的谱系，一直以来同样是学界的梦想。这个梦想恰好始于启蒙运动时期的欧洲，一个叫威廉·琼斯的语言学家偶然发现一个非常有趣的现象：印度作为英国在亚洲一块遥远的殖民地，当地人使用的语言竟然和英语颇有些相似之处。深入研究之后，他认为很多看似不同的语言之间也许存在亲属关系，可能是从某种共同的远古语言进化而来。通过比较语言之间的音义、音节规律和语法，可以梳理出一个人类语言的亲属图表。这个概念太过抽象，我们举个简单的例子加以说明。譬如中国小孩子 1 岁左右开始张口说话，第一个说出的词通常是"mama"（音）。它的发音用罗马字母标出来是 mama，而英语国家的小孩子幼年时同样管妈妈叫 mama。当然，我们学英语时一般学的是 mom 这个单词，或者 mother 这个更加正式的称呼，而中国古文里相对应的称谓分别是"娘"和"母亲"。但是，最原始、最本能的称呼一定都是"mama"。如果再进一步观察，会发现全人类无论其语言和种族，1 岁左右时说的第一个词几乎都是"mama"，可见"mama"这个发音与妈妈的含义是强关联的，并且超越了人类之间所有的文化代沟。"爸爸"则不一样，英语国家的小朋友发音是 papa，而汉语的发音是 baba。通过细致入微的解析，学者便能发现这个有趣现象背后的原因。

威廉·琼斯爵士的观点是建立在长期观察与深思熟虑之上的，在18 世纪提出这一想法时，它被视为一个极具开创性的天才想法。当然，真正意义上的语言学研究要艰深晦涩得多，它是一个极其专业性的领域，并非我们普通人所能完全理解的。威廉·琼斯是英国人，他的母语是英语和凯尔特语，并且从小学习希腊语、拉丁语、波斯语、阿拉伯语、希伯来语和汉语——这还只是他童年时的水平。到去世时止，他共精通八种外语，并且能够阅读另外十二种不太精通的外语，其语言天赋简直令人感到恐怖！顺便说一句，他的父亲也叫威廉·琼斯，父子同名同姓，很容易弄混。老威廉是一位著名的数学家，也是英国皇家学会副会长，我们今天计算圆周率使用的数学常数 π 就是他从希腊文引入数学体系中的。老威廉身边的"死党"包括人类历史上最伟大的科学家（很可能没有之一）艾萨克·牛顿爵士，以及发现哈雷彗星的那位著名天文学家埃德蒙·哈雷——可见小威廉的天才是有遗传的。通过研究拉丁语、希腊语和梵语之间的联系，他提出了"印欧语系"的概念。这个假说在提出之后迅速引起关注，由此便诞生了"比较语言学"这门新的学科，该学科后世逐渐演变为现代语言学，成为当代文化研究的基础。

威廉·琼斯爵士发现的第一个语系就是印欧语系，它也是世界上母语人口最多的语系。由于印度语和英语同属印欧语系，所以很容易观察到一个微妙的现象：尽管英国与印度东西相隔八千公里，但是印度人学英语非常快，比我们轻松得多。仔细想一想，印度虽然是东方的亚洲国家，但与其他英属殖民地相比，印度文化与英美融合得非常好，这会不会跟语言特点有关呢？欧洲把波斯、印度看作是东方，但在我们中国人看来，波斯和印度才是"西方"。唐代僧人玄奘到印度学习佛教知识，我们便称之为"西天取经"。

总之，按照语系、语族、语支、语种把全世界的语言进行分类，就如同生物学按照界、门、纲、目、科、属、种进行分类一样，是文化研究领域中的里程碑，它让我们得以更清晰地了解自我，并且更加理性地容纳他者。比如咱们中国人熟悉的汉语属于汉藏语系、汉语族、汉语支，而藏语属于汉藏语系、藏缅语族、藏语支。所以尽管藏文也很难拼写，但汉族人学藏语或者藏族人学汉语都很容易。再比如印度官话属于印欧语系、雅利安语族、印度语支，而巴基斯坦官话同样属于印欧语系、雅利安语族、印度语支。它们本是同一种语言，区别主要在于文字——印度官话用印度的婆罗米字母"天城文"书写，而巴基斯坦官话用阿拉伯字母书写。使用同一种语言、不同文字的两个国家，关系不但不亲近，反而非常紧张。英语作为当代实质上的国际通用语，它属于印欧语系、日耳曼语族、西日耳曼语支，而法语、意大利语、西班牙语、葡萄牙语、罗马尼亚语全部属于印欧语系中的罗曼（拉丁）语族，由古罗马人的拉丁语演变而来。这些最常见的语言与大众最熟悉的文化习俗是否存在某种微妙的关联？比如拉丁民族大多坚持信奉传统的天主教，基督新教则与日耳曼民族在欧洲的崛起相辅相成——宗教改革家马丁·路德是德意志人，而英国最早脱离罗马教廷，后世更是爆发了清教运动，在遥远的美洲大陆建立了美国（英美主要民族盎格鲁-撒克逊人是古代日耳曼人的一支）。就像前文所写的那样，倘若抛开文化差异而笼统地把中国西边所有的国家和民族都叫"西方"，显然是一种非常粗暴无知的描述方式。

笔者举了很多具体的例子，并非刻意啰嗦。如果你此刻重新审视柴门霍夫的世界语，就会发现一些无法克服的问题。所谓的世界语，它综合了印欧语系日耳曼语族和罗曼语族的特点，采用斯拉夫语族（东欧、俄罗斯等）的发音，并使用拉丁字母书写。这样高超的"缝合技术"固然巧夺天工，但是世界上所有的语言分类，光语系就有一百多种，其中主要语系有十几种——柴门霍夫对印欧语系固然比较了解，可问题是别的语系要放到哪里呢？这样"缝合"出来的语言，最多算是欧洲语，而不能称为世界语。其创立初衷是为了各民族平等和谐，彼此一视同仁，但事实上至多只能消除基督教世界内部的分歧——日耳曼语族多是新教徒，罗曼语族多是天主教徒，而斯拉夫语族以东正教徒为主。既然叫"世界语"，最起码应该横跨五大洲，把印欧语系、汉藏语系、闪含语系、突厥语系、澳泰语系、南亚语系全都考虑进去，至少覆盖80%以上的地球人口才行吧？何况还有一些语言在分类上存在争议，它们很有可能是没有任何亲属的孤立语言。争议本身也非常微妙，表面上争的是语言的分类，实质上跟民族问题有千丝万缕的联系。譬如日语的来源就众说纷纭，有的学者认为日语属于汉藏语系，但日本在明治维新以后派遣大量学者寻找证据，力图证明自己属于阿尔泰语系。阿尔泰语系是一个已经过时的分类方法，具体技术问题不必深究，关键是历史上曾经征服中原的游牧民族都属于阿尔泰语系。例如蒙古帝国和大清帝国——按照旧的分类方法，蒙古语属于阿尔泰语系、蒙古语族、蒙古语支，满语属于阿尔泰语系、通古斯语族、满语支。北宋时崛起的契丹民族，虽然他们使用的语言基本上灭绝了，但大抵也属于蒙古语族。显然，日语并不属于阿尔泰语系。日本作为世界边缘的孤岛，它很有可能在各种综合因素下演变出了自成一体的日语语系。更为有趣的是韩国，韩国学者普遍认为韩语也属于阿尔泰语系，但更多学者认为韩语跟日语情况类似，要么是孤立语言，要么同属日语语系。

由此看来，真正意义上的"世界语"有可能发明出来吗？答案显然是否定的。就拿汉语和英语的区别来说，一个用象形字，一个用拉丁字母；一个是单音节，一个是多音节，系统在根本上就不一样。这就好比一道菜不可能又咸又淡、又热又冷、又荤又素、又硬又软，完全相反的东西如何强扭到一起呢？即便强行缝合到一起，恐怕造出来的也是诸如弗兰肯斯坦那样的丑陋怪物，毫无实际应用价值。

我们用大量篇幅解释与语系相关的背景知识，只是为了回答此前抛出的设问："为何一首泰国歌曲可以在中国流行二十年？"它表面上是一个流行文化的问题，细看却是一个美学的问题，而美学则在根本上与我们的民族、语言、文化、信仰息息相关——毋宁说一切流行文化的表象都是根源于文化的映射。从时尚、影视、音乐，到互联网话题、商业潮流甚至电子游戏，包罗万象的流行文化彼此之间看似毫无关联，却往往能从中归纳出简单浅显的规律。前提是你必须用社会科学的方法逐一解构，而不是就音乐而分析音乐，就电影而分析电影。一种风格走红了，大家一哄而上抢着模仿，是否违背商业道德暂且不谈，难不成靠模仿真的能够复制别人的成功？真正会抄的人，是通过系统性地分析，找到其引爆流行的深层次原因，绝非简单地借壳换皮。与此同时，当你充分了解泰语同汉语之间的相似之处后，便能理解为何泰国歌曲很容易让中国大众产生熟悉感——但这个问题只回答了一半，它只能解释"为何一首泰国歌曲可以在中国流行"，却不能解释"为何这场流行持续了二十年"。然而，回答后半个问题可没那么简单。因为它表面上是一首歌曲的问题，实质上却是整个中国音乐行业的问题。为了找到一个令人满意的答案，我们必须搞清楚一件事：这二十年间中国流行音乐究竟在干什么呢？

　　每当提及这个话题，大多数国人恐怕都会感慨良多吧？中国流行音乐无论在产业成熟度、创作能力还是国际影响力上——相对于一个14亿人口的庞大经济体而言——都陷入了一个公认的困境。本书第一章提到的在华语世界无人不知、无人不晓的周杰伦，在好莱坞电影《青蜂侠》中不过亮相一次，况且他饰演的还是塞斯·罗根的日本助手加藤。至于周杰伦能否代表中国流行音乐的最高水平，这是乐评人争论的话题，而不是本书关注的话题。从笔者的角度来看，确实很难在当代找到一个比周杰伦更有影响力的中国流行歌手了。拥有他那么多作品的音乐人简直凤毛麟角，且大多数流行歌曲都是翻唱自外国歌曲，尤其是日本——我们从小到大耳熟能详的那些经典老歌，多一半来自日本。这方面的专业乐评文章在网上很多，此类"翻版产品"的歌单你可以不厌其烦地列出几百首，有些义愤填膺的乐评人因此痛斥中国流行音乐抄袭成瘾——笔者的职业虽然是导演，但是身边半个朋友圈都是音乐人。这倒不是我在社交上有什么特殊癖好，而是因为影像创作离不开音乐，更离不开一个完整的音乐工业体系。任何电影、电视剧或者动画片，都是由画面和声音两个要素构成的，它们分别向你传达视觉信息与听觉信息，并且画面和声音同等重要。所以很多导演不仅跟音乐人关系很近，甚至自己本身也玩音乐。不过即便如此，我这样评价中国的流行音乐，音乐人朋友看到恐怕还是会不高兴。他们一定会说："隔行如隔山，你一个做导演的凭什么谈论音乐创作？仿佛中国电影拍得有多好似的。"坦白地讲，中国影视行业的平均创作能力更糟糕一些，相比之下音乐人的创作能力还算好的。我们经常在网上看到这样的评论："中国有14亿人，竟然挑不出一个会拍电影的？"类似这样的评论句式还能找出很多，例如"中国有14亿人，竟然挑不出11个会踢足球的？""中国有14亿人，竟然挑不出5个能打篮球的？"但这些并不是笔者关注的重点，音乐人的水平高低跟我也没有关系。倘若讨论诸如"哪首歌好哪首歌不好"这类的问题，很明显是属于乐评人的工作。我写作这本书是为了讨论"中国潮流"——某一首歌何以能够流行，以及我们如何去制造并推动流行，这才是本章以音乐作为切入点的根本目的。

狭义上的流行音乐，一般是指 pop music，而 pop 是 popular 这个英文单词的简写。也就是说，汉语中的"流行音乐"这个词是从英语中的 popular music 翻译来的——问题也就从这里开始了。当我们谈及中国流行音乐时，首先要重新梳理"流行"一词的词源。中文里的"流行"意指广泛传播，并没有褒贬之分，直译应该对应 prevalent。广泛传播的内容不一定是好的，比如病毒感冒也可以"流行"，而 popular 在英语中释义为"受欢迎的"，本身具有褒义属性，其引申含义则是"主流的"或者"大众的"。它的词源为拉丁词语 populus（民众），和 people 这个英文单词同根同源。英语单词 people 其实是法语借词，它源于法语中的 peuple，当然 peuple 也是从拉丁语 populus 演变而来的。尽管我既不懂法语也不懂拉丁语，但由于这些单词都是用拉丁字母书写的，想必大家和我一样都看得懂。需要注意的是，英国是一个历史并不久远的国家，其主要民族盎格鲁－撒克逊人处于欧洲的边缘地带，所以文化上大多为外来。英语中有超过 35% 的单词是法语借词，28% 的单词是拉丁语借词，而古代日耳曼语保留的原生词语不到四分之一。

请原谅笔者如此咬文嚼字，因为中文里"流行音乐"的概念与英文 popular music 对应时会产生歧义：popular music 一般简写为 pop，但要注意的是，pop 并非一种音乐风格，而是用来统称"在英语国家中受欢迎的主流英语歌曲"。在 pop music 这个概念之下，才细分为 classical（古典）、jazz（爵士）、rock（摇滚）、country（乡村）、blues（布鲁斯）等具体流派——classical、jazz、rock、country、blues 用来形容音乐风格，pop music 则表示其传播范围。这个概念非常重要，但是极易混淆。我们在中文语境下使用"流行音乐"这个词时，通常泛指一切"在某段时间里大众传唱的歌曲"。因此，汉语所称的流行音乐其实是世俗音乐，而不是 pop music。世俗音乐的概念是相对于高雅艺术而言的，如果把世俗音乐直接和英语中的 pop music 画等号，就会建立一整套错误的认知体系。比如在中文网页上搜索流行音乐的历史时，你会得到"流行音乐起源于 20 世纪初的美国"这个奇怪的结论——法国人知道后估计得气个半死。法国早在文艺复兴以前就由吟游诗人发明了"流行音乐"，也就是我们通常所称的法国香颂——香颂是法语单词 chanson 的音译，而 chanson 一词本身就是"歌曲"的意思。中国人错误地把 chanson 当成一种音乐风格，而它明明是指法国的流行歌曲。中世纪的欧洲，音乐一般用于教堂祈祷和鼓舞军队，但法国人热衷于享乐，所以世俗音乐萌芽得非常早。同时期的美洲大陆还没有被哥伦布发现，而现代意义上的英语才发明不久。事实上，英语中 music 这个词是典型的法语借词，它在法文中写作 *musique*，拉丁语中写作 *musica*。即便在法语中，*musique* 也是一个历史悠久的借词，它的词源最早可以追溯至古希腊掌握艺术的缪斯女神。不仅拉丁民族，斯拉夫民族也同样使用这个词。比如在俄语中，音乐写作 музыка，它源自古希腊语 μουσική——这些都不是拉丁字母，所以咱们一般都看不懂。

古希腊相当于中国的先秦时期，尽管欧亚大陆彼此之间的文化碰撞还没有开始，但音乐几乎和语言同时出现。只不过古代的音乐不是用来祭祀就是用于战争，其目的"简单粗暴"，与当代的理解相差甚远。至于世俗音乐的发源时间，各国就不尽相同了。但无论如何，它都不是在 20 世纪初由美国发明的，甚至根本不是英语国家发明的。英国工业革命之后，经济积累早已世界领先，但思想上依然非常排斥来自欧洲大陆的流行文化。前文笔者介绍过英国盛行的清教，它强调朴实无华、埋头苦干的民族精神，所以英国人普遍认为法国那些"靡靡之音"会腐蚀英国人民纯洁的心灵。香颂作为法语流行音乐，当然也就不会算在 popular music 的范畴里。比如伊迪丝·琵雅芙这位法国流行天后，当年欧洲的大街小巷到处都在播她的歌，如今中国的咖啡馆里还在放她的歌，前后流行了快一百年。论及她的影响力，一点也不比披头士小，但在中文语境里搜索"世界上最伟大的流行歌手"，无论列出多少个名字，搜索结果都只出现英语歌手，只有搜索法语 *chanson*

时才能找到她。这是因为，我们的分类法采用英语的标准，其他语种的流行歌手全都不会算进去。至于斯拉夫民族的音乐，更不可能进入英语流行音乐的系统中，我们的了解自然也就更少。这还只是欧洲文化内部的分歧，放到全球视野下来看，"流行音乐"的歧义会变得更大。比如雷鬼乐的源头 ska 音乐，中国很多摇滚乐队都喜欢模仿它的风格，误以为那是英国朋克乐的一个流派——很多人都会产生这种误会，所以它被联合国教科文组织列为牙买加的非物质文化遗产，防止这种伟大的艺术形式在未来的牙买加消失殆尽。

到此为止，读者可能并不认为这是个问题，尤其是喜欢音乐的朋友，反而迷惑于笔者所做的大段词源学分析同我们要讨论的实质有什么关系："采用英语的分类法有什么不对吗? 美国是世界流行音乐的中心，英语又是国际通用语，分类标准当然应该由英语来制定。"是的，这本来没什么关系，但是当你聚焦于中国流行音乐时，麻烦的问题就产生了。中国流行音乐对应的英文是 chinese Pop，一般简写为 C-pop。与之类似，日本流行音乐称为 J-pop，韩国流行音乐则称为 K-pop——J 是 Janpanese 的缩写，K 是 Korean 的缩写。前面我们分析了 pop 这个词的实际含义，它表示传播范围而不是音乐风格，因此 C-pop、J-pop 和 K-pop 指代中、日、韩三个国家受大众欢迎的歌曲，它们的子集才细分为不同的音乐风格。比如，J-pop 分为 city pop (日式软摇滚)、technopop (流行电音)、Shibuya-kei (涩谷风，日本游戏里常用)、J-Euro (可以简单理解为应援风) 等不同流派。K-pop 的风格虽然没有日本那种特色，但也可以参考美国黑人音乐划分为 Hip-hop、R&B、jazz、black pop、soul、funk、techno、disco、house、afrobeats 等流派。而查看中国流行音乐 C-pop 时，就会发现一个非常诡异的情况——它分为 cantopop、mandopop 和

hokkien pop 三种风格。即便对音乐风格深有研究的职业音乐人，恐怕也搞不清楚这三种风格是什么意思——既不明白其含义也从来没有听说过。倘若你对自己的英语词汇量颇有信心，首先会怀疑 canto、mando 和 hokkien 是不是英语单词。实际上，它们还真的不是英语，canto 是指 cantonese（广东话），mando 是指 mandarin（普通话），hokkien 就是闽南语里"福建"的发音，意为闽南话。也就是说，C-pop 的三个流派分别是粤语歌曲、国语歌曲和闽南语歌曲。想必读者此时会感到头晕目眩，完全不理解这个分类方式的依据为何。英语之外还有很多国家保有自己的流行音乐系统，唯独中国流行音乐在英文语境里是用方言作为流派来区分的。别的国家都按音乐风格来分类，为什么中国却按照方言来分类？就算按照方言来分类，中国的方言也远不止这几种，比如四川话或者东北话能不能叫 chuanpop、dongbei pop？这就好比一个民谣歌手、一个乐队主唱、一个饶舌潮人和一个当红小鲜肉在麻将馆里凑一桌打牌，彼此吹嘘谁的地盘更大时，老板一个大嘴巴过来："不好意思，你们全都是 mandopop！"——就分类标准这件事来说，中国音乐人总是坚定不移地认为自己玩的是某种风格。比如中国民谣认为自己属于 folk，但这种认知只是一厢情愿。它不是一个翻译上的技术问题，而是看英文语境怎么接纳的问题。所以很明显的是，搜 chinese folk 根本搜不出民谣歌手。分类的混乱只是一种表象，关键在于西方对中国音乐缺乏认知，也基本上没有了解的兴趣。维基百科上关于中国音乐的说明只有不到七千个单词，相比之下，介绍南非音乐还用了一万个单词。尽管我也认为中国音乐并不怎么发达，但考虑到几千年的漫长历史和五十六个民族的文化融合，再怎么省略也不可能七千个单词便能囊括所有。

这是否可算作一种有意为之的歧视呢？笔者并不这么看。方言的差异之所以被等同于音乐流派的差别，核心原因很可能是一个更加深层次的语言问题——是的，我们要再次回到这个枯燥的话题。在本书第一章里，笔者曾介绍过著名的牙买加裔畅销书作家马尔科姆·格拉德威尔，他的流行文化传播理论深入人心。格拉德威尔在他的畅销书《异类》中有一篇有趣的文章，叫"稻谷种植与数学测试"。这篇文章通过观察中国人种水稻的方式，讨论亚裔的文化特点。当然，这并不是他原创的一种研究方法，因为德裔学者魏特夫很早以前就通过水稻耕作探讨亚洲与西方文化的差异。在这里笔者引用《稻谷种植与数学测试》中的一段描述，看看格拉德威尔眼中的汉语是什么样子。

> 看看下面的数字，4、8、5、3、9、7、6，将它们大声读出来。然后背过脸去，用 20 秒来仔细回忆，然后再用正确的顺序复述出来。如果你的英语是母语，那么复述的正确率是 50%，但如果你是中国人，正确率可以达到 100%。

为什么会产生这种差异？格拉德威尔认为，汉语中每个数字只有一个音，但是英文会有 five、six、seven 这种费时间的拼读法，念起来比中文慢很多。音节多，占用记忆的信息量就比较大，瞬间记忆的存量当然会随之变小。尤其是当数字超过 10 以后，英语的读数方法就会变得非常麻烦。格拉德威尔因此写道："大家认为我们会把 11、12 这样的阿拉伯数字念成 oneteen、twoteen，然而英语却是用 eleven、twelve 这种单词来数数，毫无规律且枯燥。所以，4 岁的中国孩子数数，平均可以数到 40，而同龄的美国小孩只能数到 15。我们的孩子小时候数数就已经如此吃力，长大后必然导致数学成绩被中国人遥遥领先。"

　　格拉德威尔以语言差异作为切入点，讨论的其实是中国人的种族优势。但他并不了解汉语，因为我们不只在数数时用一个音，所有的汉字都是单音节的发音。正因为如此，中国人天然地具有某些方面的劣势。但是如 rap 这种唱词风格，一定是对汉语发声最不友好的。前文笔者举例介绍过的在中国流行的歌曲 *The Next Episode*，Dr. Dre 与 Snoop Dogg 用 2 秒钟就可以轻松说完的词，中国人却很难做到。当然，中国也不是没有语速比较快的 rapper，但根本不算快节奏的说唱。艾米纳姆一首 6 分钟的歌曲中有 1560 个单词，因此申请了吉尼斯世界纪录。单纯比语速的话，艾米纳姆还不算最快的，因为他要综合考虑艺术创作的合理性。你很难想象那些比他更快的 rapper 到底是怎么说词的，这种情况下再厉害的中国说唱歌手恐怕也望尘莫及。

　　当然，我们真正要关注的并是语速。如果你认为汉语的劣势仅仅是单音节或 "没办法用连读的方法加快语速"，那么实际上，这只是很小的一个问题。中国人不适合说唱，并不是因为语速，而是因为汉语除了象形字、单音节之外，还有第三个独特的地方，这也是最容易被我们忽略的一个特性。为了说明这个问题，不妨来看下面这句歌词。

　　走廊灯关上，书包放，走到房间窗外望。

　　Zǒuláng dēng guān shàng, shūbāo fàng, zǒudào fángjiān chuāngwài wàng.

　　这句歌词是周杰伦在其歌曲《半岛铁盒》中的一段说唱，也是这首歌曲中的第一句词。此前我们虽然介绍过周杰伦的搭档方文山，不过这首歌并不是方文山作词，而是周杰伦本人填词的。我更想引用周杰伦自己写的词来说明他对于说唱的理解。此刻我希望你能打开音乐播放器，不要急于去看后文——而是仔细聆听这首歌的第一句词，反复听，然后试着思考一个问题：这句歌词有什么不对的地方吗？

如果你能找到问题的答案，说明你是一个观察力非常敏锐的人，因为大多数人肯定意识不到这个问题。周杰伦唱的那句歌词实际上是这样的——

走廊灯关上，书包放，走到房间窗外望。

**Zōulāng dēng guān shàng, shūbāo fàng, zóudāo
fāngjiān chuāngwāi wàng.**

注意看每个汉字的汉语拼音，即使你不懂汉语拼音，应该也能观察到罗马字母上方的符号发生了改变。尽管很多语言都使用罗马字母注音，但这种横线和折线却非常罕见，因为它不是音标符号，而是声调符号。汉语是一种罕见的声调语言（tone language），相较之下，世界上绝大多数语言都不是声调语言。尤其是西方，对这个系统非常陌生，因为印欧语系几乎没有声调的概念。人类从智人进化而来，最初的语言都是由原始的单音节构成。单音节词汇能够表达的信息非常有限，因此就必须向多音节的方向进化，这是我们此前多次提及的主流观点。但是，我们也都知道另一个事实：汉语虽然是单音节语言，表义却极度复杂。谁能说汉语是一种简单的语言呢？它当然不是原地踏步的"落后分子"，只不过，它选择了另一种非主流的进化路线。也就是说，跟绝大多数语言不一样，汉语不是往多音节的方向上进化，而是往多声调的方向上进化，通过声调的变化来解决单音节的局限性。同一个音，声调不一样，表达的含义完全不同。

我们从小学语文，却通常意识不到这才是汉语最难学习的部分。

普通话中的声调分为阴平、阳平、上声、去声四种，对应汉语拼音中的四种声调符号。其实汉语也不是只有四个声调，还有一些特殊的古代声调分散在不同的方言里，所以普通话是一种已经简化过的语言。这种"进化的策略"同西方语言有着本质的不同，即便在中国学汉语很多年的外国人，说话时还是会有奇怪的感觉。他不是发音有误，而是声调不对；外国人的普通话发音可以做到极其标准，但就是适应不了声调的变化。反观中国的小孩子学说话，在吐字尚且含混不清的阶段，先掌握的反倒是声调。所以儿童牙牙学语时，即便发音常常错，节奏却是对的，你甚至能通过节奏辨析出孩子的方言口音。我们分辨儿童的方言口音时，不是靠发音而是靠声调，因为不同的方言有不同的声调习惯，连在一起说时呈现出不同的节奏和韵律——这些都是声调神奇的地方，也是外国人无法理解的地方。更何况，声调本身已经很难记忆，口语声调和书面语还经常不一致，例如"一切语言都有它的文化背景"。

这句话中，"一切"这个词理论上应该读 yīqiè，但我们说话时实际上读 yíqiè。外国人学汉语一般都会被搞懵。"一"这个最简单的汉字，怎么查都是念 yī，说话时怎么就念 yí 了呢？它到底出于什么原因，又有着什么样的规律？然而，令人困惑的地方就在于它根本没什么原因。中国人的声调系统建立在"共识"的基础上，如果你从小在中国长大，自然就会这么说话。如果是学习汉语的外国人，便会发现声调系统根本不同你讲道理，毫无规律且枯燥，你学的时候不掀桌子才怪。由此细节也可观察出，中国人之间的沟通极度依赖"共识"，在缺乏"共识"的情况下就无法表达彼此的感受，更无法接受对方的认知基础与自己相异。我们在网上说话总是情绪激动，因为打字时一般都使用简单的口语——然而把口语直接当成书面语，交流时就感受不到对方的语气与声调，必定会产生误解。抑扬顿挫的节奏是如此重要，以至于同一句话中，重音换个位置可能就是另一番含义。我们对声调变化习以为常，却不知西方听到汉语时感觉它就像唱歌一样。如果你理解不了，不如试着换位思考：除了汉语之外，北美大陆的印第安语也是一种声调语言。好莱坞电影中，野蛮的印第安人总是举着斧头大声喊叫。你是否想过，"啊咦啊咦呀""呀咦呀啊咦""啊呀咦啊呀"可能是三个不同的意思。当面对这种强烈的差异时，你是更容易产生了解它的意愿，还是更容易感到威胁和恐惧呢？同理，越南战争时期的美国士兵听到越南话，大概也会产生类似的感觉。因为越南语也是声调语言，并且一共有六个声调，比普通话还要多两个。

在当代社会，汉语作为一种声调语言本无所谓，然而涉及音乐创作就是另一种情况了。因为音乐本身是有音调的，音乐的音调和汉语的声调会产生冲突。尤其是对于说唱这种风格来说，"说"与"唱"中间需要一些微妙的协调，包括发音的方式与音乐的节拍等，连在一起就形成了节奏和韵律——音乐人用"flow"这个专业术语来表示个中关键要素——它被认为是说唱的灵魂。而我们中国人说话时本身就有"flow"，这个"flow"便是所谓的 mandarin 的味道。普通话和方言的声调不一样，所以普通话、粤语、闽南语这三种方言，别说用来唱歌，仅说话时听起来都是三个"flow"。这就是声调语言极为特殊之处，改换方言并不只是改变发音，而是连调都变得不一样。那么对于音乐来说，它当然就会形成三种风格。

既然我们说话时高低起伏的音调是固定的，那么想和音乐结合到一起，就不得不调整汉字的声调。让我们回到周杰伦的那句歌词中，如果"走廊灯关上，书包放，走到房间窗外望"这句歌词中的每个字都使用标准发音，你会发现自己无论如何都唱不出来。英语则完全不会涉及这种问题，因为英语根本没有声调的概念（严格意义上来说，英语只有轻重音的区别）。周杰伦出道时恰逢千禧年，那个时代的华语乐坛还没怎么见过这种音乐风格，毕竟 Hip-pop 在美国本土也是随着黑人平权运动才逐渐成为主流的。所以周杰伦并不是一开始就被当成什么流行天王，反而遭到音乐圈的诸多非议，尤其是那种"奇怪的说唱"让人摸不着头脑。当大量歌词堆在一起时，每个字都改变了本来的声调，所以不在看歌词文本的情况下，根本没有人能听得懂他在唱些什么。周杰伦并非刻意不让别人听清歌词，他肯定在二十多年前就已经发现了汉语的缺陷：一首中文 rap 歌曲最大的敌人就是中文本身，所以汉语适应说唱"flow"的唯一办法就是尽量让汉语听起来不像汉语。无论年轻一代的 rapper 是否认可这位老前辈的音乐成就，但他对发音方法的研究在其后影响了中国几乎所有的音乐人。中文并不是无法加快语速，但提高语速就必须彻底放弃音调，咬字只能用轻声，一连串单音读下来仿佛科幻电影里机器人说话的感觉——最早版本的 Siri 用人工智能合成中文语音时，没有很好地处理声调，听起来就是那个味道。不知你是否注意过，中国的饶舌歌手平日生活里也和普通人说话的感觉不一样。他们当然不是为了让自己显得特立独行，而是说唱练多了自然就会忘记汉语原本的节奏。不止说唱，很多当代的流行音乐流派都必须放弃汉语的发声方法。歌手的解决办法就是把汉字的单音去除声调，拆掉元辅音的排列结构，按照英语多音节连读的方式重新填充回去。既然如此，顺着这个思路再往下走一步，你必然会得到一个新的结论：直接放弃汉语不是更好吗？当一个音乐人付出了诸多辛苦与努力，却始终被自己的母语拖后腿时，最合理的选择一定是干脆改用英语来创作。

周杰伦并没有走出这最后一步，但是韩国音乐产业的确因此而腾

飞。韩裔学者金大勇在一项关于 K-pop 的研究中表明，20 世纪 90
年代初期，韩国排名前 50 的歌手还全部只用韩语来创作。但是随着
韩国音乐的现代化，到 2010 年的时候，韩国排名前 50 的歌手已经有
41 位使用英语混合创作了。所以他们才能更好地接入世界，韩国式
唱跳也被《经济学人》杂志评为"亚洲最主要的潮流引领者"——这
便是韩流能够席卷中国，受到青少年普遍欢迎，并且被中国歌手悉数
模仿的原因。韩语本来就是多音节语言，并且没有声调拖后腿，即便
如此韩国还是在不停地改造自己的语言。除了施行"去汉字化"政策，
他们甚至"去韩语化"。作为对照，日语发音虽然也是多音节的，但
日语同时具有一些声调语言的特点。尽管没有汉语那么复杂的声调，
但它介于汉语和英语中间。所以同韩国不一样，日本的流行音乐保留
了太多民族要素，现在看来，它自然也就不能在当代引领亚洲潮流了。
至于我们自己，想模仿欧美但又模仿得不彻底；若不模仿，自己的东
西只得停留在原地不知所措——这大概就是中国流行音乐在这二十年
里最真实的写照吧。

　　需要注意的是，本章谈论的主题是"模仿能否制造流行"，而笔
者从未表达过"模仿不能制造流行"这样一个有失公允的观点。诸如"抵
制抄袭""坚持原创"之类的陈词滥调往往充斥着道德说教，仿佛只
要原创就一定能诞生精品似的——其实粗劣的原创制造出的垃圾反而
更多。仅从经济学的角度来看，模仿本身的确是一种性价比最高的创
作模式。与大多数人的直觉相反，西方经济学并未认可过"知识产权"
这个概念，因为它本身便是一种智力垄断（如果详细梳理知识产权的
发展史恐怕会跑题太远，所以请允许笔者暂且略过）。真正重要的地
方在于，成功的模仿并非照搬一个皮相，而是模仿其深层次的内核。
譬如韩国音乐，他们的成功是基于自身的特点，这个特点是属于韩国

人的，中国人并不具备那些条件。倘若时光倒流，回望20世纪的时候，你会发现不同民族的音乐都是源自语言特点演变而来的。中国音乐难以接入世界，根源在于汉语本身具有同西方完全相反的特性。

事实上，此观点也并非笔者"原创"，最早意识到这个问题的是一百年前的音乐学家王光祈。他生于19世纪末期，去世时只有四十多岁，是个短寿的天才。如果此刻读者还记得本章开篇时讲述的那个故事，狂热的唢呐乐手徐戈在五四运动一百年后举办了一场复古的音乐会——一百年前的同一天，北京学生受《凡尔赛和约》的刺激对旧文化恨之入骨，游行队伍情绪激动，冲进内阁要员曹汝霖的住所纵火，史称"火烧赵家楼"——徐戈的前辈王光祈恰好就出现在赵家楼案发现场。在那场游行之后，新文化运动热火朝天，王光祈便也前往德国留学。原本他是顺应风潮，到欧洲学习救国救民的"经济学"，却在几年以后转到柏林大学研读音乐学，成为德国比较学派一位罕见的中国学生。此后他陆续发表了多篇论文，并著述《中国音乐史》，开创了中国音乐理论研究的先河。但是话说回来，誓要同旧中国一刀两断的王光祈，去了欧洲之后反倒研究起中国传统音乐，这前后之矛盾究竟是出于什么缘由？笔者试着分析其"作案动机"，问题大概率出在"德国"上。王光祈那一代青年去欧洲留学，盖因一战之后的《凡尔赛和约》，而《凡尔赛和约》同时也摧毁了德国的经济。王光祈想学的是救国救民的西方经济学，但他偏偏跑到了一战之后的德国去学，谁救谁都还不好说。尤其是他初来乍到，正赶上德国的"三年困难时期"，全民都在勒紧裤腰带忙着还债。希特勒上台之前喊出的口号是"让德国人民的餐桌上顿顿都有面包和牛奶"，可见王光祈去留学的时候，德国人的餐桌上并不常见它们。这位从小家境贫寒的青年，靠勤奋苦学终于离开贫困潦倒的中国，满怀欣喜地漂洋过海，又来到了贫困潦倒的德国，最终在贫困潦倒中结束了自己的一生——换作是我，估计心态早就崩溃了。

在王光祈以前，未尝有人系统性地梳理过中国音乐的历史资料，更没有人用科学的方法为中国音乐建立一个体系。西方最早是通过传教士、旅行者的游记和信件来认识中国音乐的。这些碎片化的资料，让西方学界对神秘的东方产生好奇之心，并于18世纪掀起了一阵短暂的"中国热"。启蒙运动的旗手伏尔泰便创作过一个叫《中国孤儿：孔子学说五幕剧》的剧本，改编自中国戏曲《赵氏孤儿》。但是需要注意的是，伏尔泰并不是一位汉学家，他创作这个剧本只因偶然看到法国传教士马若瑟翻译的《赵氏孤儿》蓝本，一时兴趣使然罢了。西方汉学萌芽于19世纪，到20世纪时对于中国文化的了解依然非常有限，关于中国音乐的介绍当然更是浅尝辄止。虽然一部分乐曲被翻译成五线谱，比如那首著名的《茉莉花》，但他们对大部分内容都持怀疑态度。比如中国先秦时代的乐律体系，西方一直认为是从古希腊传过去的。王光祈若想反驳这种论点，就需要提出自己的论据。然而中国知识分子向来不重视艺术类学科，所谓琴棋书画尽管被称为"文人四友"，但士大夫皆视之为杂学。所以王光祈的研究总而言之还是建立在海外汉学的基础之上——部分源自莫里斯·库兰特的论文《中国雅乐研究》，受日本学者田边尚雄的影响也比较大。研究雅乐的莫里斯·库兰特是一位法国汉学家，中文名字叫古恒，曾四次获得法兰西文学院授予的儒莲奖。这个奖是法国用于表彰世界汉学研究的最高奖项，中国学者冯友兰和英国学者李约瑟都曾获此殊荣。如果笔者没数错的话，古恒应该是获得儒莲奖次数最多的学者，可见他的研究涉及领域之宽广。王光祈的《中国音乐史》虽然建立在古恒的研究之上，但对他的观点并不完全接受，所以在书中逐一提出了反驳。只是这些微弱的声音在那个时代显得不合时宜，因为中国需要的只是富国强兵的实用知识。所以尽管他在 20 世纪 30 年代就超前地规划了中国音乐的出路，但其研究成果只能被当成冥器埋进土里。王光祈活着的时候甚至早已预见到了这个结果，盖因其熟稔中国历史，料到艺术家的声音向来习惯于被淹没。

时人关于中乐之著作，实以西儒所撰者，远较国人自著者为多，为精。……在西洋所谓"汉学家"中，现在尚无以音乐一学为专业者。在西洋一般"音乐学者"中，又无人曾经习过汉文者。……西儒关于中乐之著作，类皆出自彼邦教堂牧师，使馆译官，商人，旅客之手。往往嫌其美中不足。然持与国人自著者相较，固已高出数倍。

音乐一物，更为国人所视为末技小道，不能修洋房、造汽车者。

凡研究某人作品，必须先研究当时政治，宗教，风俗情形，哲学美术思潮，社会经济组织等等；然后始能看出该氏此项作品所以发生之原因也。至于吾国历代史书乐志，类多大谈律吕空论乐章文辞，不载音乐调子，乐器图画。

而民国成立以后，又忙于内乱，未暇及此；十余年来制礼作乐之结果，只有大礼帽，燕尾服，卿云歌，三大成绩。

遭汉中微，雅音沦缺。……六十律法，寂寥不传。……侯景之乱，其音又绝。隋朝初定雅乐，群党沮议，历载不成。……高祖不重雅乐……八十四调，并废。

王光祈观察到的"制礼作乐之结果"，恰恰是"中国流行音乐史"

的开端。C-pop 始于 20 世纪 20 年代的上海，最初的形态叫"时代曲"，其实就是当时流行的爵士乐。但这种音乐最初只是盛行于租界，是华人在餐会、酒会上为外国官商提供服务的表演。当时的中国乐师接触西方音乐不久，并无太多实际经验，所以更多是依赖于雇佣马来西亚、印度尼西亚、菲律宾等东南亚国家的乐手来撑场面。当时，东南亚国家被殖民得更久，对西方音乐的熟悉远远大于中国音乐人，况且他们大多成长于泛华语地区，对中国音乐亦不陌生。这种情况一直持续了很多年，东南亚艺术家也事实上包办了中国流行音乐的大半江山——顶流歌手不乏东南亚籍，包括近年来我们耳熟能详的歌曲中，出自东南亚音乐人的更是不胜枚举。由此我们大体上也能感觉出来，所谓"中国音乐"在当代呈现出的样貌，确实与当初相差甚远。乐器改造是一方面，发声方法自然也是完全变了，这都是为了适应西方音乐的体系。关于中国音乐的体系，王光祈概括道："吾国音乐，既系单音音乐；谐和之学并不发达。在事实上奏者对于音阶大小，亦无严格区别之必要。换言之，高一点或低一点，并无何等重大关系。"

读者此时恐怕会倍感困惑，怎么绕了一大圈又绕回来了？这番描述怎么看都是给传统音乐宣判了死刑——单音、协奏困难、节拍不靠谱、音准看心情，这还能叫音乐吗？由此看来，我们淘汰传统音乐难道不是合乎常理？但是不要忘了，如果只看关键词描述，中国语言也以"象形字""单音节"为特征的"落后分子"。中国传统音乐的情况很类似，它并非真的只有宫、商、角、徵、羽五个音，单音和随意性的特点在表面上看起来毫无章法，但都是为了配合汉语自身的特殊性，把变化放在了唱腔和音韵上。譬如唐诗宋词，它们曾经都有音律，是可以唱出来的。尤其宋词本身就有词牌，是不同曲调填词之后的作品，即所谓宋代的"歌词"。近年来有很多音乐人用现代的方式去演绎这些古代的诗词，但都和古代不是一码事。为了更好地理解古人唱诗词的随意性是怎么回事，让我们暂且抛开争议，看看日本人是如何吟诵唐诗的。事实上日本从奈良时代至今，一千多年里始终保留着这个古老的传统，在日语中称为"诗吟"。这种念诗的方式其实是唱，跟我们当代理解的朗诵完全不同。比如我在网上找到一位叫武岛凤珠的艺术家，听了她吟唱的一首作品。

> 月落乌啼霜满天，江枫渔火对愁眠。
> 姑苏城外寒山寺，夜半钟声到客船。

这是一首著名的唐诗，叫《枫桥夜泊》，总共 28 个字，每句 7 个字，所以我们称它为七言诗。武岛凤珠女士唱这首诗用了大概 2 分 20 秒，也就是说平均唱 1 个汉字用了 5 秒时间。这种凄美婉转的吟诵方式伴随着尺八的吹奏，让人不自觉地联想到日本的女巫、樱花飘落、武士挥刀起舞的画面。当然，这些通过听觉传递给你的联想必然是日本文化在视觉符号上的输出，相信你在听到日本诗吟的霎那间一定会跟我有相同的感受。此类半吟半唱的调子无数次出现在日本动漫、游戏和影视作品中，只是我们从不知晓人家唱的其实是唐诗。"诗吟"有非常多的礼节和要求，并不是什么诗都能吟，而且似有段位的区分。日语中把中国诗叫"汉诗"，而日本诗叫"和歌"，一个曰"诗"，一曰"歌"，命名方式非常微妙。实际上在日语网页上随手搜索唐诗的名字，都能找到各种各样的诗吟视频。比如李白的《静夜思》。

> 床前明月光，疑是地上霜。
> 举头望明月，低头思故乡。

一位爱好者上传了自己吟诵的视频，可惜我无法得知作者的名字。这首诗是五言诗，每句 5 个字，一共 20 个字。作者吟唱《静夜思》用了 2 分钟，算下来平均每个汉字用了 6 秒，乍看和武岛凤珠女士吟唱的《枫桥夜泊》相比并没什么规律。如果再进一步，搜索不同歌者唱吟的同一首诗，并做综合测算，发现每个人的演绎都不太一样，很明显没有节拍和音准的概念。有些视频尚有音乐伴奏，有些干脆就是清唱，像是日本能剧中的表演。唐诗所处的时代，西方音乐中还没有引入量化的思维，东方音乐更不会有，于是便很容易让人感受到非量化音乐的独特之处。此处，笔者引用日本传统音乐而非中国本土案例，是因为日本社会中一直到今天都非常好地保存了其文化传统——这一点是世界公认的，毕竟日本一千多年来连天皇的家族都没有换过，作为例证肯定更具说服力。

随着明治时代的到来，日本以传统音乐为基础产生了"演歌"，而后至昭和时代演变为"歌谣曲"，并且发明了卡拉 OK（karaoke），再往后才形成当代的 J-pop，与中国音乐的发展模式迥然相异。我们日常消费的卡拉 OK，也就是所谓的 KTV，事实上在欧美社会中极为罕见。即便你在美国找到一家卡拉 OK，也只有亚裔才会进去——几乎没有人意识到真正的原因在于东西方音乐和语言的根本性差异。欧美的流行音乐不适合卡拉 OK 的演唱方式，日本发明它是为了配合日式歌谣曲，而歌谣曲压根就不是 pop 音乐。我们青少年时代所见的那些天王天后们，模仿的大多是日式歌谣曲，而我们在卡拉 OK 里唱的自然也是它们。这是因为汉语非常适应歌谣曲的发声方法，这类歌曲的广泛流行与传唱皆源于我们骨子里的熟悉感。作为普通消费者，即便你不懂 KTV 这个产业，大抵也能观察到一个现象：现如今喜欢去卡拉 OK 聚会的年轻人越来越少了，与之对应的是，我们在卡拉 OK 里能够点唱的歌曲，似乎大多诞生于十几年前。无论投资者用什么样的方式革新 KTV 的形式，或者试图用互联网思维去重塑大众消费习惯，都无法阻止它逐渐成为夕阳产业的趋势。因为这个趋势是流行音乐的改朝换代导致的，与产业实则无关。

因此，通过解构文化根源，我们得以更加清晰地透过现象看本质。比如近年来层出不穷的所谓"广场舞神曲"，它们大多曲调雷同、节奏相似，文化评论界的知识分子当然对其没有好感，普遍认为这是中国城市与农村文化割裂造成的——这个结论实际上是把结果和原因倒错了。所有的广场舞神曲，其音乐根源都是中国传统秧歌。秧歌是中国北方地区一种民俗，顾名思义，它是农民插秧时伴奏的劳动号子。东北的地方曲艺二人转，其实也是秧歌的一种。如果仔细去听任何一首广场舞神曲，它们都能与"一、二、三、四""二、二、三、四"的秧歌舞步完美地结合起来。既然是劳动用的，它必然需要整齐的节拍，不整齐大家怎么往一个地方使劲呢？但绝大多数中国传统音乐最排斥的恰恰就是规整的节拍，它们强调即兴创作与气息的流动，像汉语的声调一样抑扬顿挫，同西方音乐截然相反。在上百年的演化过程中——正如王光祈所预言的那样——由于无法量化，多数中国传统音乐都被淘汰，唯独秧歌这个曲种非常特殊，它是一种特别讲究节拍规整的传统音乐形式，与西方音乐系统契合度更高一些——是的，与大多数人的直觉相反，秧歌虽然看起来有点土，但它反倒是最容易现代化的乐种，最终被逆向选择了出来。所以今天我们观察到的现象，正是这种逆向选择导致的结果。而这种逆向选择的过程也并非一蹴而就，而是在漫长的岁月里不自觉地悄然发生的。

改革开放初期的作曲家或摇滚歌手，往往还带有残存的古典音乐素养。比如这句歌词："悄悄问圣僧，女儿美不美？"这句歌词对中国人来说非常熟悉，只要看到歌词几乎都能唱出旋律。它诞生于 20世纪 80 年代，直到今天还能经常听到。仅从流行程度上来说，它完全超越了绝大多数的当代流行歌曲，但显而易见的是，它不是 pop音乐。与此同时，它肯定也不是秧歌。这短短一句歌词慢悠悠地唱了十几秒，实际上是一种传统戏曲唱法的当代化。这种类型的演绎方法在 20 世纪 90 年代以前还很常见，用更好的方式去翻译，应该称其为"通俗歌曲"——中国最早的一本音乐杂志，其实就叫《通俗歌曲》。"通俗歌曲"是汉语对 popular music 更为准确的翻译——通俗是相对于高雅而言的，与法语所称的"世俗歌曲"有异曲同工之妙。恐怕如今已经没有几个人还记得，我们最初分明是把这些东西都弄明白了，怎么后来反而不明白了呢？以至到了当代，不知通俗和高雅为何物，汉语只剩下"流行"和"淘汰"，令人扼腕叹息。

　　在这一章的结尾处，我必须再次强调，笔者对当下流行的任何音乐风格，包括秧歌这种曲艺在内，没有任何审视评价的意思。我们之所以谈论音乐这个话题，是为了明晰（而不是说教）一个简单的道理：真正能够流行起来的，一定是我们骨子里熟悉的东西。这就是为何当你试图制造一场流行潮时，必然要从寻找"中国符号"开始——如果此刻你还记得前文提到的泰国歌手中国娃娃，就能明白她们的贺岁歌曲《发财发福中国年》何以毫无压力地在中国流行二十年。一个耐人寻味的细节是，中国娃娃背后那家泰国音乐公司 GMM Grammy，其两位创始人一个叫黄民辉，另一个叫拉瓦特·普提南（Rewat Buddhinan）。后者是泰国摇滚教父，也是泰国流行音乐的奠基人。他的乐队叫"东方朋克"，20 世纪 70 年代就在美国和欧洲巡演。作为对照，中国 90 年代以后才出现朋克乐队。拉瓦特的歌现在听起来依然非常迷人，既有泰语歌曲也有英语歌曲。如果不告诉你东方朋克是一支泰国乐队，你绝对会误以为它是被遗漏的"英伦大牌"。也正因如此，无论他如何努力，你都不可能在任何流行音乐史中找到关于一支泰国乐队的记载——这大概就是拉瓦特转型从商、打造泰国唱片工业、发掘泰国本土音乐人的原因。他们原本只是想振兴泰国的民族音乐，不料1997年乔治·索罗斯做空泰铢引发亚洲金融危机，导致泰国经济几乎崩盘，所以泰国本土的文化产业面对必须走出去的困境，这才发力于华语市场，连续推出了一批专门为中国打造的流行音乐产品。索罗斯做空泰铢，间接导致中国人每年有三个月的时间被中国娃娃那首贺岁歌曲魔音穿耳——这绝对是最令人哭笑不得的一场蝴蝶效应。

至此，我们的故事即将迈入下一个篇章。相信读者已经意识到"中国符号"对于推动流行的关键作用，但问题在于，仅仅找到一个符号就足够了吗？无论如何，时代早已在滚滚红尘中毫无眷顾地向前推进，中国虽然拥有几千年的文明，但是其中有一部分说穿了不过是些老掉牙的东西。多年来从不缺少拿它们做文章的投机分子，要是办法奏效别人早就成功了。此刻我们内心深处必定要打个巨大的问号：如此按图索骥一番，真的就能"潮"起来？

第四章
CHAPTER 4

传播学
——讲故事的科学

对话还是自说自话？

　　入夜以后，北京城里年轻人的生活才刚刚开始——作为这种生活方式的象征，最具代表性的三里屯酒吧街曾经在过去的三十多年里为这座城市带来了通宵达旦的繁华与热闹。虽然我们将其概称为酒吧街，但它并不只是一条街道，而是在一整片区域，里面容纳了北京70%的酒吧，分散在庄严的使馆区夹缝中，并且临近北京工人体育场。后者修建于20世纪50年代，是在苏联专家指导下集中建设的北京十大建筑之一。在修建鸟巢之前，工人体育场是北京最大的体育场馆。在中苏关系尚未破裂的那个短暂的窗口期，中国各地其实都盖了不少这种带有明显斯拉夫风格的楼房，譬如各种工厂、文化体育馆或集体公寓。笔者因为工作的关系，在很多小城市见过这种具标识性的东欧建筑，当地人居住或使用它们时早已搞不清楚其具体由来。只有在北京、上海这样的大都市，才可能把这类集群建筑开发为798艺术区那样的综合性商业地产，而小地方对它们的态度则是既不稀罕也不稀缺，要么直接推倒拆除，要么荒废在一旁无人问津。以现在的眼光来看，这些建筑年久失修，风格固然也早已过时，但它们丰富的细节与基础设施质量依然令当代人震惊。比如中央空调和垃圾处理的超前设计理念，巨大的换气风道与"下料十足"的排水系统，在六十多年后的今天还能正常使用。要知道近代中国是从农业社会转变而来的，所以它们肯定带给当时人们巨大的震撼与未来感。反观中国改革开放以后部分地区修筑的商品房，在很长一段时间里都还没能达到 20 世纪 50 年代苏联的标准，遑论其"多快好省"的工程质量。作为对照，那个时代的建筑当然就会显得蔚为大观，变成地产商眼里的香饽饽——最起码它还是一种风格。

　　1949 年以前，北京的使馆区建在天安门附近的租界里，并不像现在这样分布在东二环到东三环之间。如今你在老城区的胡同里闲逛，还能看到很多叫不出名字的老洋房，其中有些就是民国的使馆，更多则是当时外籍人士自己修建的民宅。倘若你怀着探索的激情钻入胡同深处，找到一间平房的屋顶，或者站在古旧楼房的阳台上，俯视之下的老街全景便可一览无遗。地面上大大小小的四合院星罗棋布，偶尔也会竖起哥特式的尖顶或者老式别墅的烟囱——那其实是洋房用于采暖的壁炉，也就是西方的土暖气。民国时的北京还没有修筑后世诸如二环、三环、四环、五环、六环的环形绕城公路，所谓北京的"二环里"，并非一个方位概念，而是历史的分界线。原本，北京有城墙和护城河，作为古代具备实际军事用途的城防系统。当然，外敌真正兵临北京城下时，这一点点城防并不能起到多大的保护作用。城墙之内居住着贵族和朝廷要员，其中皇帝居住的地方叫紫禁城，整个北京城便是围绕紫禁城而建，其范围从忽必烈修建元大都时开始逐步形成。新中国成立以后修筑的二环路，意即"环绕北京城的第二圈"。既然是第二圈，可见当时原本也规划了"一环路"，只不过并没有真正实施下去。今日北京 16000 多平方公里的面积全在二环之外，而老城区才不过 60 平方公里。然而构成北京这座城市的两千多万人口，包括笔者本人，几乎都不能算作"老北京"，而是这座城市不同阶段到来的新移民。真正意义上的北京人，只限定于民国以前居住在老城中的原住民。可见二环以内和二环以外，代表了两种文化的差异。

从清末至民国，使馆都是中国外交活动的中心。新中国成立以后，外交的作用发生了转变，使馆区随即迁出北京内城，划分到东直门外 1.5 公里的范围内。中国古代的计量单位是 500 米为一里，1.5 公里就是三里地，所以就把这片新分配的使馆区称为三里屯。伴随着改革开放，这个古老而封闭的国家开始接受西方文化的影响，而这种影响的传播路径就是从使馆区扩散至北京外围，再从全北京扩散至全中国。比如三里屯在 20 世纪 80 年代开始出现了中国最早的酒吧，用于服务使馆周边的外籍人员。与我们当代看到的酒吧完全不同，最初的酒吧并非独立经营场所，而是附属于国际酒店的餐厅。80 年代时，这种正统的酒吧里只有外国人，普通中国人根本不会进去。原因在于，一方面是中国人看到外国人感到害羞而不敢进去，另一方面则是它的文化——那并不是中国人喜欢的夜生活方式。如果你翻看历史资料，会发现那时中国青年流行去迪斯科舞厅，到处都能看见"蛤蟆镜、喇叭裤和闪亮的灯球"。我们把这些场所称为舞厅，以为这是西方的潮流，但它们在外国人看来其实更像社会主义的工人俱乐部，很难找到对应的英文翻译。酒吧的英文是 bar，它看起来是个特别简单的词语，却不能简单理解为"喝酒的地方"。可以喝酒的地方有很多种，中国人很难分清楚它们之间的区别。不同种类的酒吧有不同的文化和主题，比如 club、pub、nightclub 等，如果把文化剥离掉，它们其实什么都不是。比如 80 年代中国最早的摇滚乐队就是在国际酒店的餐厅里演出，现在看起来根本没什么气氛，但是因为附着正统的文化，所以它们还是被称为酒吧。而如今看摇滚演出的 live house，还不如那些餐厅里的文化正统，因为 *live house* 是从日本传来的，它是日本人发明的英语词语而不是英语的原生词语，西方的乐队演出当然不会在所谓的 live house 里进行。

提及这些亚文化现象，也许并不是每个人都了解。对大众来说，更熟悉的夜生活一定是烧烤。在中国有一句谚语："没有什么是一顿烧烤解决不了的问题。如果有，那就两顿。"可见所有的年轻人都喜欢泡在街头巷尾的烧烤摊上把酒言欢。但你是否想过，我们吃的烤羊肉串，以及大家日常光顾的串吧，用英文应该怎么翻译？学英语时，"烧烤"这个词对应 BBQ（barbecue 的英文缩写），但中国的羊肉串却不能翻译成 BBQ。你会发现街边很多串吧的招牌上写着"BBQ Bar"，意为"吃烧烤并且能够喝酒的地方"。可这样翻译是不对的，因为英文语境里的 BBQ & Bar 是另一种消费场景，同中国的串吧不是一码事。稍微认真一点的老板，会在网上查资料找到羊肉串的地道叫法，将其译为 kebab——事实上，这个词是从阿拉伯语里来的，它统称中东、南亚或者泛阿拉伯语地区很多不同流派的烧烤。所以把中国烧烤直接翻译成 kebab 还是会产生歧义，也许称作 chinese kebab 更好一些，至少英文网页上接受这个用法。问题是，中国的烤串为什么必须翻译成"中国的阿拉伯烧烤"才能准确地传达其含义呢？

若在过去，我们肯定会发出这样一句感慨："中西方之间的文化代沟真是好大啊！"

当真如此吗？所谓代沟，是指"两代人之间沟通不畅所产生的心理隔阂"。这个词原本来源于英文中的 generation gap，它是一个心理学的概念，引申到这里也未尝不可。我们暂且不管中国与西方谁是先辈，谁是晚辈的问题——当 20 世纪 80 年代的中国人刚刚打开双眼看世界时，西方不了解中国抑或中国不了解西方，大概还能用沟通不畅来解释。但是现如今，21 世纪都已经过去 20 年，除了汉学研究者以外，西方对于中国几乎还和一百年前那般一无所知。与此同时，中国人却始终找不到问题的根源出在哪里。每当面对信息无法有效传递的困境时，老板们总是一拍大腿："别省钱，给我找个最好的翻译来！"但就像烧烤被称为 chinese kebab 一样，你肯定不能责怪翻译不尽责，因为再好的翻译也无法解决认知的问题——比如大家喜闻乐见的羊肉串。虽然我们从不把它当成"西餐"，但羊肉串最初诞生于苏联展览馆的餐厅，它被研发出来是用于招待苏联专家和华约国家的外宾。而所谓苏联展览馆，其实就是北京展览馆的前身。20 世纪 50 年代初中苏谈判之后，莫斯科方面要求在中国综合展示其建设成就，于是北京市政府赶忙在西直门外规划了那座恢弘的建筑。由于羊肉串是给苏联专家烤的，所以它的烹制手法与调味方式主要参考了中亚地区的习惯和口味。这种用铁扦子把肉块串起来烤熟的吃法其实非常粗犷，与追求繁复细腻的中华料理南辕北辙，因此它在几十年的时间里都只是极少一部分人的嗜好。直到 1986 年的春节联欢晚会上，喜剧演员陈佩斯表演了一个叫《羊肉串》的小品，它才真正被大众所知。要知道在 90 年代以前，每年除夕夜的那档电视晚会是大多数中国人全年唯一的娱乐方式，更是街坊邻居之间唯一的话题和谈资。所以这种风味小吃借着春晚的热度迅速风靡全国，从 80 年代末到 90 年代初，奠定了当代中国烧烤文化的雏形。尽管谁都知道烧烤并不是阿拉伯人发明的，中国人的餐桌从先秦时期就有了烤肉，比如"炙"这个汉字便是把肉放在火上烤的意思。然而真正中国式的烧肉从来没有成为一种流行文化——当使馆区周边的外国人每天晚上徜徉在北京街头时，他们闻到的只有烤羊肉串的烟火飘香。这种美食也确实源于中亚，所以后世的中国烧烤就被称作 chinese kebab 了。也许你会感到不解，难道用铁扦子烤肉就必须是阿拉伯的特征？美式的 BBQ 不也是用铁扦子放在火上烤吗？事实上，关键并不在于烤法，而是我们使用了孜然这种调料。孜然是原产于中东地区的世界知名香料，叙利亚人三千多年前就开始食用它，如今大马士革满街都是形形色色的孜然羊肉串。古希腊与古罗马人同样喜欢这种调味品，它作为地中海贸易的重要商品已经拥有两千多年的历史，所以西方自古以来就知道孜然是阿拉伯的。而阿拉伯人不但用孜然烤肉，还用它做香水——想想看，你还觉得它能代表中餐吗？无论你串起来烤还是放在盘子上烤，用木炭还是用电炉，统统不重要，只要在上面撒了孜然，它就只能是 kebab。

如果你读到这里感到饥肠辘辘，请原谅笔者情不自禁地挑起了这个话题。随着内容写到第四章，这本书也逐渐进入据理力争的"核心地带"。我们已经知道一个恰当的中国符号必定让你产生强烈的熟悉感，因此它是发动一场流行潮的关键要素。但随之而来的困难则更具挑战：我们要如何让它深入人心地推动潮流呢？作为一个中国人，我们身边到处都有各种各样的"中国符号"，譬如京剧、书法或者太极拳，而它们分明代表着乏味的老年生活。试图"唤醒沉睡巨龙"的聪明人一抓一大把，但你何时见它们在年轻人中流行过？笔者虽是个"80后"，却依然认为自己算个年轻人。诸如京剧、书法或者太极拳这些东西，我自己从没产生过兴趣。然而本书的写作起点，正是建立在这一基础之上：我写作的主题是"如何制造中国潮流"，但我并没有表达过"让我们一起唤醒沉睡的巨龙"抑或"通过阅读这本书，你将迷醉于老年人的离退休生活"这类意思——前者是我的观点，后者可不是。这是笔者必须澄清的一点，以免产生不必要的误会。

在本书第二章——日本文化为何对中国影响深远——你我曾经在

故事的关键线索上达成一致：认知是由传播者定义的——因为没有人在意阿拉伯数字是印度人发明的。一百多年来，有太多的饱学之士困惑于此，以为别人不理解自己是一个翻译的问题。遇到实在无法翻译的情况时，便道一句"我们中国文化博大精深，你们不懂也罢"，遂愤怒地甩袖而去，留下一个个面面相觑的尴尬表情。显而易见，正如中国烧烤被称为 chinese kebab——所谓的无法理解，它既不是翻译问题，更不是代沟问题，而是一个传播问题。只有定义认知才能建立共识，而共识是语言的基础，这也是笔者在前面几章反复引用语言学概念来解构文化现象的原因。思忖翻译工作的困境，它毕竟只是建立在语言学大厦上的一种技术，并不能越俎代庖替代语言本身。因为两种语言之间具备共识的部分才能翻译，不具备共识的部分当然无法翻译。

传播是如此重要，却也是中国人最不擅长的一个领域。并非我们对它缺乏足够的重视，恰恰相反，最近这些年来传播学早已成为一门显学，大学里纷纷设立相关学科，企业里也在拼命招聘相关人才。而每一本探讨传播的图书，哪怕它是枯燥冗长的专业学术书籍，从销量来看也要划分到商业畅销书的范畴，每逢推出必定洛阳纸贵，成为互联网商圈里人人必备的聊天指南。但是那些职业公关、战略咨询师和"点子大王"们，是否真正理解五花八门的传播学理论如何有效地结合中国的实际情况？传播学（communication studies）作为一门严肃的社会科学，它诞生于美国，崛起于美国并且发展于美国。1941年，一个叫威尔伯·施拉姆的语言文学专家在二战期间担任美国战争情报局的研究员，并负责针对纳粹的反宣传工作。在此期间，施拉姆通过实际工作与宏观思考，逐渐形成了一套完整的方法论。二战以后，他重新回归学者身份，创立了传播学这门学科，成为这个领域的"开山鼻祖"。今天我们将威尔伯·施拉姆称为"传播学之父",而他二战期间建构的那套方法论便是传播学的基本理论框架,并且一直延用到当代。回望 20 世纪,盟军的全面胜利当然与施拉姆的研究有着巨大的关系,他的重要性并不亚于领导曼哈顿计划的奥本海默以及破译德军密码的艾伦·图灵——后面这两位天才分别发明了原子弹和计算机。当然,我们的风气重理轻文,传播学看起来不过就是些咬文嚼字的花拳绣腿,怎么能和原子弹、计算机相提并论呢?但是再往后,持续三十年的美苏冷战同样以美国的全面胜利告终,而这一次恐怕就不能把原因归结到理工技术上了。所以,尽管现代传播学也可以细分为不同的流派,但总体来说大同小异,而美国学者占据了主流的垄断地位。相比之下,能把卫星送上天的国家都不止十个。

在我国,这门学科也是在施拉姆建立的话语体系里讨论问题,只不过添加了一些牢骚而已。传播学实际上是一个庞然大物,它横跨了诸如语言学、社会学、心理学和政治经济学等多门学科。其中每一个学科单独拎出来,中国都是"弱势群体",何况全部打包凑到一起,还要兼容并包地实现逻辑自洽。所以,它并非看上去那么浅显易懂,远超普通本科生能够理解的范畴。比这更复杂的情况在于,传播学极度重视应用和反馈,它绝不是一个可以在象牙塔里闭门造车的思维游戏。当下流行一个概念叫"产学研结合",意思是说产业、学校和研究机构要相互配合,发挥各自优势,才能形成一种综合的自循环系统。但是很明显,我们通常在谈及这个概念时说的只是理工科和产业的结合。所以每当听到"产学研结合"这个词,你脑海中浮现出的画面必定是:科学家目不转睛地盯着电脑屏幕冥思苦想,企业家自信满满地与客户谈笑风生。

事实上,文科的产学研结合几乎只能在西方找到案例。所有的文化、体育、音乐、传媒以及形形色色的内容产品能够获得商业上的巨大成功，都与其背后贯穿始终的理论严谨性相辅相成，比如影响全球的好莱坞电影、美剧和《时代》周刊。但是，你能在英文语境里找到与它们等量齐观的中国本土产业吗？即便中国的传播学者弄出些新名堂，也不能解决任何实际的"传播问题"。因为任何人都可以用一句话对你进行灵魂拷问："这位老师，如果您的理论足够好，那它本身为何没有传播出去？"学者怎么可能答出来？这几乎就是个悖论了。鉴于此，你再次审视现状便会发现，中国人之所以不擅长传播，是因为中国的传播理论与产业实践是完全脱节甚至背道而驰的。无论什么流派的传播学理论都基于西方文化的共识，最起码大家同属印欧语系，并且可以追溯到共同的历史。但是对于西方文化而言，汉语是种异文化，我们真正的痛点是"如何把异文化逆向传播到主流概念里"，可惜传播学从来不需要考虑这件事。所以当中国企业把那些国外流行的新知引入到自己的实际经营中时，会发现"鞋子根本不合脚"，导致老板们宁愿选择"土法炼钢"。比如我们在互联网创业圈最常听到的抱怨就是："这个产品不接地气！"

首先要说明一下，"地气"这个词本身就很难翻译，它原本是个玄学概念——前文提到过的中国学者严复把"形而上学"译作"玄学"，而"形而上学"是典型的日制汉语。无论"玄学"还是"形而上学"，它们都指向 metaphysics 这个英文单词——它源于两千多年前古希腊哲学家亚里士多德的希腊语原著 τα μετά τα φυσικά。严复翻译亚里士多德的著作时，觉得古希腊的"四元素说"同中国的"五行说"有点像，便取了《老子》中"玄之又玄，众妙之门"这句话作为对应。两千多年前的人类处于他们所在的时代，无论是把世界理解为"土""气""水""火"还是"金""木""水""火""土"，都是充满想象力的宏伟叙事，彼此之间不分伯仲。在当代的语境下，"形而上学"这个词听起来多洋气，而"玄学"这个词总感觉有一股怪味，让人不禁联想到"封建迷信"和"骗子"。这便是一个词语的描述性语义在认知影响下与其规定性语义之间产生的巨大偏差。不过"地气"也并非指代五行中的"土"，而是在五行之上的一种属灵的精神力量，大抵对应四元素之上的"以太"——亚里士多德将其称为第五元素。所以说一个产品"接地气"，理论上的释义是"这个产品简直充满了以太"或者"朋友，你的产品真令我感受到第五元素"。这样一来，就给人一种高端大气上档次的感觉了。而实际上说一个产品接地气时，我们表达的却是"这个产品非常迎合穷人的廉价审美"，或者说"又 low 又粗暴，但是很有效"。

　　笔者此处描述的重点并非否定商业的基本逻辑。市场之所以需要足够接地气的产品，当然是为了在大众当中引起足够、广泛的共鸣。正如我们在前文中所说，只有令人感到熟悉的东西才能真正流行起来——笔者难以苟同的是其传播方式。我们总能在中国品牌市场看到粗制滥造的广告宣传，或是带有歧视意味的促销标语，仿佛消费者都是处于蒙昧状态下的原始人。抛开道德操守不谈，针对偏远地区的化肥广告，这样设计兴许还有些道理，毕竟半个多世纪以前出生于山区的农民受教育程度比较低，那些粉刷在猪圈上的大字固然丑陋，也算是一种无奈之举。问题在于，这种宣传手法非常普遍，即便高科技产品或者针对中产阶级家庭的昂贵商品也不能幸免。随便进入一个摩登大厦的电梯间，与充满现代感的奢华装潢极不相称的总是那些没完没了扯着嗓子嚷嚷的电视广告。所有广告都千篇一律，仿佛你身背大包、扛着锄头走在田间地头，手持扩音喇叭的广播员对着你那生了老茧的耳朵大喊："嘿，老乡！便宜化肥赶紧抢！"——为何我们这些文明世界的体面人每天都要承受这种羞辱？

但是如果你站在企业的立场上，会发现他们也很无奈。事实上，从没有一个产品设计者或者品牌 agency 建议过这样的传播策略——你看，我用了 agency 这个洋气的词，它是代理的意思。世界广告业的标准也是由美国定义的，它源于美国广告代理协会，即 The American Association of Advertising Agencies。由于这一串单词每个开头的字母都是 A，所以又称之为 4A，也就是我们经常道听途说的那个"高端社交圈"。但 4A 既不是高端社交圈也不是什么神秘的名媛俱乐部，它是美国产学研结合的一个典型案例。随着威尔伯·施拉姆创立传播学，只用了仅仅十几年的时间，传播学就迅速发展成为一门显学。而 4A 作为一个商业机构，1967 年就成立了教育基金会用以资助高校的学术研究，并与市场科学研究所、国家经济研究局（NBER）形成强有力的"三叉戟"。传播学是一种社会科学，广告当然是传播学的应用范式，今天我们一般也都把广告传媒同传播学当成一码事来谈论。但正如你已经猜到的那样，由于传播学压根没考虑过异文化，因此无论海归精英还是本土科班，只要接受过正统广告学教育，结果都是"越来越不懂中国"。那些履历光鲜的推广专家们几乎没有一次建议是靠谱的，充满刻奇（一种被认为低俗的艺术风格，是高雅艺术的反面）意味的舞文弄墨也并不能真正讨好大众；而所谓的广告人，除却极少一部分中西方完全一致的领域外，基本上毫无用武之地。这就是为什么老板们永远都在不停地拍着桌子大吼："你给我接地气！接地气懂吗？！"他们这样并非心怀恶意，因为市场反馈的结果往往证明简单粗暴的洗脑广告是最有效的。与你想象的不同，"简单粗暴的洗脑广告"其实也是从西方学来的，它大抵来源于前些年流行过的一本畅销书《一个广告人的自白》。这本书并不是学术著作，而是一个叫大卫·奥格威的广告大亨写的自传。书中分享了一个关于美国好彩牌香烟的客户案例，那个故事深入人心地影响了很多从业者——好彩公司的老板在与作者谈话过程中突然向办公桌上吐了一口浓痰，众人见状大惊失色，他不紧不慢地指着这口浓痰说道："好的广告就像这口痰，恶心，但你一定印象深刻。"

其实那本书原本讲了很多东西，但的确只有这个故事被人记住了。从此以后"浓痰效应"就被很多企业家和"实战派广告人"奉为金科玉律，我们在电梯间里看到的那些广告便是有意为之的实践。他们当然知道这种传播方式非常恶心——但你印象深刻了，不是吗？问题在于，大卫·奥格威推出那本自传是在 1962 年，传播学方兴未艾，他的理论只是基于自己个人经验的"老偏方"。况且那一年美国仍在实行种族隔离制度，中国人吃饭还要凭粮票，你怎么不干脆倒退回到那个时代去生活呢？由于从根源上缺乏底层框架，商圈总是把畅销书里的金句直接当成理论使用。比如笔者在前文中引用过格拉德威尔著名的"流行三要素"，如果你已经忘记，不妨再重温一遍。

个别人物法则关注于信息传播活动中的关键人物具有什么样的人格特征。

附着力因素法则认为要想发起流行潮，传播的信息必须让人难以忘怀。

环境因素法则用于判定流行潮同其发生的时间、地点所具有的密切关联性。

我在写作前面篇章时引用格拉德威尔的理论只是为了方便，因为他写的那几本畅销书在国内非常火爆，具备一些共识基础，但这并不代表它真的管用。"流行三要素"一说出自其成名作《引爆点》，那本书贯穿始终的一个线索就是美国休闲鞋品牌暇步士（Hush

Puppies）的突然崛起。故事一开端便告诉读者："暇步士原本是个不为人知的小众品牌，但是在1994—1995年的某个时间节点上，流行潮被莫名其妙地引爆。这个品牌在随后几年里爆炸性增长，背后究竟是何种神秘力量在驱使这一切发生的呢？"

不得不说，作者的叙事手法扣人心弦。然而当你把暇步士这个品牌对号入座，文章分析得出的结论似乎就没有那么大的可信度了。暇步士的标志是一只巴吉度猎犬（basset hound），中国消费者并不陌生，因为随时都能在商场里看到它。这个品牌进入中国的时间非常早，20世纪90年代末期在北京就有售卖，据说最初把它引进中国的代理商是著名演员李诚儒。笔者无从判断这个说法的真实性，但它确实是伴随着美国的流行潮几乎同步进入中国市场的。然而谁都知道，暇步士在接下来二十多年的时间里从来没有流行过，迄今连二线品牌都排不进去。商家推广时常介绍暇步士是"美国精神的象征"，但消费者完全无法把它和美国精神联系到一起。倘若你认为中国消费者从内心深处排斥美国精神可就大错特错了，美式风格的服饰、家居、电器、生活用品全都是中国市场上最畅销的品类，而与暇步士同时期进入中国的美国服装品牌还有很多，几乎都比它混得好。作为读者的你，必然会怀疑到底哪里出了问题——然而传播学的畅销书同样不研究跨语境的问题。一个更宏观的理论框架，或者更严谨的方法论，首先应该分析巴吉度猎犬为何是美国精神的象征。因为basset这个单词不是英文而是法语，在法语中bas是短的意思。巴吉度猎犬其实就是法国短脚猎犬，在拿破仑三世时期流行于欧洲。虽然英国对欧洲大陆的流行文化非常排斥，但是在19世纪末期，英国贵族纷纷将法国短脚猎犬抱回来豢养。结果一百年之后，法国短脚猎犬反而变成英美的文化符号。这一现象本身笔者无力去详细解构，但这仅是研究问题的第一步；第二步则是分析这个符号为何在中文语境中无法和美国联系到一起。把这些真正重要的问题分析透彻，才能形成适合中国国情并且更加普适的传播理论。但是很明显，《引爆点》并不能解释这些问题，尽管其书封上写着这样的标语："传播学经典理论！揭示流行现象背后三个黄金法则"。

金句并不是严肃科学，它更像中国古代羽扇纶巾的谋略家口中念念有词的"天时""地利""人和"。任何成功都可以解释为天时、地利、人和综合作用的结果，任何失败也同样可以解释为天时、地利、人和在某些环节出了问题。然而分析现象时，变量太多就会导致说了跟没说一样，如同大师给你看星盘："这位兄台，我见你印堂发黑，三日之内必遭水逆。记住，优柔寡断的天秤座在这段时间会进入低潮期，你很可能被迫面临之前一直在回避的选择。不管怎么说，慎重考虑自己的状况和想法。有些时候，不理想的结果一定会让你后悔当初的决定。"倘若你这时对大师说："抱歉，在下的确是天秤座，却从未优柔寡断过。我结过三次婚，每次婚前交往时间不超过一周。虽然最后全都离了，但是育有四个孩子。尽管每年要支付二十多万抚养费，但我从不后悔。男人，就应该勇往直前！"这一番陈述下来，你觉得大师听罢会慌不择路地逃之夭夭吗？恰恰相反，这时他一定会面不改色地同你讲："这就对咯！太阳星座是你的帆，人生的航线自然不一般。可上升星座才是你的舵，爱来爱去不是你的错。"——所谓工具性的理论，至少要在你真正应用时能够正向推导下去，而不是永远扮演事后复盘时滔滔不绝的机灵鬼。但是很显然，主流传播学并不能满足中国社会的需求，更不可能带给决策者任何安全感。拿笔者最熟悉的电影投资来说，我们如何在创意阶段判断一个项目能否引爆票房市场呢？这恐怕是流行文化领域中最常见的痛点。然而好莱坞的产业工具于中国电影并无参考价值，什么人工智能、大数据、消费者行为学以及贝叶斯公式、盖洛普优势分析，统统解决不了核心问题。电影是文化产品，它的核心是故事。导演能否讲好故事另当别论，问题在于一个谁也没见过的故事开讲以前，你凭什么断言观众会不会喜欢它呢？动辄数千万的投资砸下去，就必须掀起大众流行？但是没有任何一个人的主观感觉能够定论故事"好"或者"不好"——除非有一种普适的办法能够预判结果。所以投资者表面上讨论的是故事，本质上推敲的还是传播，毋宁说传播学本来就是一种讲故事的科学。中国影视行业从来没有一种行之有效的方式辅助决策，更不存在一种让所有人认可的研究方法。既然创新的风险无法控制，创新便很难发生，其病根也正在这里。

通过以上种种冗长的铺垫，想必读者已经感受到中国在传播领域里的困境。但是，缺乏理论基础就一定要从重新建设提纲挈领的理论大厦开始吗？施拉姆在创立传播学这门学科以前，也是在实际工作中才总结出方法论的。可见传播学的方法论最初就是从应用中反推出来的，施拉姆本人肯定不需要回答诸如"这位老师，假如您的传播学管用，为何它本身没有传播出去"这类问题，因为他很明显是先射箭再画靶子的那种选手。中国学者则是一板一眼地在旁边另画个靶子，间隔二十公里距离再去射箭，当然难以命中靶心。倘若把理论建设的宏大叙事暂且放到一边，先从市场应用层面出发，我们能否只凭借一些经验性的传播窍门——就像"发现羊肉串上的孜然"一样——迅速找到解决问题的关键钥匙呢？

在中国，没有人不知道马克·亨利·罗斯韦尔

入夜以后的北京城，年轻人的生活才刚刚开始——请允许笔者将镜头拉回到本章最开始的地方，那条繁华热闹的三里屯酒吧街。傍晚时分，刚刚离开公司的白领们正在用手机搜寻附近的娱乐和美食，选择一个自己感兴趣的去处。在北京这样的一线城市，你几乎能够找到来自全世界的菜品和小吃，但文化娱乐方式极度单一。我们所称的"逛街"无非是"逛吃"，因为随便走入一间五层购物中心，起码有三层都是餐馆。消费者并不是只懂得吃，然而写字楼昂贵的租金令大部分商户望而却步，尤其是那些叫好不叫座的文化消费场所更是岌岌可危。对于写字楼业主来说，只有毛利足够高的餐饮企业才能达到极致的"坪效"，方可承担起高额的租金。"坪效"意即"每坪（1 坪约合 3.3 平方米）的面积能产出多少营业额"，这个经济学概念是中国人原创的，主流经济学从没关注过这个问题。揣测其背后的原因，不妨参考魏特夫在《中国工农业生产率的经济意义》里批判的"亚洲生产方式"。他大概是说西方古代地广人稀，并不考虑农田的单位效率，而中国人多地少，农民种地寸土寸金，一坪都不浪费。单位生产率更是直接决

定了多少人能填饱肚子，以及多少人会挨饿——所以中国社会自古以来都是围绕着"如何提高庄稼亩产量"而形成的。魏特夫由此认为东方人具有低等的"水稻性格"，而构成西方社会的则是大不相同的"小麦性格"。其核心逻辑在于如何多占几亩地，与东方人的逻辑截然相反。他的观察视角很有意思，不过这种说法就跟"喝咖啡比吃大蒜高级"的论断一样存在归因谬误，我们只能姑且一听。

无论如何，商业地产过度追求坪效确实导致文化娱乐方式单一，酒吧便显现了它的价值。虽然酒吧也被归到餐饮行业的范畴，但其实属于文化产业。酒吧当然不能简单理解为"喝酒的地方"，而应理解为一种附着文化的媒介。为了防止年纪比较大的读者看到此处感到陌生，笔者不得不赘述几句：对我们年轻人来说，喝酒从来都不是去酒吧的目的。如果你想找喝酒的人，反倒应该去酒吧门口看看——很多学生在便利店买酒，坐在酒吧门口的马路牙子上喝。在"酒吧"涵盖的种种要素中，酒反而不是必要的。这几年甚至流行"无酒精酒吧"，但你绝不会走进一家"无食物饭馆"。可见构成"酒吧"这个概念的其实是文化内容和社交行为，正如传播学大师马歇尔·麦克卢汉所言，"媒介即讯息"。他的畅销书在国内也是异常火爆，但是很多中国人看了麦克卢汉的著作之后，依然会把媒介和媒体搞混，以为只有文字、声音、影像和互联网才可以是媒介。其实麦克卢汉原本是说"万物皆媒介"，意即一切都是媒介，只是传播力有高有低而已。如果你理解不了酒吧为什么是媒介，能否理解教堂是媒介呢？中国编剧写剧本，结婚的场面必定有个人在旁边问："这位先生，你愿意娶你面前这位女士为妻吗？""我愿意。""这位小姐，你愿意接受这位先生作为你的合法丈夫吗？无论他贫穷还是富有……"——通常这种既啰嗦又充斥着宗教意味的剧情要持续很长时间，而无论导演、编剧还是演员，甚至剧中扮演的角色，没有一个人是基督徒，但观众从来不会感到奇怪。为什么编剧一写恋爱就进酒吧，一结婚便去教堂？因为"爱情"这个词与酒吧、教堂的符号联结到了一起，成为我们脑海中构建的语言本能——这当然是媒介起到的作用。

酒吧丰富的文化引领城市人的夜生活，也是很多商业地产的流量入口。而在众多不同主题的酒吧中，近年来最受欢迎的无疑是脱口秀俱乐部。相较而言，音乐演出显得太过吵闹，大部分普通白领也不擅长跳舞，唯独脱口秀这种轻松又保持一定距离感的喜剧表演最让人感觉舒服。脱口秀是英文 talk show 的音译，不过 talk show 是指谈话节目，而我们现在所说的脱口秀其实是美式单口喜剧，即 stand-up comedy。相信很多读者在观看线下脱口秀演出时，都听演员们科普过这个概念。当然，既然我们已经习惯把单口喜剧称作脱口秀，也就没必要再改回来。为避免歧义，本书使用的"脱口秀"一词，全都指 stand-up comedy。

此刻风趣的主持人手握话筒杆站在前台，几十名观众坐在台下期待着一场开怀大笑。这场脱口秀演出的阵容由数名演员混合组成，主持人自己也是演员之一。每个人上台先做几句自我介绍，然后开始讲段子。虽然观众并不知道他们是谁，但是往往能被演员带来的意外惊喜逗得前仰后合。随着演出进行到高潮阶段，主持人突然顿了顿，煞有介事地对观众说："今天的演出有一位出乎大家预料的重磅大咖来客串，本来我们没有邀请他，是他自己非要来……小伙子们，不用低头看你们的票根了。我们的神秘嘉宾并没有写在票根上。这位嘉宾是个外国人，但他在全中国人民心目中都是一位举足轻重的人物。他的足迹遍及神州大地的每一个角落，他的名头在四海之内老少皆知。虽然此时此刻作为主持人的我，已经迫不及待地想要大声喊出他的名字——但是我相信，无须我介绍他的名字，这位嘉宾登台亮相的一瞬间，你们每个人一定都能立刻认出他。下面，有请我们的超级重磅神秘嘉宾华丽登场！"

主持人笑着挥挥手，从吧台后请出一位着帽衫、戴眼镜的白人中年男性。他手中端着一杯啤酒，看起来更像一位刚刚从学校下班的英语外教老师。经过每一排观众时，他腼腆地向观众点头致意，都会引来一阵轻声的惊叹。但这种惊叹并非粉丝看到偶像时的那种大呼小叫，而是感慨于心中的疑惑得到了解答。这就好比单位领导突然把所有人集中到会议室郑重宣布："同志们，这些年来，感谢大家为公司所做的辛勤耕耘与无私奉献。首先我想道一句：你们辛苦了！就在今天上午，董事会、各部门经理、各级领导与各小组带头人正式做了一个决定——公司准备用一个意外惊喜回报你们的付出。这个决定的过程固然艰难，但是为了增强我们这个团队的凝聚力，我司愿意不计成本、不顾后果地承担这样一项额外的开销！现在请大家回到自己的工位上，再耐心地等候半个小时。"大家听罢头晕目眩地回到自己的工位上，每个人的胸口里都仿佛揣了只上蹿下跳的小兔子。半小时以后，行政部门的同事如约而至，给每个人端来一盘西瓜。此时你揪成一团的好奇心终于舒展开，必定会发出释然的感慨："哇哦！原来是领导请大家吃西瓜。哇！真的是……怎么说呢，真的是没想到！"

就这样，那位外国演员伴随着观众此起彼伏的感慨声走到台上，颇有些紧张地拿起麦克风，用几近完美的汉语向大家打了个招呼："你们好，看到我这个老外感觉挺眼熟的吧？"他把啤酒放在高脚凳上，单手插着兜打趣道，"该怎么自我介绍呢？其实我的名字……我的名字叫……该从哪里说起呢……"这位演员在开始讲段子之前，仅仅在自我介绍阶段就让气氛变得尴尬了起来。他想告诉大家自己的名字叫马克·亨利·罗斯韦尔，但在表演脱口秀的那一刻，他很明显地在这件事上犹豫不决——到底要不要向观众讲出自己的真实姓名呢？

在中国，没有人不知道马克·亨利·罗斯韦尔——这句话本身看起来就像个病句，但它陈述的却是事实。罗斯韦尔是一个在中国呆了三十多年的加拿大籍主持人，中文名字叫大山。从 20 世纪 90 年代开始，大山在持续二十多年的时间里频繁出现于中国观众的视野中，是一位家喻户晓的老外。其实"大山"原本也不是罗斯韦尔给自己取的中文名字，而是他在 1989 年的一个电视节目中扮演的角色。那个角色是一个来中国学习汉语的"洋学生"，对他来说算是本色出演，因为当时他恰好是北京大学的一位留学生。改革开放之初，西方曾经掀起过一阵来中国学汉语的流行潮。这主要归功于两部在世界上影响深远的纪录片，一部是意大利导演安东尼奥尼的《中国》，另一部则是荷兰导演尤利斯·伊文思拍摄的《愚公移山》。西方世界的年轻人看到中国"文革"期间的影像资料，对这个神秘的红色国度充满了好奇。80 年代，中国政府刚刚允许外国人进入，年轻的冒险家们随即收拾行囊，摩拳擦掌地前往这个东方的异邦一探究竟。罗斯韦尔无疑是最早来中国的那一批留学生中语言天赋最好的一个，所以才会被选中成为中西方文化交流的使节，并且一直持续到北京奥运会以后。在他影响力最大的 90 年代，他几乎每年都在除夕夜的春节联欢晚会上亮相，"代表西方"给中国人民拜年。因此，"大山"一词的语义甚至延伸为专门用来指代外国人。美国作家彼得·海斯勒（中文名何伟）在他著名的畅销书《江城》里，曾经多次抱怨过这种令人困惑的情况。因为当时何伟走在大街上，路人总是对他指指点点地说："快看那个大山！"——这句话的语法结构非常诡异。很明显路人是想表达"快看那个外国人，他长得像大山"，却直接简化成了一种近乎古怪的用法。

其实何伟和大山长得一点也不像，可见当时罗斯韦尔扮演的角色代表了中国人对老外的全部认知——这个认知是由作为传播者的罗斯韦尔定义的。

尽管如此，罗斯韦尔并不能靠一张熟悉的脸庞就把观众逗乐。在他客串的这场演出中，他是唯一的外籍演员，但其表现力远不及那些中国本土名不见经传的脱口秀新人。这位老兄努力地还原自己加拿大人的本来身份，试图向观众诠释正统的美式脱口秀——那种来自他北美故乡的文化传统。然而台下的观众已经与 90 年代坐在电视机前的老百姓完全不同，他们不仅懂得什么叫美式脱口秀，而且能熟练地抛出 *OG*、*punchline*、*callback* 这些专业的表演术语。他们会被中国演员用熟悉的本土笑话一击而中，然而罗斯韦尔创作的内容却令其倍感陌生。他的脱口秀表演更像是获奖感言——那种慈善晚宴上略带幽默调侃的自说自话——观众满怀敬意地致以掌声，脑子早已飞到九霄云外。随着漫无目的的讲述逐渐使人分心，观众席中出现了交头接耳的讨论。

"我觉得他讲段子不是脱口秀的节奏，更像是说相声。"

"对，这很明显是相声的节奏，有点太接地气了。"

通过前文的铺垫，想必读者此时已经充分理解 "接地气" 的含义。说一个喜剧演员接地气并不是什么好的评价，更为严重的是，评价一个脱口秀演员的节奏像说相声，是个极具杀伤力的 inside joke（意即 "内部笑话"，属于创作者之间才能彼此明白的梗）。它通常用来形容一个脱口秀演员完全没有天赋，等于给他的表演宣判了死刑。但这反倒让人疑惑不解，罗斯韦尔明明是外国人，何况他讲的笑话有多一半是他在加拿大的生活经历，怎么在观众眼里也接了地气？事实上，观众指出的问题大概也是困扰罗斯韦尔的难题。作为一个正统的西方人，同时也是一位著名的外籍相声演员，他可能是唯一对相声有所了解的文化翻译者。他在中国学了几十年的相声，并且一直都在演出，具有丰富的舞台经验。但是这些经验对他的脱口秀作品却起了反作用，因为相声和美式单口喜剧在根源上有着巨大的差异。表面上看，相声很像是两个人表演的单口喜剧，同样是靠演员的嘴把观众逗乐。有的时候，相声演员也采用一个人表演的形式，我们称之为单口相声，这种情况下它看起来就和单口喜剧完全一样。不过，相声本质上是一种曲艺，如果直接按照西方的标准理解为一种语言喜剧是有点牵强的。因为相声可以好笑，也可以不好笑，它分成说、学、逗、唱四种表演形式，其中只有"逗"的部分是喜剧。另外，"说"是指讲故事；"学"是指模仿；"唱"则是相声艺术独特的一种曲调，叫太平歌词。其实这四门功课都可以单独表演，尤其是"说"的部分，单独表演时其实就是"评书"，意即纯粹地讲故事。如果就此追本溯源，喜剧的成分其实只占相声艺术的四分之一，逗乐观众不是相声的全部目的，至少理论上来说是这样的——但这并不是问题的关键。罗斯韦尔创作的脱口秀和他表演的相声节目完全不同，平心而论，他的脱口秀段子比他在电视节目里说的相声好笑得多。你既不能昧心地评价他的脱口秀没有笑点，也不能责怪他表演没有尽心尽力。但观众就是感觉少了些什么——某种"相声"比之"脱口秀"所缺乏的关键要素。正是因为缺少了这个东西，观众才会感到罗斯韦尔表演的喜剧不是脱口秀，而更像是一段接地气的中国相声。

　　在我们做进一步分析之前，你也许会感到好奇：既然罗斯韦尔已经是个相声演员，又何必非要改行去讲脱口秀呢？一方面是因为相声行业早已进入瓶颈期，而脱口秀行业正在迅速崛起，崭新的赛道上遍布财富；另一方面是因为罗斯韦尔作为一个外籍相声演员，他本来也无法和中国相声演员竞争。从他的角度来看，回归自己本来的英语文化背景，转型成为脱口秀演员当然是最好的选择。所以他从 2012 年开始就在改变自己的风格，努力向观众传播自己新的标签。从某种程度上来说，他认为自己是把脱口秀介绍给中国人民的领路人。不过中国第一位脱口秀演员是一个叫黄西的美籍华裔主持人，他在 2009 年曾经短暂地火过一阵子，并且受邀参加了大卫·莱特曼的喜剧节目。华裔在美国社会是一个很少惹人注意的少数族裔，通常被认为是一个极度缺乏幽默感的族群。黄西用标准的美式笑话引爆了观众的认同，调侃了美国社会对于华裔族群的刻板印象。所以当黄西携带着自己的光环来中国发展时，他也认为自己是中国脱口秀行业的领路人。但是，这两位外籍演员的自我感觉都不太准确，因为和中国本土的脱口秀演员相比，他们的影响力微乎其微。今天中国观众熟悉的那一大批脱口秀明星，全是土生土长的中国草根。从这一点来看，他们和那些 "接地气" 的相声演员具有高度相似的成长环境，创作取材的根源路径是一样的。区别只是在于，相声演员学习相声讲故事的方法，脱口秀演员学习脱口秀讲故事的方法。而中国脱口秀演员真正的老师是乔治·卡林——美国单口喜剧的传奇巨匠，也是推动美国喜剧行业发展的一代宗师。2003 年，中国曾经出版过一本名为《脑袋 New 一下：美国脱口秀鼻祖乔治·卡林的聪明思考法》的畅销书（也许它算不上畅销）。这本书的标题被翻译得一本正经甚至非常古怪，因为它的英文原名是 *Brain Droppings*，书中内容包括乔治·卡林对于自己职业生涯的总结，以及脱口秀演员的训练方法与提升技巧。乔治·卡林是美国社会的一位反叛者，他晚年写过好几本书，即便写书时也从未嘴下留情过。他去世之前写的最后一本书叫《耶稣什么时候把猪排带来？》（*When Will Jesus Bring the Pork Chops?*）。光看书名就能闻到火药味，因为这位七十岁高龄的老爷子试图一口气把基督教、犹太教和伊斯兰教全部冒犯一遍。由此你也可以理解 brain droppings 必然无法在汉语中找到对应的动名词，或许翻译成"脑浊"更传神一些。

乔治·卡林将自己毕生的经验提炼为一种叫"观察派"（observational comedy）的表演方法，它的雏形诞生于 20 世纪 50年代，诞生伊始便引爆流行。它不是脱口秀演员讲段子的技巧那么简单，而是影响了整个西方的剧作行业，更新了几乎所有创作者讲故事的手法。observational 这个单词我们可以理解为"观看""注意"或者"对现象进行评论"。而所谓"观察派"的表演方法，是要求演员成为一位生活的观察者，向观众发表自己对于生活的看法。因此每一位脱口秀演员的基本功就是观察和"吐槽"，围绕一个核心主题反复创作，不停地表述自己的观点，所有内容为观点服务。与之相对，相声演员的基本功则是背诵，因为传统相声的经典段落不仅包含文本内容，还要辅以发声、唱腔与模仿等技巧训练。如果不能熟练背诵那些经典段落，就很难适应相声讲故事的方法。这种训练方式门槛很高，难度也很大，如果卡林的方法属于"观察派"，那么相声演员的表演更像是"体验派"。

写到这里，笔者忍不住又要说句题外话。即便你不了解戏剧知识，也会对"体验派"这个词非常熟悉。因为家喻户晓的喜剧明星周星驰在他最广为人知的电影《喜剧之王》中，满怀热忱地致敬了《演员的自我修养》——那是一本蜚声国际并且超越了意识形态隔阂的经典著作。作者斯坦尼斯拉夫斯基在书中提出了 *stanislavski's system*（斯坦尼斯拉夫斯基体系，俄语原文为 *система станиславского*），该系统是一整套研究演员如何诠释角色的方法论。它和 19 世纪的现实主义美学一脉相承，非常强调现实体验与心理分析，要求演员进入角色，所以后世我们就将斯坦尼斯拉夫斯基的表演系统简称为"体验派"。不过周星驰本人的表演并不是体验派，只能算作某种"荒诞派"，因为他的喜剧创作受日本漫才的影响更深。尽管本书并不关注于此，但我们还是应该把这个容易混淆的概念澄清一下：日本漫才和中国相声很相似，同样都是两个演员站在台上表演；相声的两个演员分成逗哏和捧哏，而漫才分为装傻役与吐槽役；追溯其历史演变过程，都是从一个人单体表演发展到两个人配合表演；漫才起源于江户时代的"落语"，落语大概相当于中国清代的评书或单口相声——如果仅就形式而言，我们的确会感觉日本漫才与中国相声差不多。但是两者的内核根本不一样。漫才"荒诞派"的表演方式，在当代主要体现于日本那些搞笑风格的二次元动画，比如《银魂》中的男主人公坂田银时就是一位装傻役，而志村新八则是吐槽役，剧作结构也按照这种方式展开。但是作为一种演员的表演体系，发展到最后干脆变成动画片，多少有点奇怪。大概因为荒诞到极致必定导致角色彻底抽象化，进入与演员"自身存在"完全相悖的境地，观众不免由此对现实世界产生厌恶感。所以，虽然大家总是批评中国演员的演技，但在很多情况下，你会感觉日本演员比中国演员更不会演戏。这是因为日本演员动画片看得太多，自然演什么都像动漫里的人物。

　　还是回到我们的主线上来。观察派强调故事围绕观点而创作，所以一个典型的脱口秀演员在做基础训练时并不需要背诵，只需始终记住一句话："Have you ever noticed?"（您发现了吗？）这个句式是脱口秀段子的创作核心，也可以把它理解为观察派的"武功秘籍"。比如我们随便造个句子："您发现了吗？下雨通常是因为您洗车了。"这个例句谈论了天气和洗车的关系，但它实际上抛出的是一个关于运气的话题。用一个现在流行的词来说，运气就是话题者的"抓手"。

观察派的理论非常简洁,它要求作为讲故事的人首先找到一个"抓手",然后使用这个句式贯穿故事的始终便足够了。为了方便说明,笔者非常想直接引用乔治·卡林的教学法,但是由于他列举的典型案例距离中国人的生活比较远,所以还是换成我们熟悉的生活场景比较好。比如普通的职场白领,一定都对劳资关系非常关注,那么演员就可以围绕这个白领熟悉的元素发表观点:"大家都上过班吧?你们注意过老板都喜欢吹牛吗?哦,天哪,我的老板,真的是……"

注意,在这开场的三个句子中,第一句话问"大家都上过班吧?"这句话的目的是确认观众的熟悉感,从而在传播者与受众之间达成共识。第二句"你们注意过老板都喜欢吹牛吗?"这句话便是典型的**"Have you ever noticed?"**句式。从第三句话开始,自然就是发表观点的过程。脱口秀演员的水平高低同语言能力关系不大,主要取决于观点的水平,这就和一般意义上的表演评价标准完全不同。在脱口秀创作领域中,只要找到恰当的观点就可以迅速"炸场",演员甚至不需要表演经验,比如下面这些开场。

"姐妹们,你们交过男朋友吗?我觉得男人都是垃圾。真的,你们注意过他们的聊天记录吗?……"

"你们觉得自己缺钱吗?你们见过的最穷的人有多穷?绝对没有我穷,真的,我真的太穷了……"

"大家过年回家是不是最怕父母催婚?我就不怕,因为我妈和我爸离婚了……"

笔者列举的只是一些常见的表达式,它们共同的特点是"围绕大众熟悉的文化符号输出当下热门的观点"。所以每当一个段子抛出后,都能引发受众强烈的共鸣,产生无与伦比的感染力。当然,不同的创作者观察同一件事会得出不同的结论。而仅仅通过对观点进行总结,我们就足以判断一个脱口秀作品能否风靡于互联网，以及它能够创造多大规模的流量与公共讨论的价值。也只有在这种情况下，数学才能引入到传播分析中——因为数学可以分析的对象必然不是故事本身的"好"或者"不好"，而是一个观点能得到多少人赞同。与此同时，你会发现观众评价脱口秀演员也不完全取决于"好笑"或"不好笑"，毋宁说脱口秀从一开始就不是以逗乐观众为目的的。单纯从艺术评论的角度出发，我们无法直接比较相声与脱口秀的高下，毕竟这两者完全是两种体系。但从传播能力上来看，它们之间有着巨大的差异。随着脱口秀段子不停地轰炸社交网络，近年来中国语言类喜剧几乎全部的创新力都集中在这个领域。无论是比较新星的数量、剧本的创作水平还是商业资本的活跃度，脱口秀比之相声都是完胜。正因为观察派的方法论在大众传播上具有明显的优势，所以它在半个多世纪的时间里几乎重塑了美国的流行文化。比如美国电视台上每日播出的情景喜剧（sitcom），它们贯穿始终的创作主题都是输出观点。因为情景喜剧的"故事核"就是脱口秀，很多情景喜剧演员本来就是脱口秀演员。反之，如果我们把情景喜剧错误地理解为"几个人物在一个封闭空间里发生的故事"，编剧就会发现，不仅剧本难产，笑料也很难制造出来。由于这种效率极高的创作手法得到广泛应用，所以除了乔治·卡林以外，观察派还有很多脱口秀领域之外的代表人物，比如著名导演伍迪·艾伦和演员金·凯瑞等。

作为对照，读者必然会产生一个疑问：难道相声演员创作时不观察生活吗？这种比较方式对相声演员来说很不公平，但既然我们讨论的话题是传播，就必须在传播的范畴里逐一解构问题。仅就观察生活这一点而言，相声与脱口秀的创作理念并无区别，其第一步都是寻找"大众熟悉的文化符号"。但是在大多数情况下，我们几乎意识不到相声表达了什么观点。比如中国人都听过的传统相声《报菜名》——

　　逗哏："蒸羊羔、蒸熊掌、蒸鹿尾儿、烧花鸭、烧雏鸡、
烧子鹅、卤猪、卤鸭、酱鸡、腊肉、松花小肚儿……"

　　捧哏："嘿，您都吃过？"

　　逗哏："想吃也吃不了。"

　　捧哏："怎么啦？"

　　逗哏："我兜里没钱！"

　　捧哏："别挨骂了！"

　　尽管演员提到的菜品对大家来说耳熟能详，然而在单看文本的情况下，大多数人都觉得它只是陈述了一堆无意义的名词。你的第一反应必定是："这跟我有什么关系？"

　　在找不到观点的情况下，即便它从头到尾都充满了让你感到熟悉的元素，内容跟受众也无法建立联系。与此同时，如果我们不知道故事在表达什么，故事当然就很难产生感染力。但是，这段相声当真没有观点吗？假设我们必须为《报菜名》梳理出一个观点，你认为它的观点是什么呢？——笔者抛出的这个问题很像是令人反感的高中生语文考试，老师非要你给一篇漫无边际的文章总结中心思想似的。在回答这类问题时，学生们通常会这样写："《报菜名》通过对美食菜谱的巧妙侧写，赞美了餐馆师傅深奥莫测的高超厨艺，弘扬了中华民族历史悠远的饮食文化。"

　　这种有模有样的分析乍看颇有道理，但如果这就是它的观点，我们如何解释《报菜名》无法像脱口秀段子那样引爆流行呢？可见上述对于作品观点的解读是错位的，因为它忽略了作品内容的历史语境。

事实上，在《报菜名》能够"引爆流行"的那个时代，绝大多数老百姓不仅吃不到这些菜品，甚至连听都没有听过，只有达官贵人才能享受到那些珍馐美味。所以严格意义上来说，这个段子并不好笑，它更像是在表达一种让人揪心的残酷自嘲，是只属于旧时代的一种黑色幽默。当代人感受不到它的观点，因为饥馑已经不再是社会的主题——由此可见，传统相声并不是没有观点，只是其创作时间集中于清末民初，距离当代观众已逾百年，所以它们的观点往往不是"当下的"。相声演员虽然不曾为自己的创作梳理出什么方法论，但他们仅凭剧场经验也知道，类似于《报菜名》这样的老段子无法跟当代的观众产生共鸣。每个人都知道旧的文本需要更新，但真正的问题在于，很多时候所谓的"老故事新编"只是更新了情节和时代背景，观点还停留在原地。如果观点不更新，它还是无法跟受众建立关联。比如我们把《报菜名》的台词改成——

　　逗哏："日本和牛、法国名庄、澳洲龙虾白松露、燕窝鱼翅炖雪蛤……"

　　捧哏："嘿，您都吃过？"

　　逗哏："想吃也吃不了。"

　　捧哏："怎么啦？"

　　逗哏："我信用卡里没钱！"

　　捧哏："别挨骂了！"

很明显，当《报菜名》中的食谱全面升级为当代的饕餮盛宴以后，观众还是不会产生共鸣，甚至觉得很不环保，毕竟他们无法想象什么样的暴发户才会这样吃东西。我们已经分析过"饥馑不再是社会的主题"，但这并不意味着把文本中的描述对象替换成更昂贵的食材，受众就会同 19 世纪末期的中国老百姓一样感同身受。是的，这些奢侈的菜品大部分人依然吃不起。但是吃不起又怎样呢？我们为什么非要选择这样的生活方式？——这才是当代人的脑回路。用一百年前的思想形态，当然无法击中一百年后的观众。很多相声演员在实际演出时也会发现，"老故事新编"的效果通常都不好，有时甚至还不如不改，只得老老实实地重复古人的声音。但这并不是艺术形式本身的问题，因为基于同样的创作逻辑把这个题材改成脱口秀、电影或者漫画，也都不成立。我们很难通过这种过时的段子理解相声手法的巧妙之处。如果真的想体会传统相声中那种既揪心又玩世不恭的自嘲，我们应该用当下的角度观察生活，寻找折磨现代人的"刑具"，比如——

> 逗哏："渡渡鸟、大海雀、爪哇虎、白鱀豚、斑驴、袋狼、红鸭、旅鸽、欧洲野马、中国犀牛、墨西哥的灰熊、牙买加的仓鼠……"
>
> 捧哏："嘿，您都见过？"
>
> 逗哏："想见也见不了。"
>
> 捧哏："怎么啦？"
>
> 逗哏："都灭绝啦！"
>
> 捧哏："别挨骂了！"

读者看到这段文本一定会感觉非常不舒服。是的，这段对白不仅一点都不好笑，反而显得冷酷而残忍。在世界范围内，生物正在以前所未有的速度消失。尽管物种灭绝是生物进化的必然过程，但最近几百年来，物种大消亡几乎都是人类自身造成的。工业革命、环境污染、猎杀捕捞、物种入侵，以及人类为了扩大活动范围，贪婪地侵占了它们的栖息地，导致动物们一批又一批地集体死亡。更关键的问题是，你几乎改变不了什么，因为物种大灭绝的过程既不可避免又无法逆转。所以任何一个热爱生活的成年人在面对这种窘况时都会陷入沉重的绝望与无力感——你可以试着想象一下，一百年前的穷人听到食物名字时，大抵也是这种心情。

当观点与受众产生联系时，受众当然不会感到"你讲的故事同我无关"了。笔者此处只是举了个不恰当的例子，但通过对比你会发现，无论什么故事都是有其观点的，没有观点的故事并不存在。只不过有的观点同你有关，而有的观点同你无关；一部分观点容易被你察觉出来，另一部分观点却隐藏得比较深。拿那些真正让你记住的相声大师来说，侯宝林、马三立、刘宝瑞、马季等，只要你详细拆解他们的作品，都能寻找到这个共同的规律。而在他们各自引爆流行的时代，其观点也都具有强烈的感染力。比较容易被忽视的是新一代相声演员的观点，譬如郭德纲的徒弟岳云鹏。他出生于1985年，是中国人气非常高的相声演员。他最知名的作品叫《五环之歌》——严格意义上来说，这不是个段子，而是用打油诗写成的歌词，或许也可以直接理解为一首诗。

五环　你比四环多一环

五环　你比六环少一环

终于有一天　你会修到七环

修到七环怎么办

你比五环多两环

单看这首诗的文本，大多数人会感觉它只是罗列了一堆废话（废话其实是相声很重要的一种艺术技巧）。但是，如果这个段子没有观点，我们如何解释它的流行？事实上，本章开篇时提到过北京这座城市在近代的建设和发展，其规划的核心思路就是围绕老城区修建环路，已经从"一环路"修到了"六环路"。在几十年的变化中，文化被稀释，社会人情关系疏远，原住民与新移民之间继而产生了隔阂，年轻人普遍表现出对公共生活的冷漠态度。相声演员岳云鹏是个典型的外地来京打工人员，他表达的心声也是所有城市劳动者的心声——"北京越来越大，可是它跟我有啥关系啊？"虽然这种观点看起来什么都没说，但"什么都不想说"本身就是一种观点。正是因为这样的观点，它才能在大众之中产生强烈的共鸣。然而青年一代的相声演员，并非每一个都像岳云鹏那样可以不自觉地输出浑然天成的观点。大部分人要么只会重复老掉牙的故事，要么漫无目地东拉西扯，在观众看来便是不明所以了。

这样解构相声段子虽然挺有趣，但一直写下去便会没完没了，毕竟本书的主题并不是"科学说相声"。笔者所强调的关键之处在于，一旦观点同你建立了联系，故事便能迅速与你产生交流。通过这番描述，读者心中也许会隐约地萌生出新的认识："观点"似乎不止是一种想法或主张，而更像是某种介质。通过观点，你会想要参与，渴望对话，而这一切都是传播的本来目的——如果说传播赋能于产业，观点无疑是赋能于传播的。那么，我们谓之"观点"的东西到底是什么？为何观点可以赋能于传播？观点又基于什么原因，从而对故事而言具有不可或缺的重要性呢？

国潮第二要素：更新观点

在解释何为观点之前，我们首先要理解何为故事。

story 即故事，释义为 narrative of important events of the past（关于过往重要事件的叙述）。story 这个单词源于拉丁语中的 historia。historia 我们看起来有点眼熟，因为它其实就是 history 这个英文单词的拉丁语拼写，意为历史。你仔细想想，"关于过往重要事件的叙述"不就是历史吗？简单来说，英文中的 story 和 history 就是同一个词，只不过 story 是 history 的简写。但你不能把 hi 当成 story 的前缀，因为先有 history 才有 story，并非先有 story 而后造出 history。如果没有被这一大串绕口令似的描述弄懵，那么你便可以得到下面的结论。

先有历史，后有故事。

故事即历史。

神奇的地方在于，即便不用追溯英文词源，通过剖析中文的构词方式我们也可以得到同样的结论。"故事"一词由"故"和"事"两个日常生活中最常见的汉字组成。"故"可以表达很多不同的含义，其中一个含义为"过往的"（past）。"事"字更有趣——殷商时代的甲骨文把"事"和"史"写作同一个字，后世才演变为两个字。"事"意为"事件（event），""史"在当代的语境下就是"历史"（history）的意思。不过"史"在古代意为"记录事件的人"，与现在多少有些区别。无论从哪个角度来理解，我想读者都能非常清晰地辨析出其词义："故""事"两个汉字连起来，意为"过去的事情"（past events），而"过去的事情"就是"历史"。这就意味着我们用中文也能够推导出下面的结论——

Story=History

当然，这样看起来会令人觉得很奇怪，因为我们正常说话时的遣词方式，并不会把历史和故事混为一谈。我们说的历史是指真实的故事，着重强调大事件；故事则可以是虚构的事件，且往往是小事。特别是在中国文化中，记录历史是极为重要的工作，它贯穿了几千年的社会伦理变迁。相比之下，讲故事就显得很不重要。"史"和"吏"（official）在甲骨文中也是同一个字，可见中国最早的公务员大抵就是"记录事件的人"。因此历史这个词在中文语境里显得特别大，张三李四之间发生的故事不能叫历史，因为它看起来不是"重要的过往事件"，只有皇帝和权臣之间发生的事才称为历史。这其中的具体缘由稍后再议，巧合的是，英文语境中的 story 和 history 两个单词，在实际使用时也有着类似的演变。外国人说 story 时你肯定不会误解为 history，因为 story 在当代一般释义为 narrative of fictitious events（关于虚构事件的叙述），便和强调真实事件的历史区别开来。所以，"虚构"（fiction）与"非虚构"（nonfiction）这两个词不仅可以理解为两种对立的内容类别，而且可以看作是"故事"和"历史"这两个词的使用边界。这还不算最巧合的地方，如果我们进一步梳理词源的发展脉络，会发现 story 是在 15 世纪以后才开始区别于 history 的，15 世纪以前西方文化中并没有明确"虚构"这个概念。而中文语境里，"故事"的词义从"历史"中剥离出来并逐渐指向"虚构"，也差不多是从明朝开始形成的一种习惯。纵观中西方文化的语境，远古时代最初都是把历史和故事混为一谈，虚构和非虚构之间也没有边界，这种边界的形成，恰恰都是在 15 世纪左右。

所以一般来说，将中文语境下的故事翻译为 story 是绝对不会有歧义的。因为"故事"这个词的规定性语义与描述性语义同英文单词 story 完全重合——无论处于历史的哪个阶段，它们都是重合的。在差异巨大的中西方文化中，这种几乎达到 100% 同步率的抽象词语极为罕见。譬如苹果（apple）或者牙刷（toothbrush），此类具象名词之所以不会产生歧义，是因为现实世界中有确定性的实体作为参照物。抽象概念却不同，比如老子所讲的"道"，在英文当中译为 Tao（威妥玛式拼音）或者 Dao（汉语拼音），实际上它们只是音译而已，根本就没有翻译。那么，"道"究竟是什么呢？为了解释这个词，它可能会由长篇大论的描述性语言构成，而且不同人说得还不一样。我们自己理解起来都很困难，遑论翻译给别人？除却复杂的抽象概念，另一种情况更令人头疼。比如类似于"美"（beauty）这样的形容词，它本身看起来一点都不复杂，却又极度复杂。任何人都可以说自己明白什么叫美，但每个人头脑中映射出的画面实际上完全不同。西方谓之"一千个读者就有一千个哈姆雷特"，我们也说"仁者见仁，智者见智"，大抵是表达相似的处境：同一件事，不同的人从不同的角度看会产生不同的观点。由此可见，为了明晰观点的确切含义，我们须进一步理解何为描述性语义。

此前我们简略提过辨析词义的一些基本方法，比如规定性语义（prescriptive grammar）与描述性语义（descriptive grammar）已经反复出现在本书的字里行间。虽未作详细的解读，但读者应该能大略明白其含义。它们是语言学的核心概念，分别属于规定性语言学（prescriptive linguistics）和描述性语言学（descriptive linguistics）的研究范畴——这两个概念又都来源于结构主义语言学（structural linguistics）。当这样一大串专业术语堆在一起时，想必无论谁都会感觉头昏脑胀，所以笔者一直避重就轻地绕开这个话题。在写作本书前面内容的过程中，笔者实际上一直在使用结构主义语言学的方法。比如遇到一个词语，不管三七二十一，上来先做一通语义分析。这种"莽撞"的手法固然有点咬文嚼字，但是一旦形成结构主义的思维习惯，你就会发现很多困扰自己的问题随之迎刃而解。是的，结构主义作为一种文化研究的方法，或者作为一种思维推理的方式，应用起来远比解释概念容易得多。当我们解构一个文化现象并试图寻找其背后本质时，须知"解构"（deconstruction）一词本身就是源于结构主义——毕竟先要存在结构而后才能解析结构，要不它是从哪里冒出来的呢？

自 18 世纪英国语言学家威廉·琼斯爵士发现印欧语系以后，语言学便开始飞速发展。在那之前，语言学主要是研究历史文献，例如刨根问底地追溯一个词语的词源，就属于"纵比"的研究方法。语系的概念浮出水面之后，人们发现不同语言和文化之间还需要"横比"。由于研究语言既要纵比又要横比，比较（comparative）就成为最重要的主题，所以此后语言学的主流发展方向便是"比较语言学"。古典语言学为 classical philology，而非 classical linguistic，因此与其说它是语言学，不如理解为"语文学"或者"语文"。其实它就是西方的语文课，或曰欧洲的"四书五经"。这种古老的教学传统可以追溯至古希腊城邦时期，而语言学正式称作 linguistic 则是比较语言学思想萌芽之后的事。此后语言学实际上从语文学中分离了出来，成为一门独立的学科，因此比较语言学也被视为现代语言学的起源。这种新学科诞生的故事对我们来说并不陌生，比如大名鼎鼎的经济学原本也不过是伦理学的一个分支，称为 political economy（国家财富管理）。通过阿尔弗雷德·马歇尔和梅纳德·凯恩斯前后两代大师的努力，*economy* 一词才分离出来，经济学也逐渐成为一门显学，并且演变至一门独立的学科。如今商学院已经是家长们最热衷于给孩子报考的方向，但在当年可是无人问津的冷门——马歇尔甚至求着凯恩斯给自己做研究生，否则凯恩斯这位"宏观经济学之父"起初对经济学根本兴味索然。

只要对文科专业有所了解，一定会注意到"比较"这个词经常作为前缀，出现在各种学科的名字里。例如"比较文学""比较哲学""比较人类学""比较美学""比较音乐学"，似乎什么专业都能比较一下，任何文科专业只要加上"比较"就能凑成一门新学科。其实它们共同的前缀是英文单词 comparative，无论具体应用于什么领域，它们都可理解为语言学跨界衍生出的学科。这些衍生学科的特点都是"不管三七二十一，先比较一下语言和文化背景再说"，因此这种思维方式称为比较主义（comparativism），拥有这种思想的学者也可以泛泛地称作比较学派。他们都具备一个共同的认知：文化是多元的，不能用一把文化的尺子去衡量所有的人类。如果换作自然科学领域，刻意强调这样一种思维方式会让人感到极为不解。比如从来没有一个学科叫"比较生物学"，因为生物之间本来就不一样。难道生物彼此存在差异还需要特意强调一下吗？大象和老虎同为哺乳动物，但大象属于长鼻目象科，老虎属于食肉目猫科，你总不能责怪老虎没长象牙，悲哀于大象不能爬树吧？然而大象和老虎长得不一样，所以我们就必须把大象全都干掉——这种逻辑在文科领域很常见。在人类历史上，灭绝异文化的行为甚至是一种常态，直到当代也没有解决。文化灭绝的速度几乎与物种灭绝一样快，并且很难被我们察觉到。正因如此，回望比较语言学发展的初衷，学者们可谓用心良苦。

然而到了 20 世纪初，不消停的语言学再次进化。在研究语言的过程中，学界发现仅靠横比和纵比两条道路，还是不能把语言研究明白。因为语言本身并不是一种静态对象，它始终变来变去，同一个词换个语境就是另一重意思。你说染发是时尚，我说染发不是时尚，咱们都觉得自己很有道理，谁也说服不了谁，那"时尚"一词本身还有什么意义呢？这足见语言乃是一种"自变量"，它不仅需要横比和纵比，还需要自己跟自己比，简直形如海森堡所说的那个"测不准的粒子"——量子力学表明，粒子的位置与动量不可同时被确定——很明显，文科也有这个问题。咱们说话时都自信话里没毛病，可是一旦说出来，怎么有那么多人跟自己观点不一样？因此，千万别以为语言是确定的，只要你观测语言，就会发现它哪里都不确定。比如下面两个例句。

例句 1：男人不像男人，女人不像女人，社会怎能正常？

例句 2：男人不像男人，女人不像女人，社会才能正常。

仔细品味这两句话，如果你能够理解它们各自的观点，就会发现它们说得都很有道理。第一句话表达的实际含义是"如果男性和女性忽略自身生理性别的特质，社会机能的运转便会受阻"，而第二句话表达的实际含义是"如果男性和女性从男权制的价值观中解放出来，社会文化才能健康"。前者讨论的是法学问题，后者讨论的则是哲学问题。虽然它们看起来长得很像，然而在这两句话中，"男人""女人""社会"和"正常"四个词处于不同位置时，表意完全不同。一句话里总共就四个关键词，四个词的含义还全都不一样，你说语言是不是"测不准的粒子"呢？更可怕的地方在于，如果我们大多数人无法弄明白句子表象背后的确切语义，它看起来就是完全相反的两种激烈主张，不仅会导致口诛笔伐，甚至会造成巨大的社会矛盾、群体撕裂和伦理对立。

如果语言本身就是自变量，那么研究得出的结果还有什么可靠性呢？面对彼时的困境，"现代语言学之父"索绪尔终于登场了。瑞士语言学家弗迪南·德·索绪尔（Ferdinand de Saussure）是人类历史上最重要的文科学者之一。文科和理科相比，绝大多数问题没有标准答案，所以文科思维的人同理科思维的人经常互相瞧不起。假若抛开文科与理科孰高孰低的争论，这两种思维模式之间有没有互相转化的办法呢？索绪尔实际上是把理科的方法引入到文科中，从而打破文科与理科的边界，建立了一座彼此沟通的桥梁。比如我们在解决数学问题时，有一种叫"方程思想"的东西，它是大家从小学就开始接触的一种分析工具。不管一道应用题有多复杂，我们先找出题目中语言描述的变量，将它们定义为 x、y 等符号，接着列出描述符号关系的语句（等式或不等式），然后你会神奇地发现，再难的题只要套上公式，答案都能算出来。既然文科本来就充满了不确定，那么在面对诸多变量的情况下，当然也需要一套这样的分析系统。索绪尔认为语言就是一种符号，所以语言学也可以被拆解成符号学（semiotics）。他把语言分为"随意性的符号"和"描述意义的关系"两部分，就如同数学方程中的变量和等式一般。比如我们日常生活中，点头表示肯定，摇头表示否定，而在有些地方，点头表示否定，摇头才表示肯定。那么点头或摇头这个符号同它被附着的意义，是不是要分开来看？因此，为了表达一个意义，你可以随便寻找一个符号。比如 x = 爱，y = 恨。x 和 y 本身其实毫无意义，但是如果中国人全都认为 x = 爱、y = 恨，那么它就是 x 和 y 的意义——这个意义是通过 14 亿人的相互交流描述出来的，所以"爱"就是 x 的描述性语义，"恨"就是 y 的描述性语义。这样举例肯定不太严谨，不过总而言之，这大抵就是结构主义的基本观点：人类生活的现象本身没有意义，是互相之间的关系才为现象赋予了意义，这些关系就是"结构"，无论表象怎么变化，其内里存在着恒定的结构定律。

上述一大段话的确很难理解，尤其是"符号学"这个新名词令人感到陌生。中国学者赵毅衡将符号学定义为"关于意义活动的学说"，所以符号学其实就是意义学。这个释义会帮助我们更直观地认识符号学的本质。不过，无论是否理解它背后的含义，都不影响我们直接使用其推导出的结论。通过一系列我们普通人看不懂的操作，索绪尔发明了一整套工具，将语言变成由无数个相互依赖的要素组成的符号系统。这样一来，语言学就等于符号学，文科问题便可以在一定程度上转化为理科问题，人文科学也就能进入自然科学研究的范畴。这项伟大的创想可谓前无古人，因此"索绪尔之前"和"索绪尔之后"，文科几乎呈现出两种样子。后世我们把索绪尔改造的语言学称为结构主义语言学，或者说现代语言学——有时干脆称之为索绪尔主义。当然，以上种种专业术语，包括"结构主义"这个词本身都不是索绪尔活着时提出的，而是后继者梳理他的思想以后，逐步演化而成的。尽管我们很难在日常生活中切实感受到语言学（或曰符号学）的存在，但它作为一种普适的工具，可以看作是所有学科必备的基础，并且是基础中的基础。比如今天我们习以为常的计算机智能，赋予它意义的并不是纳米晶体管，而是程序员书写的每一行"编程语言"。这种语言就是我们最常见的逻辑符号系统，我们能够与计算机沟通，让机器建立认知，当然离不开"意义活动"的基础研究。而逻辑学本身就是一种研究"意义"的符号学分支，属于数学、哲学和语言学的交叉学科。我们不妨仔细比较一下，和 19 世纪末柴门霍夫发明的世界语相比，编程语言是否更像真正意义上的"世界语"呢？

这里还要插一句题外话，此前笔者介绍英国语言学家威廉·琼斯爵士时，提及过威廉·琼斯的父亲也是一位大名鼎鼎的数学家。而索绪尔家族实际上更为庞大，他的父亲亨利·德·索绪尔（Henri de Saussure）是一位伟大的昆虫分类学家以及博物学家——这样介绍似乎并不显得多么厉害，因为博物学的相关学科在中国极度冷门，分类学更是基本断代。但须知发表《物种起源》的达尔文也是个博物学家，而 19 世纪是博物学的巅峰，它伴随着大英博物馆的建立，奠定了英美文化引领全球的地位。他还有个弟弟叫莱奥波德·索绪尔（Léopoldde Saussure），是一位世界知名的汉学家。莱奥波德青年时代游历中国之后对《尚书·尧典》进行解析，发表了关于中国历法、十二生肖和天文学的相关文章。当时的学界主流认为中国古代的天文学是从古巴比伦偷去的，"科学"同中国历史没什么关系。但莱奥波德的观点与主流截然相反——尽管他没有足够的能力证明自己的观点。从这些人名的拼写上我们隐约能看出，索绪尔一家其实是法裔，在法国政府排挤胡格诺派新教徒时期，大量法国优秀人才移民瑞士，其中有些人成为瑞士钟表匠，影响了我们对时间的看法，索绪尔则直接影响了世界的进程。

以上背景叙述固然枯燥乏味，但对于讨论的展开却是必不可少的。在我们了解了语言学的本质之后，再重新回到方才写到一半的话题——

故事 = 历史？

在中西方文化中，远古时代都把历史和故事混为一谈，虚构和非虚构之间也没有边界。边界的形成，恰恰都是在 15 世纪左右。为何会产生这种奇妙的现象呢？其实是因着语言文学的发展，一种叫"小说"的流行文化登上了历史的舞台，文学（literature）自此开始有了世俗化的倾向，尤其是在西方的文艺复兴运动之后，新思想、新技术、新文化接踵而至，而这一切都离不开"讲故事"的根源的力量——传播学大师麦克卢汉将其归功于古登堡"发明"了活字印刷术，只不过是对同一个意义的另一种描述，本质上大同小异，怎么理解都可以。中国近代的新文化运动，当然也是靠所谓的"文人"发起的。在本书第二章中，笔者介绍过鲁迅先生撰写的《中国小说史略》，该著作开了中国小说研究的先河。换个角度来看，它也从头到尾地梳理了中国人自古以来是如何理解"讲故事"的。那么中文语境下的小说，其含义究竟是什么呢？鲁迅的总结如下。

中国之小说自来无史；有之，则先见于外国人所作之中国文学史中。

小说之名，昔者见于庄周之云"饰小说以干县令，其于大达亦远矣"，然案其实际，乃谓琐屑之言，非道术所在。……后世众说，弥复纷纭，今不具论，而征之史：缘自来论断艺文，本亦史官之职也。

《汉志》之叙小说家，以为"出于稗官"。

在上述充满叹息的评述中，"饰小说以干县令，其于大达亦远矣"

这句话翻译过来的意思就是"用琐屑浅薄的言辞换来作者声名远播，距离通晓大道的境界也就越来越远了"。古人这番鄙夷批判的虽不是当代意义上的小说，却大抵为中国小说的发展定了个极其糟糕的"主旋律"。尽管小说就是故事，故事便也就是历史，但小说并非什么正经的历史，而是被史官嫌弃的野史、谣言和街头巷尾的胡说八道，夹杂在琐碎不堪的边角料中。即使是我们今天称为"四大名著"的古典小说，在古代也难登大雅之堂。鲁迅谓之曰："至于宋之平话，元明之演义，自来盛行民间，其书故当甚夥，而史志皆不录。"可见无论中国的小说有没有进化，文学技巧有没有发展，我们看待它的方式始终未变——甚至倒退了。清朝乾隆年间，纪晓岚修《四库全书》时将小说分为三派："其一叙述杂事，其一记录异闻，其一缀辑琐语也。"

纪晓岚说这句话时已是18世纪末，按照这一分类方法，四大名著应该归于哪一种呢？所以鲁迅才在《中国小说史略》中忿忿地说："史家成见，自汉迄今盖略同：目录亦史之支流，固难有超其分际者矣。"要知道《中国小说史略》发表于1923年，离当代还不算太久远。在这不到一百年的时间里，我们对于"讲故事"的认知实则改变了多少？

反观英文语境，小说的语义却大不相同。英文中称小说为novel，novel的词源是拉丁词语novella，意为new things（新事物），所以novel一词在15世纪以前通news，它就是新闻、新知的意思。乍看"小说就是新闻，新闻就是小说"这一结论，着实让人难以置信。但你仔细想想，无论新闻还是小说，都是"关于过往事件的叙述"。当代我们把新闻理解为"非虚构故事"，小说理解为"虚构故事"，其边界在15世纪以前切实是没有的。而在当代，无论是文学手法的发展还是新闻手法的发展，都致力于打破虚构与非虚构之间那堵墙。

故事讲得好，假的就能变成真的；讲不好，真相说出来也没人信。恺撒不是有句名言吗？"没人在意事实的全部，大多数人只选择他们愿意相信的真相罢了"。在 HBO 那部礼乐复原大片《罗马》中，令笔者印象最深刻的莫过于那位胖胖的"新闻发言官"。无论罗马城中发生什么大小事，他都在第一时间站到广场中央，手舞足蹈地将之传播给人民群众。两千多年前，罗马军队雄赳赳、气昂昂地跨过莱茵河时，恺撒亲笔书写《高卢战记》，其文体类似于当代的报告文学，在当年也是官方的新闻通讯稿，大抵要吩咐城中的"嘴把式"改成评书，每天不停轮流讲。日本作家盐野七生盛赞《高卢战记》文笔卓越，故事讲得恢宏大气，比之西塞罗的絮语唠叨不知高到哪里去了，所以恺撒的理念最终当然能够毫无悬念地胜出。

鉴于此，汉语的小说对等于英文的 novel，只能理解为语义规定如此，仔细观测它们的语义却是南辕北辙。西方的小说脱离于原始的"故事"，于 15 世纪以后飞速发展，手法不断更新，成为文学艺术的核心。而比之"官方新闻"的待遇，中国的小说却是街头琐议的民间话本。讲话本的叫说话人，或曰说书人——所谓相声演员的祖师爷，不过是行走江湖的"下九流"，从来也没上过台面。从文化的深处去解构，我们便明白中国人为何不擅长讲故事——novel 源于新闻，小说却源于流言；新闻要弘扬，流言当摒弃。经过上千年的演变，地位岂止天差地别？毋宁说中国自古以来就鄙视讲故事的人。这种情况直到当代也未见得有什么改变，小说（novel）在两种语境中的实然可能呈现为下面这般差异——

"小说家 X 先生，我在胸口文了您的名字！"——这是一种语义。

"哟呵，您那小说得了诺贝尔文学奖？奖金能买多大坪的房子？"——这是另一种语义。

至于讲故事对于传播学的重要性，我想就不必赘述了。communication（传播学）的词源是 communicate（沟通），进一步追溯词根为 common（共同的）。通过沟通，你所得到的意义便是认知，群体得到的意义便是共同的认知，因而传播便是建立共识——根本无须等到印刷术盛行，西方的说话人早已练就这一身本领。而我们对于"新闻传播"这个词的理解恐怕从一开始就有问题：新闻应该归于文学院，学的当是讲故事；传播应归于社科学院，沟通之前先学好语言学。要不然你学新闻传播，学的到底是什么呢？牢骚的意义聊胜于无，还是让我们聚焦于解决问题的关键钥匙吧。中国人不擅长讲故事，研究故事的方法论就亟须更新。比如大家在高中时熟悉的所谓"小说三要素"——人物、情节和环境——它不叫方法论，而且也不太对。笔者不清楚小说三要素的具体出处到底是哪里，也许就是高中语文老师自己编写的，它看起来很像外国语文教材里的"three elements of fiction：character, plot, and setting"。

fiction 的意思是虚构，但是不能将虚构定义为小说。小说是文学类别的一种，而虚构用以区分事件的真伪。这就如同说"熟食就是炒菜"，炒菜是烹饪方法的一种，而熟食是相对于生食而言的，完全是两个不同逻辑的子集。这段话应该译为"虚构写作三要素"，或者"剧作三要素"。它只是写作技巧而非研究方法，翻译为"小说三要素"问题可就大了。正如前文所言，虚构和非虚构是在 15 世纪以后才产生边界的，鲁迅先生花毕生心血梳理的中国小说史中，大多只能算作野史、琐议的范畴，无法拿这三要素往上套。所以小说当然不能跟虚构写作直接画等号，否则中国小说的历史一下子就要缩短两千年。而这只是中国"小说三要素"的问题之一，另一个问题则更为严重。苏联作家高尔基作为现实主义文学的代表人物之一，同时也是一位文学评论家，他的看法对我们而言可能更客观一些。高尔基认为的"小说三要素"是语言、主题和情节，相较于人物、情节和环境的说法，高尔基的理论不包括人物和环境，而是强调了语言和主题。尤其语言是重中之重，必须放在所有文学要素的第一位。这当然是显而易见的，如果去除语言要素，请读者试看下列叙述。

> 宝玉贾作为贾氏家族无忧无虑的青春期男性继承人，出生时嘴里含有一块神奇的"玉"。在一生中，他与生病的表妹黛玉林之间有着特别的纽带，后者同享他对音乐和诗歌的热爱。然而，宝玉注定要娶他的另一个表妹宝钗薛——她的优雅和才智代表了一个人人渴求的理想女性，但与男主人公之间却缺乏情感上的联系。这部小说的主要故事是在贾氏家族财富下降的背景下，三个角色之间的浪漫对立和友谊。

以上关于《红楼梦》的叙述中，人物、情节和环境一分不差，但读者恐怕会感到滑稽和不伦不类——它看起来就像是东方猎奇版的《唐顿庄园》。如果语言不是小说最重要的元素，那么为何《红楼梦》最初被翻译成外语之后，只能算是一本二流甚至三流小说？因为19世纪的传教士翻译汉语时，能够掌控的部分还非常有限，几百个人名全都由奇怪的威妥玛式拼音构成，人物线索混乱难记不说，诗歌肯定是要删掉的，大量无法描述的细节也要去除。好比英国厨子给你做宫保鸡丁，葱、姜、花椒、干辣椒、料酒、酱油、醋，这些调料西餐没有，只有鸡肉、花生米、色拉油、食盐、白糖和淀粉这些是中西方共用的部分。做是能做，但做出来会是什么味儿？调料和食材还只是基础，烹饪方法则更是无法对照，那么宫保鸡丁最终只能改成 fried chicken with peanuts 了。所以，在 19 世纪之后两百多年的时间里，每隔几十年《红楼梦》就会出现新的译本。每次更新并非因为上一个版本的译者不够努力，而是因为西方语境对中国文化产生了新的认知。西方读者对于《红楼梦》的评价逐渐改观，完全在于汉学的传播与发展。中国著名翻译家黄国彬先生在他的英语著作 *Dreaming Across Languages and Cultures: A Study of the Literary Translations of the Hong Lou Meng*（《跨语言和文化的梦想：红楼梦文学翻译研究》）中曾经感慨这项工作"即使对最有才华的译者也构成了挑战，将其翻译成另一种语言的过程必然比翻译其他任何作品都涉及更多的技巧和原则"。然而即便处在 21 世纪的当代，完整翻译《红楼梦》仍然是不可能的，所以年近古稀的黄国彬才用了"梦想"这个词来表达他百感交集的心境。仅以这冰山一角为例，想必读者也能感受到，语言无论如何都不能被文学剥离出去。

虽然高尔基的理论还带有时代的局限性，但无论文学理论出自哪家以及它如何更新，都不曾削弱对语言的强调——文学是一种"语言本位"的艺术。尤其是现代语言学影响世界以后，我们对文学的理解方式也彻底变得不一样。索绪尔已经证明了语言即符号，符号的意义是由结构赋予的——所谓故事，它不就是"一堆符号的排列组合"吗？由于结构赋予符号以意义，所以故事本身就是结构。现代主义的奠基人，美国文学评论家艾兹拉·庞德（Ezra Pound）认为"伟大的文学只是塞满意义的语言"，这个观点几乎影响了你能叫得出名字的所有美国作家。作为 20 世纪法国最重要的知识分子之一，让——保罗·萨特（Jean-Paul Sartre）在他的代表作 *Qu'est-ce que lalittérature?*（《什么是文学？》）中，也将文学要素彻底简化为"语言"和"目的"。受到结构主义的影响，他所指的语言就是现代语言学所谓的符号，而

"目的"这个词则是哲学概念，并非我们平日理解的那个语义。简单来说，萨特认为作者通过观点介入世界，赋予符号以意义，观点即目的，目的决定意义——这本书解释了何为文学，其实正是作者为了表达自己的存在主义观点而写就的。萨特的观点本身当然也伴随着争议，但争议的地方在于"观点应不应该介入世界"，而不是他的推导逻辑有什么问题。由于很多哲学流派认为意义是先验的，不能受人为影响，所以艺术从一开始就不应该表达观点。不过，哲学家们关注的那些话题并非本书的关注点。总而言之，经过萨特的解构，文学体裁的边界没有了，写作可以直接理解为"说话"。你仔细想想，无论我们用笔写字还是用键盘打字，写作时是不是大脑的语言中枢在活动？所以写作就是说话，这个定义确实很精辟。虚构或非虚构当然也不再重要，无论散文还是小说全都可以归为一码事，因为它们都是对于观点的描述——只有诗歌例外。萨特认为散文和小说的写作是"使用语言"，诗歌写作则是"破坏语言"，虽然操作相反，但都是赋予符号以意义的过程。

到此为止，笔者简要梳理了人类如何看待"讲故事"的历史。从远古时期的含混不清直到文化现象被彻底解构为符号和意义，贯穿始终的一条隐秘线索便是"信息到底如何传递"。当观察派的脱口秀演员甩出"Have you ever noticed？"这个经典抛梗动作时，他们强调故事应围绕观点而创作；存在主义大师萨特则将故事本质归纳为"作者通过观点介入世界"。无论你着眼于人类灵魂还是市井小事，它们都汇聚到一个结论上：观点就是信息传递的介质。它与"故事即历史"的本质完美契合。因为构成历史的信息本身没有意义，只有当你选取支持自己观点的材料时它才具有意义，在历史学科中，这个专业术语称为"史观"。咱们有句俗话叫"历史是任人打扮的小姑娘"，这句话表达的语义正是"史观才决定历史的意义"。无论司马光写《资治通鉴》还是爱德华·吉本写《罗马帝国衰亡史》，抑或当代史学不同流派的演绎之争，都是为了表达观点，万变不离其宗。笔者的着眼点则要更加实用主义一些——随着符号学的不断发展，符号研究已经不仅应用于狭义上的信息，广义上的信息就是世间万物。它既可以是抽象的概念也可以是具象的物，因为一切客体最终都会转化为你头脑中的符号。比如玫瑰是一种客观的花卉，它本身没有意义，是人类为玫瑰赋予了意义；一个痛苦的喊叫声是引起这个喊声的痛苦的符号。同理，一切"物"都可以用结构主义的方法拆解为符号和意义两部分。用理科的角度来形容的话，不妨低头看看自己的手机。它包含了硅元素与其他微量元素组成的硬件辅以控制闭合通路的二进制代码，而它们排列组合的结构才决定了这是一部手机。因此，萨特虽然是个存在主义哲学家，但是他把语言学的研究工具应用到哲学上，从而将其边界不断拓宽。正因如此，传播学之父威尔伯·施拉姆首先是个语言学专家，其次才是个传播学家。没有语言学又从哪里来的传播学呢？

经过漫长的铺垫，我们最终得到的工具其实异常简单。"观点"是再普遍不过的一个词，我们可以把"观点"理解为想法、看法、意见、主张，你的观点就是你的思想形态，可以在英文中找到一个最常用的单词 idea 来比对。idea 有时被我们译为"点子"，比如大家头脑风暴时常说的一句话："Do you have any idea？"这意思一般是问："你有啥想法吗？"或者"你的创意是什么？"当然，听到这句话时，你最好把它理解为："告诉我，你的观点是什么？"

这个最普适的小词，着实是个古老的大词，希腊语写作 ιδέα——它源于柏拉图的哲学思想，最初意为"原型"。柏拉图认为世间万物都有它们的理念，譬如我们在看到马之前，灵魂深处早有马的形式。当然，不考虑词语背后的哲学倾向时，它意指一切人类的理念、概念，往小了说自然就是看法或点子，词义涵盖范围极为宽广。汉语中，"观点"恰恰也是伸缩自如的一个词。在中国哲学里，"观"就是带着目的去看，所谓用眼看为看，用心看为观，表达的含义殊途同归。此前笔者介绍过传播学大师麦克卢汉的理论，他说"媒介即讯息"——这个句式看起来是否跟我们方才得到的结论有点像呢？

其实麦克卢汉的原话是："The medium is the message."在这句话中，message 一词的含义非常模糊。正因为它语义不清，所以我们无法理解，甚至因此产生歧义或错误的解读。你会在各种场合看到流行文化推销员强调，"媒介即讯息"——不是"媒介即信息"！这条理论用不好，说明你没理解对。如果你是相关专业的学生，论文中必定不会写错，因为仅从字面上来看，我们也知道媒介不可能是信息。媒介是传递信息的介质，它怎么可能是信息本身呢？然而，"讯息"一词和"信息"相比更加让人摸不着头脑。我给手机里所有好友群发讯息："门前大桥下，来了一群鸭。快来快来数一数，二四六七八！"——这条讯息（message）是媒介吗？麦克卢汉说过，"万物皆媒介"，因为媒介是人类功能的延伸。这就更令人困惑了，如果万物皆媒介，那桌椅板凳是媒介吗？我的牙套是媒介吗？总之，我们根本无法辨析 message 的语义到底是什么。这并非一个翻译技术的问题或者我们缺乏理解大师思想的天赋，而是因为作者本人也不太确定它的具体含义。麦克卢汉所讲的"讯息"不是普通的讯息，而是一种"易于理解的消息"，一种"引起注意的方式"，一种"介入人类事务的结构性变化"，它塑造并控制了人类沟通的规模以及行动的形式——读者可以自行感受一下这番解释能否帮助我们理清思路。所以他的言论发表以后，尽管其著作引起轰动，然而当年美国和加拿大的读者根本搞不清 message 到底是什么意思，所以不管麦克卢汉走到哪里都要面对读者的刨根问底。作者不得不用形形色色的具体案例来具象化地描述，比如他认为电灯泡就是讯息，因为电灯泡为在黑夜笼罩中的人类创造了光明的环境；电影也是讯息，因为电影"将顺序连接的世界变为创意配置的结构世界"。由于麦克卢汉每次说得都不太一样，讲到最后连他自己都烦了，只得强调媒介"不是中性的东西"，而是必须"对人有影响，对人有意义"，"任何一种新社会从新媒介当中获取的整体概貌就是该讯息的目的"——总之，"作为媒介的讯息必须具有自传递属性"——是的，连刚毕业的运营实习生都知道一条像病毒一样能够传播的网络段子必定具有自传递属性，但自传递属性又是什么呢？

　　话说回来，如果把以上所有啰里啰唆的同义反复总结为"媒介即观点"，逻辑便瞬间通畅了。仔细辨析一下麦克卢汉描述的语义，它不就是把结构主义的基本观点改头换面重新阐述了一遍吗？桌椅板凳当然是媒介，但并不是指桌椅板凳的"物"，而是桌椅板凳的"目的"，或曰制造桌椅板凳的设计者所持的观点。也许你会问：桌椅板凳能有什么观点呢？今天的桌椅板凳已经失去了时代性，所以你感觉不到它的观点。如果你将时间回溯到中国汉代以前，古人可是席地而坐的，就像当代日本人那样跪着。"桌椅板凳的观点"其实就是游牧民族倡导的一种生活方式，因为对于骑马的人来说，长期跪坐肯定会影响血液循环。桌椅板凳从唐宋开始流行，至明清时期基本取代了席地而坐的方式，这期间上千年的传播过程明显表明农耕民族接受了游牧民族的观点，觉得桌椅板凳比跪坐舒服。由此可见，中国人"水稻性格"

的说法从调研阶段就靠不住，因为中国有五十六个民族，其中不仅有农耕民族，还有游牧民族、半耕半牧民族和渔猎民族，今天的"汉语"是几千年来无数个符号和意义融合的结果。试想一下我们生活中习以为常的事物，一旦带着"目的"重新观测，你会发现多少观点呢？前文笔者提及过酒吧和教堂作为媒介的特点，现在我们能更清晰地辨识出，酒吧和教堂的观点才决定它是媒介，首先接受它们的观点，然后才能进而接受它们符号背后的意义。所谓万物皆媒介，是因为万物都有它的观点，而非"物"自身。

反过来想，也正因媒介是观点，所以任何媒介都有它的时代性，其自传递属性并非永恒地保持着。譬如我使用最先进的移动 App 群发讯息，只要讯息本身观点落后，则无论多么新颖的"传播模型"都没法起到媒介的作用，因为媒介不是"物"。如果我们总是绕开意义而只看到"物"，面对信息传播的规律时就永远摸不着头脑。中国人以为图书过时了，电视落伍了，便想尽办法更新"物"的技术形式，然而最流行的美剧依然是电视剧，互联网思维也无法挽救内容创作的断代。处于新技术不断爆炸、新事物不断诞生的时代迷雾中，理清它们的主次关系尤为重要。为了解释语言学和现代传播学研究之间的关系，当代的传播被定义为"将意义从信息源传输到接收者的过程"——不论它借助于"虚拟现实"还是"古典自媒体"，接收方从"解码数据"中获得意义的过程并不是一种技术过程。这意味着语言学基础对传播学而言早已必不可少，并且成为所有人文学科的共识。至于古登堡是否真的依靠"发明"活字印刷术奠定了西方文化的领先优势，笔者倒认为大可不必当真。难道中国文化在当代传播上的困境，是因为我们缺纸或 5G 网速不够快吗？

关于本书的核心命题——制造一场中国潮流所必备的第二个条

件，我想此刻已经在你心中有了明确的答案。更新观点是激活大众传播的关键钥匙，也是赋予符号以意义的必经之路，因此笔者将它定义为国潮第二要素。认识到语言同符号的关系之后，我们可以更清晰地认识到国潮第一要素——笔者所指的中国符号——其实就是汉语本身。"一个熟悉的中国符号才能引发流行"这句话的语义也可以等同于"汉语的意义中国人才能理解"。在索绪尔建立现代语言学几十年以后，罗兰·巴特（Roland Gérard Barthes）甚至把符号学定义为语言学的一部分，这意味着，他认为并非"语言即符号"，而是"符号皆语言"。如果我们参考罗兰·巴特的观点，那么无论竹林的清幽、锣鼓的喧嚣、丝绸的柔滑、花椒的辛麻还是茉莉的芬芳，它们并不是视觉的意义、听觉的意义、触觉的意义、味觉的意义或嗅觉的意义，而统统是语言的意义。当然，罗兰·巴特的观点有些极端，读者可自行参考。尤其是把一切符号都归于语言本身之后，电影是否也就没有了存在的必要呢？不过，从萨特到罗兰·巴特，他们早已将语言学应用到了流行文化的方方面面，并非象牙塔里的纸上谈兵。虽然他们是法国学者，但同样影响了英美，现代人对于文化的思考很难超出他们的范畴。对于我们来说，直接使用结论当然就足够了。不过理论应用反倒是比学术讨论更难突破的一个困境，由于前文提及的种种原因，在文化领域，我们的学术和产业脱节得尤其厉害。互联网总会催生一些似是而非的绝招，发明一些语义模糊的金句，譬如"标签""人设""口碑""破圈""参与感""分享价值"，它们都隐隐约约地描述了部分真相，却都不愿面对真正的"方法论"。一个清晰的"标签"是因为它有一个清晰的观点，年轻人参与是因为他们渴望表达观点；反之，若是抓不到关键的媒介，无论怎么买流量也买不到"真流行"。

那么，到底如何从产品——无论它是抽象的内容还是具体的

"物"——中寻找并提炼观点呢？而所谓"更新观点"，究竟何以算作更新？现在，请允许笔者主持一场虚构的头脑风暴大会，抛给作为产品经理的你们一个经典问题："Do you have any idea？"

当我们谈论创意时，我们究竟要谈论些什么呢？

产品的本质是观点

　　1919年，德国魏玛市成立了一所叫国立包豪斯（Bauhaus）的艺术学校。尽管德国此时已经日趋衰落，但包豪斯学校在短暂的14年历史中，培养了一大批青年建筑设计师。这群怀揣梦想的青年艺术家在学校关闭之后移居到全世界（其中大部分去了美国），伴随着他们的开创性工作，今天几乎所有当代建筑都或多或少地受到了这一批艺术家的影响。因此"包豪斯"或"包豪斯主义"便成了我们非常熟悉的名词，它总是同现代主义、极简风格联系到一起，占据了当代艺术、时尚和家居生活的主流地位。严格来说，"包豪斯"这个词的字面意思就是"盖房子"，并没什么特别的含义，它在语义描述上的无限延展很明显是在后世近百年的时光里缓慢发生的。如果你喜欢逛街，或者观看过任何形式的艺术展览，必然接触过包豪斯的艺术风格。就建筑本身而言，无论中国、美国、俄罗斯、日本还是全世界其他任何一个国家，但凡大都市的核心地带，全都长得差不多。尤其是艺术园区的展览馆和咖啡厅，简直像从一个模子里刻出来似的。诸如黑白灰的配色、钢铁结构、玻璃幕墙和几何形态的桌椅，大略都是典型的包豪斯设计。有趣的是，包豪斯艺术学校从来没有提出过这样具体的建议，它倡导的观点事实上只是一种抽象的原则，其主要观点包括以下三个。

1. 强调艺术与技术的统一。

2. 设计的目的是人而不是产品。

3. 设计必须遵循自然与客观的法则来进行。

单看这泛泛几条观点，我们很难描述包豪斯到底是什么。建筑设计大师沃尔特·格罗皮乌斯作为包豪斯学校的创始人，大体延续了英国维多利亚时代艺术家威廉·莫里斯提出的"艺术应该满足社会需求"这一观点——其实这也并非一个非常具体的观点。无论"设计以人为本"，还是"艺术应该满足社会需求"，它们的符号主体都没有附着特定的意义。比如：人是什么人？社会是什么社会？如果"人"和"社会"这两个词都没有限定范围，那么理论上来说，包豪斯倡导的设计风格应该在不同国家、不同文化具体的描述下，呈现为完全差异化的样子。因为人是不同的人，社会也是不同的社会，根本需求必定是不一样的。然而今天我们看到的"包豪斯风格"全都长得一样，这究竟是基于什么原因呢？

在本次头脑风暴会议上，我们不妨以包豪斯风格作为切入点展开讨论，示例解构一个产品观点的过程。当然，也许你会觉得咱们谁都不是建筑设计师，何必讨论这样一个宏大的命题。但大部分人也都不是导演，为何我们每个人都可以讨论电影呢？譬如当我们讨论一部电影时，绝对没有观众会发表这样的看法："这个镜头三分之二处的演员入画晚了一秒！"或者"柜子后面藏的彩灯染到肤色上了！"——这些都是具体的技术问题，只有从业人员才会关注这种细节。而我们讨论电影时发表的看法多是："男主角最后死得太莫名其妙了吧？""女二太作，不追这个剧了。""最喜欢这种无脑爽片！"很明显，没有哪个普通观众会为一部电影的某个具体技术细节而买单，决定大众消费决策的是它整体上传达给人的感觉。这种所谓的感觉是看完整个故事以后的综合体验，它往往很难说清。但是通过前文的叙述，现在我们明白正是故事的根本观点决定了观众能否喜欢它，我们评价电影时当然也是针对电影的观点有感而发。这有点像是中学生给一篇文章总结中心思想的过程，或者高尔基所说的归纳文学主题。观点同中心思想或主题还是有所区别的，它是需要你站在更高的观察视角才能得出的结论，因为观点是决定产品意义的哲学目的。比如当观众表达"喜欢无脑爽片"时，"无脑爽"并不是故事的中心思想，而是该产品的观点。有时我们会把这种类型的电影笼统地划分为暴力美学电影，或者把暴力美学作为这类电影产品的设计目的。如果你参考一下"包豪斯主义"这个词的构造过程，那么这类电影的观点是不是也可以总结为"无脑爽主义"呢？当你不喜欢一部爱情电影中的第三者时，同样，这部电影的"爱情观"就是你不接受它的理由。但要注意，不能把产品的哲学目的归纳为"赚钱"，假如说一部电影的观点就是"为了赚钱"，恐怕是把产品和社会的概念混淆了。任何商业产品当然是为了赚钱，但赚钱不是产品的观点，赚钱是"商业的观点"——后者是社会的哲学目的之一。

理解观点是媒介的特性，找到其表面构造深处最根本的理念，那才是产品与我们沟通的桥梁。类似电影这类产品本身就是在讲故事，所以我们很容易找到它的观点。但是对于广义上的产品而言——所有产品其实都在讲故事——找到故事的观点就需要一些思维训练了。事实上，解构建筑比解构电影离我们的生活更近，甚至更为本能，只是我们意识不到这个解构的过程而已。中国14亿人，谁敢说自己一辈子不需要跟房子打交道？不论是蜗居在廉价的出租屋里吃外卖，还是睡在小产权房里流着眼泪还房贷，你不得不承认自己人生大部分的意义都为房地产的哲学目的所决定。在这种情况下，难道房子的观点不是我们日常生活中最常见也最熟悉的谈论话题吗？当我们评价房子时，往往会表达这样的看法："地段不错，就是有点贵。""户型还可以，但是学区不太好。""上班方便，可上厕所不方便。"每当此时，你所描述的恰恰就是房子的观点，而你消费的就是"产品的故事"。买房是听开发商给你讲故事，租房是听房东给你讲故事，归根结底，这些故事的主题都是向你输出他们倡导的生活方式。你接受谁的哲学观点，便意味着未来三年甚至三十年，你的人生会经历一段什么样的旅程（并且没有后悔的余地）。可见"哲学"并非一个不食人间烟火的学术名词，它从你出生开始就切实地影响你每一天的生活。最重要的是，全世界不管哪里人，都离不开衣食住行这些最基础的生活选项。也正因如此，我们可以将包豪斯风格喻为"这个世界上关于盖房子最被广泛接受的观点"，它毫无疑问穿透了所有文化的壁垒，贯穿了几乎所有年轻人的需求选择，因此有时也被称为"国际主义"——那么，话又说回来了，为什么呢？

在解构这个问题时，让我们换一种更为轻松的方式，不再从枯燥的历史中追根溯源，而是通过描述细节，寻找它们共通的规律。因为任何产品都是可以拆解成一连串符号的排练组合，只要列举每一个符号的意义，将零零碎碎的关键词摆在一起，总能推断出结论。这就同侦探把案情线索铺在白板上所做的推理过程差不多。但是复杂的产品涉及的符号太多，我们需要先找重点。比如对于房子来说，我们应该关注的并不是它的造型和材质，而是居住、工作和生活在里面的人——那些住在黑白灰的配色、钢铁结构、玻璃幕墙之后的人，构成他们生活的符号就能反映包豪斯风格的观点。试着想象一下，现代主义倡导下的生活为何受到青睐？我们又该如何去描述它呢？例如——

1. 请从下面两种饮料中选择一个你认为更有品味的选项：

A. 喝威士忌　　　　　　　B. 喝豆浆

2. 请从下面两种播放设备中选择一个你认为更优雅的选项：

A. 用黑胶唱机放音乐　　　B. 用手机喇叭放音乐

3. 请从下面两种娱乐消遣中选择一个你认为更有文化的选项：

A. 玩德州扑克　　　　　　B. 玩斗地主

4. 请从下面两种作息时间中选择一个你认为更精彩的选项：

A. 半夜两点睡觉早上八点起床

B. 晚上九点半睡觉清晨五点半起床

5. 请从下面两种装饰手法中选择一个你认为更具魅力的选项：

A. 床头挂摄影图片　　　　B. 床头摆万年历

6. 请从下面两种生活方式中选择一个你认为更向往的选项：

A. 穿牛仔裤驾车公路旅行　B. 穿拖鞋逛家门口的菜市场

想必读者已经发现这些问题的规律，因为绝大多数人都会毫不犹豫地在每道题下面勾选 A。然而仔细推敲一下，会发现这种本能的倾向并没什么严格的逻辑可言。比如当你认为喝威士忌相对于喝豆浆更有品味——一个选项是酒类，另一个选项是植物蛋白饮料时，这两者之间比较的关联性很模糊。倘若你觉得威士忌看起来价格贵一些而豆浆看起来很便宜的话，须知廉价的威士忌不过几十块钱一瓶，而拼配有机豆、加入山泉水并通过高端破壁机搅拌出的豆浆要卖多少钱一杯？光把这些来自山南海北的材料组合到一起的运输费用，恐怕都是无法计量的。再比如，为何我们觉得玩德州扑克比玩斗地主有文化？作为世界上玩家基数最大的两种扑克赌博游戏，它们最主要的用户群体都是高中以下学历的普通赌徒。也许你会说，德州扑克是一种综合了数学和心理学的高端思维训练，所以基金经理和互联网大厂的青年才俊们都热衷于这种高雅的社交活动——虽然笔者很想表达德州扑克跟投资水平没有一毛钱关系，但主要问题在于，"文化"这个词指的压根就不是计算能力。斗地主作为一种中国本土流行的扑克玩法，从名字来看就很有"文革"时代的特点，它很明显是 20 世纪 50 年代至60 年代出生的人发明的。尽管他们普遍受教育程度不高，但他们当中也诞生了最初一批大学生和文化工作者，比如诺贝尔文学奖获得者莫言。可见扑克牌的游戏规则同文化水平之间也不存在因果关系。至于日常生活的作息规律就更为微妙了，选择 A 答案的人每天只睡六个小时，而 B 答案每天睡八个小时，为何每天睡六个小时会比睡八个小时更精彩？这当然是因为你觉得夜晚比白天更精彩，为此你甚至不惜让身体处于亚健康状态，并且认为付出必要的牺牲是值得的。

总之，把这些线索汇集到一起，"嫌犯"的肖像就勾勒出来了：一个白天藏在黑白灰的玻璃幕墙后面，坐在几何形铁椅子上疯狂透支自己，半夜听黑胶唱片、喝威士忌、梦想在财务自由之后追求浪漫冒险生活的职业经理人。这种典型人物形象我们在无数好莱坞电影和美剧中见到过，他不就是美国主流社会从 20 世纪 50 年代开始推崇的中产阶级成功人士嘛。不过，如果把这一结论归纳为包豪斯的观点，便显得有些不太对头。因为包豪斯风格在全世界普遍流行，如果它代表美国中产阶级的生活方式，我们怎么解释同时期的东欧和苏联也受到这种风格的影响呢？比如北京 798 艺术区的典型设计是从 20 世纪 50年代的旧厂区改造来的，而当时援助中国的建筑设计师来自东德。那个年代美苏之间意识形态有着强烈的对立，但是建筑设计的观点为何具有相当高的一致性？更有趣的是，沃尔特·格罗皮乌斯领导的这一群青年艺术家身上不仅没有资产阶级特点，他们最初在德国甚至被当作共产主义分子而遭到驱逐。可见我们脑海中联想到的那些符号，大概是受到美国流行文化的影响，不自觉地把"包豪斯风格"等同于"美国的包豪斯风格"。既然包豪斯没有意识形态的特征，那么我们就要排除这些干扰因素，从更宏观的视角出发，寻找更为接近真相的答案。比如，当你把注意力从每道题的 A 选项上移开，全部聚焦到 B 选项时，就能勾勒出另一个人物形象：此人早睡早起休闲养生，和海阔天空相比更关心粮食和蔬菜——这不就是个典型的老年人吗？

事实上，包豪斯风格是一种"青年本位"的风格，这个观点的确和意识形态无关，却同年龄有关。当然，包豪斯学校最初提出的设计观点并没有讲过这句话，它也没有倡导过"青年本位"的观点。要注意的是，在"包豪斯学校培养出的青年艺术家影响了全世界"这句话中，其实已经把最重要的关键词"青年"涵盖了进去，只是我们分析时很容易把这个关键符号忽略掉。青年本身就有它的倾向性，虽然"青年"一词看起来没有属性，但青年人的社会需求怎么可能跟老年人一致呢？当我们把现代主义或极简风格同包豪斯画等号时，这种哲学目的就早已经贯彻进去了。比如建筑设计业内评价现代主义的缺点时，除了千篇一律以外，主要认为它"不舒适、缺乏人情味，导致现代人全都生活在水泥森林里"。这句话往往让人误以为"凶手"是水泥——水泥只是一种材料，材料怎么可能导致社会缺乏人情味呢？如果搬到空气清新的郊外田园，生活在木制别墅里是否就可以破解现代主义的弊病？我知道归隐田园是很多年轻人梦想中的老年生活，然而这样想恰恰因为青年根本不了解老年人。随着年纪的增长，仅仅开车去购物都会变成沉重的负担。老年人真正需要的是住在市区，离医院足够近，依靠轮椅便能在方圆一公里路程内行动自如，满足大部分生活需求；青年人需要独处，老年人害怕孤独；青年人需要空间和隐私边界，老年人需要身边随时有人照顾。所谓不舒适、没有烟火气、没有人情味，是因为青年人根本不需要这些东西，他们生活节奏太快，也没有时间做饭，社交都放在线上而不会考虑方圆一公里内的邻里关系。如果我们继续分析下去，还会意识到现代主义不仅排斥老年人，也把儿童的需求排除掉了。因为青年人追求的所有优雅、体面、理性、独立、专注和有序，在一个人类小孩面前连半个小时都撑不下来。你的床头会堆满尿布，你的衣服会沾满奶油，你的黑胶唱片会被当成飞盘，你的地板再也扫不干净，每到晚上九点半你就会困得口水横流——然而这时孩子躁得正欢。千万别指望小孩会按照设计师的功能划分，在你给他安排的空间里"遵循秩序地玩耍"。因为儿童的需求与你正好相反，他们是粗心暴躁、大喊大叫、上蹿下跳、无理取闹、侵犯一切可疑物体，并且像永动机一样分秒必争地给你制造麻烦的破坏狂。当又酷又有品味的青年才俊们生娃以后，会惊奇地发现自己只是"披头散发的动物园饲养员"和"抱小孩的妇女"，特别是当"小猪佩奇邀请小羊苏西、小狗丹尼、小马佩德罗和小兔瑞贝卡一起到你家集体跳泥坑"时，再坚强的硬汉也会被生活的重击揍得满地找牙。不！他们宁愿选择一辈子做个青年——我们称之为老男孩或老女孩——也不要过那样狼狈的生活。正因如此，但凡现代主义包裹的地方，生育率和生育意愿都必然持续走低，例如在全世界排名倒数第一的韩国。

一切产品的本质都是观点，只要你不停地追问，不断地解构，总能推导出它的哲学目的。就像汽车有汽车的观点，电动车有电动车的观点，产品之争最终必定是观点之争。广义的产品甚至波及抽象的商业模式，比如有的企业喜欢开辟新区，而有的企业倾向于老城改造；有的 App 向 C 端用户收费，而有的 App 让 B 端客户买单——这些其实都是观点。任何一个产品都是由种种观点捏合而成的思想形态，而观点上的任何细微偏差都可能决定数十亿投资的功败垂成。因此每当我们讨论一个创意（idea）时，究竟要讨论些什么呢？回到盖房子这件事上，如果你是一个设计师或者房地产开发商，在完善每一个产品细节以前，反倒应该先从最根本的哲学命题出发，比如："中国人到底需要什么样的房子？"因为观点即媒介，只有观点击中消费者，产品才能真正引发流行潮。那么当我们描述现代主义时，它对中国人来说究竟算是新观点还是旧观点呢？中国传统的住宅模式是"村寨"，从 20 世纪 50 年代开始我们奉行苏联式的建设原则，开始修建集体公寓；而后 90 年代有了商品房，也就是今天我们熟悉的那些两居室、三居室或四居室。但是在这个过程中，我们从未深入思考过中国住宅究竟在倡导什么样的生活哲学。现代主义是在社会大分工的基础上颠覆了传统熟人社会倡导的伦理关系，本质上来说它的目的是为了提高社会总生产力。在美国它就代表个人自由主义，然而在苏联模式的集体主义观点下，也同样需要打破旧的社会结构，从而提高总的社会生产力。所以无论赫鲁晓夫楼还是当代商品房，其实它们都是现代主义的住宅产品。很明显，全世界的建筑设计工作者都在反思现代主义的弊病，因为它的致命缺点（物理意义上的致命）会导致老龄化和无子化，长线来看不仅会导致经济衰退，甚至引发人类社会的慢性自杀。但是，西方用以修正现代主义的建筑新浪潮叫"后现代主义"——这个哲学名词同后结构主义有很大关系，为了节省时间我们就不在此具体解释这些术语了。抛开一切具体细节来看，后现代主义同样是一种青年本位的观点，就这一点而言，它和现代主义相比没有任何变化。

如果我们按照西方的演变规律，用后现代主义的观点去盖房子，是否就算是"更新观点"了呢？

美国当代最杰出的政治学家罗伯特·帕特南在《我们的孩子》这本名著中，总结了美国社会从战后 50 年代至今的发展变化，其中关于家庭结构变迁的部分对我们来说非常值得思考。美国 20 世纪 50 年代的主流家庭被称为"奥兹和哈莉特模式"（ozzie and harriet style）：父亲主外赚钱养家，母亲主内操持家务，共同养育几个孩子，夫妻关系稳定，离婚并不常见，所以"奥兹和哈莉特模式"在美国被定义为传统家庭。而 70 年代之后，这种稳定的家庭结构土崩瓦解，这个现象被称为"传统的崩溃"，取而代之的主流模式是"新传统家庭"和"脆弱的家庭"（fragile families）。"脆弱的家庭"就不解释了，它就是字面上的那个意思。而"新传统家庭"本质上还是"奥兹和哈莉特模式"，区别是性别分工方面更为平等——因为哈莉特也要上班了，而奥兹不得不付出更多的时间照顾孩子。这种情况下离婚率稳定了下来，但是生育年龄不断推后，生育率也迅速下降。帕特南在这本书中，从家庭结构出发，痛心疾首地分析了美国社会的割裂、阶级对立与机会不平等问题。不过，笔者的关注点并不在此。不知你看到这里为止，是否观察到了什么蹊跷的地方呢？无论传统家庭、新传统家庭还是脆弱家庭，它们都有一个共通的规律——是的，英文语境下的 family 和中文语境下的家庭根本就无法对译。

家 ≠ family

乍看这个结论有点怪异，其实道理非常简单。当一个中国孩子说"我的家人"时，它通常包含了爸爸、妈妈、爷爷、奶奶、姥姥和姥爷六个成年角色。稍微传统一点的话，还包括叔叔、大爷、二姑、三舅、四姨等杂七杂八一大堆人。我们学英语时会发现，中国人生活中最基本的亲戚关系在英文中根本无法对译，英语老师一般会跟你解释"外国人不讲究那些伦常"，大家不当回事，笑一笑也就过去了——然而这是一个极为重要的根本性问题。尽管从法律上来说，你和你的爸爸、妈妈算作一个家庭，爷爷、奶奶算作一个家庭，姥姥和姥爷算作一个家庭，加起来总共是三个家庭，但中国人的观念是把以上六个成年人算作一个"家"，这时汉语的"家"就和法理上的"家"产生了巨大的矛盾。西方把家庭严格定义为父母（或单亲）和子女，子女成年之后必须与父母分家。如果像中国人这样混居在一起，在西方看来就显得非常可疑，尤其是产生"无法界定的资金流转"时，family 就会转变为另一种语义——黑帮。读者可能会感到非常困惑，我们不妨拿世界上最知名的一部黑帮电影来举例。

　　1945 年 8 月的最后一个星期六，纽约市的乡亲们蜂拥前往维托·柯里昂老爷子家喝喜酒，因为今天是大丫头康妮出嫁的日子。通透敞亮的宅院里门庭若市，处处张灯结彩。流水席的阵仗从头天晚上就开始拾掇，当日要整整摆上一天。南来北往的客人甭管认不认识，加把凳子就坐下，抄起刀叉奔嘴里扒拉意大利面条子，横竖不拿自己个儿当外人。当然，老爷子这人对谁也都不见外。在纽约这些年张罗的大小事，虽然偶有埋怨，但终归落了个好人缘。谁都知道意大利人不容易，在纽约作客他乡，本地人瞅他们生分得很。但维托·柯里昂仗着自己来得早些，怕孩子们吃亏，明里暗里地护犊子。只要道一声"老乡"，甭管你是哪个村出来的，能帮上忙的事老爷子绝不含糊推诿。

　　这不，打一早家里人就开始收彩礼，有钱的随个大份子，没钱的就提着老家寄来的土特产登门道喜。什么橄榄油、葡萄酒、胡椒馍馍，满满当当地装进篮子里，管你吃不吃喝不喝，就硬往本家手里塞。上上下下当然不缺这些个物件，可人家千里送鹅毛，推也推不掉。这一天下来，不够媳妇们忙乎的。

老爷子家里三代同堂，大儿子叫桑提诺，生得人高马大，活似个鲁智深，大家都不太喜欢他。但是桑提诺的媳妇贤惠，忍气吞声拉扯着三个娃。看在大少奶奶的面子上，乡亲们不爱跟桑提诺一般见识。往下数，老二叫弗雷多，是个出了名的孝子，三十岁了还没娶媳妇，整天就是鞍前马后地给老爷子生意打下手。大家都说柯里昂家能生出弗雷多这样的孩子，那可真是上辈子修来的福分。不过弗雷多就是有些太老实，啥事自己都做不了主。然而老头儿最疼爱的幺儿子迈克尔却跟家里长辈格格不入。他生得一表人才，上的也是新式学堂。但日本鬼子打来的时候，迈克尔跟老爷子闹翻了，非要跟着那些进步青年参军入伍，家里人拦也拦不住。老维托反对孩子当兵也不是为别的，打仗那是九死一生，凭什么给贪污腐败的罗斯福政府卖命？他上下打点走了各种后门，最后好说歹说地总算是把儿子从前线弄了回来。不过迈克尔退伍的时候也算在部队里立了功，还牵回一个洋里洋气的盎格鲁－撒克逊女朋友带到了爹娘面前，当真是给老宅院长了门面。这一大群灰头土脸的乡巴佬，多少年来也没想过意大利人还能娶洋媳妇，都对她好奇地上下打量。不过就照这个情况来看，将来哥儿仨哪个当家谁也说不好。正所谓家和万事兴，但家家也都有本难念的经……

以上文字叙述的内容出自对全世界观众来说最熟悉的电影之一，弗朗西斯·福特·科波拉导演的《教父》开篇第一场戏。当然，笔者参考的并不是电影剧本，而是马里奥·普佐的小说原著。每一个句子都是从小说里摘抄出来的，并未改变任何细节，仅仅在翻译时以中国人熟悉的汉语进行描述。你会惊奇地发现，柯里昂一家的生活场景简直和同时期的中国传统家庭一模一样。这段文字中出现的"彩礼""份子钱"在美国都属于"无法界定的资金流转"，已经涉嫌违法，对我们来说非常普遍的压岁钱也属于这个范畴，因为在美国社会，只有直系亲属才可以给子女零用钱。像中国人这样，七大姑八大姨都毫无理由地给孩子塞钱，或者嫂子一高兴给你买辆车，都可以界定为"疑似黑帮"，整个家族都可能被警察盯上。至于"老乡"这个泛亲属概念就更恐怖了，西西里黑帮、爱尔兰黑帮、墨西哥黑帮、犹太裔黑帮或者华裔黑帮——你以为这些概念是什么意思？中国人这种"不分家"的文化在他们看来就是黑社会文化，"礼尚往来"这个成语已经把中国人的"黑社会性质"描述得清清楚楚。所以你在英语国家跟别人说"my family"如何如何时，最好改成"my parents"，这样指代清楚一些。特别是父母之外的亲戚，最好不要把他们算在你的 family 里，否则你很容易被当成帮派分子。

传统的意大利家庭也不分家，像中国人一样习惯于三代人混居在一起。《教父》这部电影在美国历史上是一个非常重要的文化转折点，尽管我们看了觉得很酷，全世界绝大多数影迷也都觉得它是一部伟大的作品——然而它几乎导致意大利文化中每一个符号都在意义上发生了偏转。在这部电影广泛传播之后，天主教家庭混居的习惯在美国普通人看来全都成了罪恶滋生的温床。因为美国社会的伦理和法律都是基于新教移民的，天主教属于异文化，它倡导的传统家庭结构必然是美国人眼里的法外之地。当然，笔者并没有说意大利黑手党的暴力犯罪在美国社会不是个问题，但你总不能说所有的意大利移民家庭都是黑手党吧？这种针对意大利文化的刻意扭曲令意大利人非常反感，所以在《教父》之前，反映意大利黑手党的好莱坞电影并不是意大利导演拍摄的，甚至不是意大利演员饰演的，往往显得怪里怪气。为了追求真实，《教父》需要找到一个意大利人来做导演。然而在科波拉之前，总共有七位意大利导演婉拒了这份合约。科波拉之所以接下这部片子，纯粹是因为他当时欠了一屁股债而已。符号的意义一旦发生偏转，可能用很多年的时间都没办法修正回来。如果你还记得本书第一章中提到的那些港式筒子楼，它们的建筑风格是从围村发展来的，代表的就是中国传统家庭结构。联想一下 20 世纪 90 年代以前流行的黑社会电影，关公像和妈祖像总是与凶神恶煞的流氓同时出现，其实它们都是中国传统的文化信仰，跟黑社会有什么关系？只不过在当时的英国人眼里，这些不接受改造的传统村寨必定都是藏污纳垢之地罢了。

笔者之所以谈及"家"这个话题，是因为在讨论"房子"这个产品时，我们必须认识到房子首先是家——其次才是建筑。中国人的信仰是"家"，现在反倒变成"房子"，你觉得是为什么呢？在传统道德中，我们认为四世同堂是一种至高的幸福，到底从什么时候开始，年轻人认定成年后同父母住在一起是件丢人的事情？要分家，必须先买房，不买房就会被瞧不起，导致大半个中国的年轻人都变成了房奴。然而即便买了房，幸福地结婚生子，却发现靠夫妻两个人的力量根本无力照顾小孩，只能把老人接回来帮忙。这时才会意识到，爸爸、妈妈、爷爷、奶奶、姥姥和姥爷用六个人的力量温暖彼此，哪里是什么落后的习俗，分明是非常先进的家庭模式。既然如此，从一开始为什么要倡导分家呢？我们一家人共享一个钱包，不会像西方那样个体财政独立；我们从小到大都离不开老人的照料，成年以后也会为老人养老送终；几乎没有人会把父母送进养老院，因为尊老爱幼是最基本的底线，几千年来的社会伦理都是这样——然而对当代的青年来说，这还是他们认可的生活哲学吗？我们不得不为此感到焦虑，因为两代人之间的观念冲突已经造成了巨大的社会裂痕。当然，笔者并不想深入讨论如此沉重的话题。从任何一个角度来看，中国人的家庭观念都和西方有着本质区别，为何产业倡导的生活方式却始终亦步亦趋地跟在西方后面？譬如很多所谓的"新中式"，它们只是在"宜家样板间"的基础上，将沙发换成罗汉床，不锈钢换成花梨木，改变的不过是造型和材料罢了，既不好看也不舒服。更新观点是指更新哲学目的，它不是为了更新而更新，更新是为了解决根本问题。比如当代青年与父母之间普遍出现的对立情绪，是由于"两代人的观念冲突缺乏相对的隐私空间作为缓冲，然而为了生存又必须团结一致住在一起"，所谓的"新中式"能调和这种矛盾吗？还不如将宜家的零部件重新装进筒子楼里，别看筒子楼各方面老掉牙，但它只是设施陈旧，空间逻辑却更符合中国人混居的需求，因为它本来就是更接近村寨思维的过渡产物。笔者举的例子或许不太恰当，但我想表达的是，对产品本质追根溯源正是我们每一个创造者都应该拥有的精神。当你把关注点从房子转为家时，观点其实已经更新了，不是吗？

第五章

CHAPTER 5

传统文化，
请退出中老年聊天群

巧夺天工的手 vs 看不见的手

　　站在中国插花艺术博物馆的走廊里，空无一人的展厅足以令你静下心来，身临其境地感受宏大历史热衷于忽略的细节。这条总共一百多米长的环廊最多用二十分钟就可以逛完，你却能饶有兴致地享受这二十分钟的过程。相信我，中国部分博物馆你进去不到两分钟就想出来，因为它们往往身负沉重的历史包袱，肃穆得让人喘不过气来。但这座展馆不同，它既不需要门票也没有工作人员检票，因为里面并非展出珍奇文物或昂贵的艺术品，只有用于公益科普的模具。它们是园林学者、花艺专家们参考古籍记载，以当代视角复原出的盆栽或美术造型。严格意义上来说，插花不能算作艺术，只能算作一种生活情趣。按照中国的传统，琴、棋、书、画是君子的四项才艺，也是附庸风雅的士大夫们必须掌握的技巧。才艺无论在当代还是古代都属于素质教育的范畴，跟考试关系不大——也许只有书法例外，因为字写得好看作文才比较容易拿高分。而除了琴、棋、书、画以外，插花也可大略视为一种君子的才艺，你可以将它理解为"古代中产阶级的流行文化"，或者某种"非盈利古典家居装饰行业"。由于植物的保质期非常短，因此今天能够参考的资料非常有限。在中国插花艺术博物馆的介绍中写着这样的话："中国插花萌芽于春秋战国时期，距今已有 3000 多年历史。它具有极高的史学价值、文化价值、美学价值、社会价值、实用价值、经济价值和科学研究价值。与西方插花相比，中国传统插花具有独特的风格和鲜明的特征。"

这段话无论是传递给西方人还是中国人自己，概念都会让人感到非常陌生。中国插花英语译为 ikebana，这个单词很明显源于日语，因为插花是在唐宋时期传至日本，后来被当成"日本花道"传播到全世界的。绝大多数国人也以为插花是日本的，以至于现在想重新捡起这个概念，英文名字都不得不重新发明才行。作为一种古老的技艺，插花的尴尬之处在于它是古代的流行文化。界定流行文化的概念通常需要在人类学视角下寻找活的痕迹。比如拿喝茶来说，你根本不需要刻意去证明茶是中国的，因为中国几千年年来从未中断喝茶的习惯。尽管日本茶道在世界上很有影响力，但没有人把茶叶当成是日本的。插花这种闲情雅致的爱好便很难界定了，作为一种风俗习惯，经过近代中国一百多年的战乱，它基本已经遗失殆尽。以普通人的视角看来，中国插花的风格与特征几乎同日本一模一样，学者只能拿日本没有而中国独有的植物去明晰日本花道与中国插花的差异。同时，作为一种流行文化，它必须真正活起来才算是完成了传播，光科普概念是没有实际价值的。我们假设一种情况：中国近代以来没有人玩麻将，学者从古墓里出土一套赌具，向世界宣布日本麻雀是中国的，并且在学术领域完成了严格的论证。问题是，中国如今依然没有人玩麻将，你想看麻将还得去日本的雀庄，那科普又有什么意义呢？——插花便是这样一种游戏，只不过它是一种"美学的游戏"。"游戏"听起来既不严肃也不重要，"美学"却很重要。古老的中国插花就像一位羞涩的饱学之士，不声不响地蜷缩在市场的小角落里摆了个摊位。当一个眉清目秀的年轻人上前询问时，他便噌的一声站起来，热情洋溢地介绍这个游戏的曼妙之处。然而年轻人并不想听他铺垫那些背景，而是直接表达自己的诉求。

"老先生，您的花怎么卖？"

"好好，钱无所谓，你要什么花，鄙人都能给你引荐。"

"我跟女朋友过情人节，送玫瑰没意思。您能给我做个插花吗？"

"……"

"先生，您怎么沉默了？"

"中国插花主要用来表达君子之间的感情，小兄弟有没有感情不一般的男……"

"不！我就是跟女朋友过情人节，麻烦给我插一盆爱情花！"

"说了没有这种花……"

"了解。那么下个月我还有另一个喜欢的女孩过生日，您能不能……"

"都说没有这种花了！而且你脚踏两只船，也太可耻了吧！"

价格还没谈，几句话下来就已把天聊死了，作为旁观者的你大抵也能感受到这位老先生的无奈。并不是他不想卖，而是中国古代的婚姻为所谓的"父母之命，媒妁之言"，中国插花的确没有办法表达当代爱情的含义。这种美学游戏深受儒家、道教、佛教思想及封建伦理道德的影响，形成了中华民族特有的宇宙观和审美情趣，认为万物皆有灵性，主张"天人合一"。如果你想表达"借以明志""寄托情思""舒展情趣"一类话题，老先生定能跟你聊上三天三夜。问题在于二十岁的年轻人脑子里没有这些东西，他只想谈情说爱，偏偏这个话题老先生接不上话茬。古代不存在的体系总不能当代生造一个出来吧？就算造出来了，它很可能不伦不类，还不如直接送玫瑰来得实在。以上表述虽是调侃，但是我们都知道，一种游戏必须有人玩才能称为游戏，你从未见游戏陈列在博物馆里吧。而游戏要想玩起来，就需要足够多的"玩家"——笔者把插花的流行转化为"游戏"这个世俗话题，是因为后者的概念对我们来说既熟悉又便于理解。谈及游戏，想必各位轻重度玩家们一定能够理解游戏火爆的关键要素：头部玩家总要有炫耀的资本，新玩家才会入坑。一个曾经流行过的游戏，无论在当年如何呼风唤雨，一旦圈子里只剩下几个骨灰级高手，玩得再好也没人羡慕其成就，那么这个游戏离消失也就不远了。由此可见，像插花这种类型的美学游戏，怎么可能在年轻人之中流行起来呢？譬如，你绝对无法想象以下这种场景。

下课铃响了，同学们陆续走出教室。

走廊尽头的男厕所里，几个男生正在交头接耳地偷偷议论。

"你听说了吗？三年二班有个家伙，插花超厉害。"戴眼镜的孩子说。

"是吗？有多厉害？"为首作大哥状的男生抖了抖肩，满不在乎地问道。

"据说从朝阳到海淀这一片，没人插得过他。"另一位帽衫男孩确认道。

"真的吗？和我的'岁寒三友'相比战力如何？"大哥状男生颇有些忧虑了起来。

"听一个朋友说，此人轻易不出手。迄今为止只有两个人亲眼见过他在中路摆出那一盆独门绝学——傲雪凌霜。"眼镜少年一边说，一边推了推他鼻梁上的黑框，"然而见过的人，都已经给他跪了。"

大哥状男生听罢叹了口气："吾辈同他之间，怕是早晚会有一场切磋。"

帽衫男孩喃喃自语："不晓得届时我那盆刚刚练成的'别有洞天'能否守得住下路……"

"毋自欺！他日江湖相遇，全力以赴便是了！"

带头大哥浓眉一皱，紧紧握起拳头。

在上述虚构的对话中，几个少年谈论的主要话题是插花技艺。如果话题换成篮球或者电子游戏，大家肯定不会感到陌生，因为青少年崇拜篮球高手或者游戏达人是再正常不过的事情。可是谈论插花就有一种怪诞的气氛，因为插花并未在我们头脑中建立那种默契。不要说你根本不了解它，就算你大概听说过，也很难评判什么样的插花是高级的，什么样的插花是廉价的。既然缺乏价值评判的标准，那么即便大师此刻就站在你面前，对你来说他也形同路人。日本漫画《哆啦A梦》中曾有一个颇具哲学讽刺意味的短故事：主人公野比大雄作为一个四年级的小学生，不仅成绩糟糕还不擅长运动，一天到晚总是被人欺负，胖虎、小夫和路边的野狗都纷纷瞧不起他。严格意义上来说，野比大雄并非毫无特长，比如他是一个天才的翻绳高手，可以翻出上千种奇妙的造型。于是他就拜托哆啦A梦把地球变成"崇拜翻绳高手的世界"，在这种特定的规则下，野比大雄自然就变成了世人瞩目的焦点。然而当世界变回原样后，他就又成了毫无优点的废柴。在这个小故事里出现的翻绳便是一种同插花境遇颇有些相似的儿童游戏，年轻一些的读者可能在生活中从未见过，因为它主要流行于我们父母那一辈人的年代。千万不要小看翻绳的复杂程度，它也被称为翻线戏，在日本叫綾取り（翻花鼓），英文中叫 string figure 或者 cat's cradle（猫猫窝），法语里叫 crèche（托儿所），俄语里叫 ниточка（连线），德语里叫 hexenspiel（女巫游戏），等等。事实上，如果一直列下去，我们可以找到横跨地球五大陆地板块，所有不同民族和不同语言中对它的称呼。神秘的翻绳到底是从哪里起源的？从19世纪末开始，这一直是个困扰人类学家的不解之谜，迄今为止也没有定论。它很可能是人类进化史上诞生的最古老的游戏之一，分布在各种惊人的古老文明里。比如北极圈的因纽特人、撒哈拉以南的非洲部落，甚至复活节岛上的波利尼西亚人，对于翻绳，他们都有着自己独特的造型和称呼。在语言学家看来，翻绳也是最重要的"国际通用符号"之一，对于破解人类语言的奥秘将起到关键线索的作用。然而与翻绳有关的资料极度罕见，任何民族的文字记载几乎都没有提及与翻绳相关的内容。你想想也知道，自古以来，哪个家伙因为翻绳玩得好而被后世称颂？

对全世界的学者来说，研究历史通常有三种素材：第一种是考古直接出土的文物，第二种是史书记载的材料，第三种则是从古代流传至今的人类学痕迹。尤其是第三种素材，往往拥有前两种素材无法企及的维度，比如我们根本无法想象考古学家从古井里挖出一卷遗漏的竹简——司马迁偷偷藏起来没有公开的《史记·翻绳王列传》。如果你是史官，大概不会那么无聊吧？所以第三种历史素材，作为活着的人类行为，包括方言、表演艺术、仪式、手工艺等，属于非常珍贵的地球资产。这些人类学痕迹一旦消失，未来的历史研究将彻底失去线索，再不可能见到它们。因此，联合国教科文组织在2003年提出了《保护非物质文化遗产公约》，这就是我们熟悉的"非遗"，它的真正目的是尽可能把濒临消失的历史素材凝固在时间里。中国插花以及任何一种美学游戏，都属于在现代社会快速发展过程中极易消失的人类行为。然而联合国教科文组织只能呼吁保护非遗，并不能具体解决这个棘手的问题。因为这种遗产是"非物质的"，它不是"物"，甚至连相关的附着物都找不到，作为纯粹的意义和符号，它们没法被放进博物馆里。就拿翻绳来说，我们肯定不能把翻绳的符号定义为绳子，更不可能在博物馆里挂条绳子。翻绳符号存在于它在不同文化中的造型变化及有关它的形容词中，那才是这种符号的意义所在。它只能靠大量的"玩家"口口相传，"玩家"没了它也就消失了。但这种人类行为没办法强制，尤其是当它看起来根本无关痛痒的时候，我们甚至连保护它的热情都没有。比如小时候妈妈教我翻绳和织毛衣，织毛衣跟生活还有点关系，所以中国式编织现在还能见到。但中国本土的翻绳玩法基本已经消失，网上能够搜到的翻绳教学都是日式翻花鼓。

濒临灭绝的人类行为只有在学者眼里才具有价值，普通人不会感受到它的"价值"——此时我们所说的是它的商业价值，而商业价值取决于市场供需关系。这就好比一个电子游戏玩家用了十年的账号，直接扔了实在可惜——如果这个游戏还有热度，或者说它的玩家还有炫耀资本，那么该账号也许能以一万元卖出；如果游戏本身凉了，那么它的二手交易价格便是零。每当年轻人讨论此类话题时，我们称之为"炫耀资本"。其实还可以用另一个专业名词来形容——货币共识，或曰共识货币。作为一个热度极高的新名词，它在互联网时代迅速崛起，却是主流经济学比较抵触的概念。我们暂不讨论个中缘由，"共识"是一个笔者在前面章节反复使用的词，仅从名词构成来看，所谓共识，便是共同的认知。《人类简史》的作者、以色列历史学家尤瓦尔·赫拉利将共识定义为"一群人对一个虚构的事实达成了一致的看法"——它是最近几年中文互联网上被引用次数最多的句子之一。前文我们已经解释过虚构与非虚构在历史上的边界，所以将尤瓦尔所说的"虚构事实"理解为"故事"即可，至于故事虚构与否完全取决于你信还是不信。谈及"货币"一词，总会令人觉得枯燥，尤其是没有经济学基础的读者，恐怕非常反感财经媒体念念有词的那些专业术语。如果抛开那些概念，仅从语言学的角度来理解，货币其实非常简单。请看下面这个符号——

¥

尽管笔者什么都没有说，只是写了个符号，但你敢说这不是汉语当中意义最丰富、最令人爱不释手的符号吗？当这个符号后面附着一串数字时，它就是我们日常生活中接触最多的"钱"。

如果这一符号改为 $，想必你看到后同样会露出微笑，因为它代表美元。它也是全世界认知度最高的符号。看到这个符号时，你不仅能联想到美元，还有英语、投资、科技、时尚、体育以及一切同美国有关的信息。不过要注意的是，以 $ 作为货币符号的并不只有美元，全世界有几十种货币叫 dollar，dollar 这个单词只是钱的意思，而美元是 US dollar。如果出国旅行，不搞清楚这一点怕是要吃亏的，笔者本人就曾在新加坡犯过这种傻，因为新加坡元写作 S$，而美元写作 US$，而且这两种货币新加坡人都使用，眼神不好很容易算错账。至于人民币的符号 ¥，其实也并非中国"独家代理"，日元也在使用。当然，无论中国人还是日本人，都不可能把人民币和日元弄混。但为

何大多数人看到 $ 时脑子里只有美元呢？是因为日常生活中使用这种钞票吗？就这个疑问而言，似乎并不需要深入思考。假设我们随便拉路人做街头访问，收集到的回答大概都是这样的："因为美元值钱呗！"

果然如此吗？那么我们再看一个符号——

₦

这个符号我们看到时感觉非常陌生，它像是一个粗心的学生把字母 N 写错后划掉一样。其实它是尼日利亚货币，叫奈拉。尽管经济比较落后，但是尼日利亚人口超过两亿，是非洲最大的经济体，也就是说，奈拉至少有两亿人在使用。然而这些信息对我们来说意义不大——"非洲""两亿人"两个关键词凑在一起时，它映射在我们脑海中的会是什么画面？答案不言而喻。尼日利亚远在非洲东南部，距离中国有万里之遥，若非足球世界杯上作为"非洲雄鹰"而存在，绝大多数人一辈子都不会跟它有任何交集。所以，倘若一个职业投资经理或者国际贸易商研究奈拉，必然要花大量精力对尼日利亚进行综合考量，比如研究它的历史、文化和基础设施建设。如果通过种种经济指标评估得出的结果仍不足信，可能还要亲自前往这个国家生活一段时间，从而得出更加立体的结论。但是回过头来想想，中国绝大多数人一辈子都没去过美国，既不懂金融也没接触过美国人，那么我们对于美元的熟悉和信任又是从何而来的呢？用尼日利亚和美国比较可能不太公平，如果比较对象换成另一个发达国家——例如丹麦，普通人肯定不会贸然就丹麦克朗值不值钱发表意见。在做出判断之前，肯定要先去查阅资料，综合这种货币的各类观测指标，然后才能对它有个客观的评价。如果换作£（英镑）或€（欧元）呢？它们似乎比丹麦克朗清晰一些，可又没有 $（美元）那么强烈的认同感。似乎全世界只有美元拥有这种令人不假思索就能判断它值不值钱的"特权"。然而真实情况是，美元的实际购买力半个多世纪以来一直在缩水。也就是说，从我们大多数人出生伊始直到今天，美元一直在贬值。严格意义上说，它"值钱"的阶段是 1944—1973 年，当时美元跟黄金直接挂钩，35 美元兑换 1 盎司（1 盎司合 28.35 克）黄金。只要你手里有美元，随时可以到美国政府那里兑换成黄金。当然，作为历史悠久的贵金属，并非全世界所有人都认可黄金是"钱"，比如一些土著部落就不认可它。总的来说，只要你认可黄金是钱，那么当时的美元切实是值钱的。那一阶段，美国为了建立战后新的世界经济秩序，用货真价实的黄金树立美元信用，鼓励大家把手中的黄金兑换成美元，历史上它被称为布林顿森林体系。不过伴随着越南战争的爆发和种种社会问题的出现，大家对美元的信心产生了动摇，所以纷纷想把手中的美元换回黄金。在经济学上，这种情况称为"挤兑"。美国政府和美国银行当然不可能让所有人都把美元换成黄金，所以 1973 年单方面把这个约定作废。如果时间倒回到 20 世纪 70 年代那个时间节点上，这番操作必然造成全世界数以百万的人赔得欲哭无泪。但是很多年过去，我们并没有因此而对美元的信用产生怀疑——尽管它和全世界所有钞票一样，都不过是纸而已。

此即美元作为一种货币并在全世界建立的共识远远高于其他货币的地方。美元明明已经和黄金脱离关系，但我们对它值钱的认知始终没有改变——因为决定认知的是传播。你根本不需要接触美元或美国人，即便住在穷乡僻壤的老百姓也看过好莱坞电影，见过很多美国品牌，打开手机看到形形色色关于美国的新闻。这些都为美元符号附着了意义，它当然就是世界上具备最大共识基础的货币。此处又回到了符号学的概念，是的，共识是语言的基础，共识也是货币的基础。所以语言和货币就像是一锅老汤里卤出来的豆干和鸡腿。当然，我们不能把语言和货币看作一回事，不过当你从语言学的角度看货币时，它就是一种符号；当你从经济学的角度看语言时，它便是"社会的约定"。无论黄金还是纸，它们都是货币的"物"，决定货币价值的是它背后的意义。只要大家都觉得一个东西值钱，那么这个东西便值钱，此时就可以说这个东西具有货币共识——不过，"货币共识"一词中的"货币"是广义上的货币概念。每个国家都会把所有形式的生产总值统计成数字，这些作为广义货币的数字其实只是抽象的价值。比如珠宝、房地产、名贵的艺术品这些公认的资产，都可以看作具有货币共识，但它们不能直接当成钱花，还是需要兑换成钱才可以。一旦涉及兑换和交易，它们到底值多少钱可就不好说了。你心里觉得值十万块的东西，也许别人看来只值五千；你规定一个东西的价格是五百，结果最后三百才卖出去。那么是不是可以把实然的售价理解为某种"描述性价格"呢？所以笔者平时习惯用二手市场的实际成交价作为判断标准，一般来说，品牌认知度越高的商品二手价越接近原价。所谓的"品牌价值"当然也是一种共识，在这种语境下，也可以说好的品牌具有"货币共识"。

上述内容固然是为了阐述概念，但是如此赤裸裸地谈钱可能会惹读者反感。譬如本书叫《国潮：21世纪中国"文艺复兴"》，为何我们不好好谈论文艺和复兴，偏要把话题导向市侩的经济学？然而写到这里为止，此前章节都未曾涉及一个最实在的话题：国潮究竟是不是一种商品呢？如果国潮不具备商品属性，那么中国潮流这个概念是否完整？倘若国潮是一种商品，则我们必须解决把商品卖出去的问题，否则流行本身也无法发生。国潮的前两个要素分别是中国符号与更新观点，这两个概念已经辨析过了。但是当它们相加时，很容易发现一些与"流行潮"不相符的情况。比如大街小巷随处可见的京剧脸谱，它们可能是世界上辨识度最高的中国符号之一。可与此同时，你见到京剧本身流行了吗？类似京剧，如果更新观点——试想演员们编一出当代人熟悉的电视肥皂剧，无非平添非议，并不会真有人去看。日常生活里，我们常看到公园里很多老先生提着水桶写毛笔字，这种典型的中国符号恐怕也不会成为什么关注的焦点。照着这一思路不停地列举现实案例，你会发现一个现象：即便更新了观点的中国符号，也未必能引发流行。当中国文化面对新时代的冲击时，不甘落寞的戏曲表演者或者埋头深耕的水墨画家都在使出浑身解数跨界融合，创新精神可嘉，然而它们的受众群体始终都锁定于老年人，虽然年轻人并非不认可他们的艺术技艺之高超绝伦。同样，假设我们做个街头访问，随便抓几个年轻人过来，他们都会表达"妙哉！中国文化当真博大精深"一类的赞许之声。然而一旦涉及现实层面，仿佛总有一只看不见的手在左右着消费者的趋向——这便是古典经济学之父亚当·斯密提出的有关解释人类社会行为的著名观点。

一般来说，我们用"看不见的手"描述人类的利己性并以之作为社会运作的源动力，它无法为强制目的所改变。不过，亚当·斯密并不是在《国富论》这本著作中首先使用该词，在被后世定义为"经济学家"之前，亚当·斯密实际上是个伦理学家，或者理解为道德哲学家。前文我们提到过，经济学在 20 世纪之后通过马歇尔和凯恩斯两代学者的贡献才成为一门独立学科，原本它只是伦理学的一个分支。而亚当·斯密既不是英国人也不是新教徒，他的国籍是苏格兰，信仰苏格兰国教——我们总是把当代语境下的英国国籍同旧时代的联合王国混淆。基督教的历史演变过程非常复杂，比如英国的国教其实也是天主教，只不过它并不听命于罗马教皇，算是介于新教和传统天主教之间的折衷派（如果你非常想了解相关历史但又懒得看书，可以去看历史剧《都铎王朝》）。所以从我们中国人的角度来看，亚当·斯密是个具有"中庸思想"的学者，他本人从未表达过 greed is good（贪婪即美德）这类看法，更没有耸耸肩说："人人为自己，社会为大家。"亚当·斯密本人真正的观点是：当一个人在正义的条件下追求自己的利益时，他会无意中促进社会的美好。这才是"看不见的手"本初的含义，而"正义"很明显是这句话中必不可少的条件。不过，正义又是什么呢？这可能是人类历史上出现过的语义描述最为复杂甚至充满自相矛盾的一个词。为了辨析"正义"这个词的描述性语义，美国哲学家约翰·罗尔斯写过上千万字的论文，却依然没办法得到一个能说服所有人的答案。

无论如何，中国文化是否应该面对这只看不见的手呢？

国潮第三要素：面对市场

读者或许已经注意到一个规律，在本书前面几个章节讲述的故事中，不管讨论到哪一个艺术门类，我们发现它们都曾经在历史上有过如何如何辉煌的成就，但是到了近代由于怎样怎样的原因，所以今天已经变得多么多么衰败。这几乎可以归纳为一个"曾经……由于……所以……"的万能句式，产生一种惯性的思维模式。就像我们学中国近代历史时，不管考卷上的试题问你什么，答案都可大同小异地写到"封建""殖民""压迫""奴役"上去，因为关键词总共就那么几个。站在当代的我们便会感到无比烦闷，仿佛自己的文化不管在哪个领域里都被别人压得抬不起头来，处处难堪大任一般。那么，有没有不符合这个规律的情况呢？当然有。20 世纪的中国还真就有那么一个行业，即便内忧外患时都雷打不动地蓬勃发展，也甭管整个社会折不折腾，在每一个关键时间节点上必定按部就班地拿出傲人的成绩——这个行业对我们来说简直太过熟识，它就是中国动画。

作为一个"80 后"，笔者小时看动画片还没有就国产、进口产生强烈的差异感，至少在 20 世纪 90 年代以前中国动画的平均创作水平，无论电影还是 TV 系列片，技术上都是优于同时期日本和美国动画的。这番论断没有任何敝帚自珍般的夸大其词，因为中国动画诞生伊始便震惊世界，在几十年的发展过程中创造了无数独具魅力的作品，甚至在冷战期间，中国被全世界大部分国家孤立的背景下，也照样拿奖拿到手软。抛开技术因素，故事剧本以及讲故事的技巧丝毫不亚于同时期的任何外国作品。对现在的青少年来说，这恐怕是很难想象的旧时光了。"中国动画之父"不是一个人，而是万古蟾、万籁鸣、万超尘、万涤寰四个同族兄弟——这四个人的名字看起来就像武侠小说里"堕入邪道的反派魔头"，这样说可能有点奇怪，不过他们的确令同道中人闻风丧胆，我们不妨称之为"可怕的万氏兄弟"吧。作为中国动画行业的开创者，这几位没有任何留洋背景的绝世高手完全靠自己摸索建立了与西方完全不同的视觉语言，定义了东方动画的基本要素。他们在 1941 年制作的动画电影《铁扇公主》是世界电影史上第四部动画长片，前三部分别是好莱坞出品的《白雪公主和七个小矮人》（1937 年）、《格列佛游记》（1939 年）、《匹诺曹》（1940 年）。这三部影片中，《白雪公主和七个小矮人》《匹诺曹》是由举世闻名的迪士尼公司创始人华特·迪士尼制作的，《格列佛游记》则是派拉蒙公司为了抗衡迪士尼而制作的，现在看来也合情合理。然而前三部都是美国的，第四部是中国的，这就一点儿都"不合情合理"了。《铁扇公主》不仅占据了亚洲第一的位置，甚至领先于战火中的欧洲。同时期的德国纳粹不满于好莱坞的文化输入，愤怒的元首也曾试图反击，但宣传部长戈培尔倾尽全力都没能搞出一部动画长片来。而彼时中国大半国土早已沦陷于日军手中，你很难想象"可怕的万氏兄弟"是怎么做到这一点的。《铁扇公主》在上海放映时令日本当局高度紧张，尽管日本从大正时代开始，不论哪个方面都把中国远远甩在后面，唯独动画这个行业无法企及。所以《铁扇公主》不仅在中国本土引起轰动，还大摇大摆地将"魔爪"伸到敌国日本。1942年该片在大阪放映时，给当时年仅13岁的日本漫画大师手冢治虫造成了巨大的冲击——这个小故事在很多文章里被引用过，它丝毫没有夸张，手冢治虫的官方传记里就是这么写的。试想少年手冢治虫看到《铁扇公主》时，大概就同国产手机设计师第一次看见乔布斯从兜里掏出iPhone的心情差不多吧。当时的日本海军新闻部也模仿《铁扇公主》迅速投拍了《桃太郎之海鹰》和《桃太郎海之神兵》两部动画，前者是短片，后者的时长跟《铁扇公主》差不多，是日本第一部动画电影。不过这两部日本动画影射的都是太平洋战争，战败后的日本被盟军接管，所以盟军政府的审查部门便将它们焚毁了。而二十年之后"可怕的万氏兄弟"又制作了《大闹天宫》这部迄今为止中国动画史上无法超越的巅峰之作，它的英文名字并不叫 *Monkey King*，而是 *Havoc in Heaven*（天堂浩劫），看起来似乎非常可怕的样子。不过受到意识形态的影响，《天堂浩劫》从未在英语国家公映过，也没有官方英文字幕。到了改革开放初期，西方的年轻人对中国文化充满了好奇，所以尽管政府并不鼓励，大量中国文化产品还是被当成亚文化概念在小圈子里流传。而《大闹天宫》作为全世界最重要的动画电影之一，它在艺术上的探索与贡献是任何学院都无法回避的，虽然它不可能在西方获得正式的承认。

　　此处笔者忍不住又要插句题外话，万籁鸣等人不仅开了中国动画的先河，也成为中国影视特效行业的先驱。今天好莱坞的影视特效都是用电脑合成的方式完成的，而在电脑CG出现之前的古典特效时代，影视特效是一种近似于魔术的视觉欺骗手法，技术手段五花八门，并没什么通用规则，只能靠聪明的电影人自己研发。比如法国电影大师乔治·梅里爱（Georges Méliès）原本便是魔术师出身，他将魔术的手段应用到电影里，发明了对行业影响极大的多种视效手法。类似梅里爱的人还有很多，所以魔术与杂七杂八的舞台手法都在电影发展史上起到了推波助澜的关键作用。我们现在用来作动画解算的软件 houdini 就是拿 19 世纪末著名魔术师胡迪尼的名字命名的，软件公司大概也是为了致敬前辈吧。中国早期的影视特效当然也是从传统的中国戏法当中寻找灵感，今天我们回溯历史时能找到很多有趣的创造性想法。但是很明显的是，中国戏法没有对应的英文翻译，它肯定不能叫魔术。虽然同样源于古代走街串巷的江湖伎俩，但中国戏法同魔术有很大区别。日本也有类似的江湖奇术系统，日语中叫和妻（わづま），其中有些手法像是中国川剧的变脸，但表演上延续了日本能剧的特点。所以当西方魔术传入日本时也被日本人称为"洋妻"，当代日本则管魔术叫"现代和妻"——这种命名方式看起来有点诡异，但是背后的逻辑值得思考。和妻在当代演绎的过程中还在不断焕发活力，作为对照，中国戏法的境地就很尴尬了。

咱们还是回到故事主线上来。根据上述介绍可以看出，中国动画人其实是把美术与传统艺术中的很多元素进行了整合，应用到了产业当中。所以中国动画严格的学术定义不能叫动画片（animation），而是中国美术（chinese art）的动态化，算是一种特立独行的美术片。这一系统并不只有手绘，还包括剪纸、皮影戏、木偶戏等特殊摄影手法构成的定格动画（stop motion），而制作难度凌驾于所有这些风格之上的便是水墨动画（ink wash animation），后者作为中国影视艺术的顶点，将一群前无古人、后无来者的动画宗师推向世界。这群人大多就职于"上海美术电影制片厂"这个曾经的国营单位，在当年看来不过就是一批灰头土脸的普通职工，然而他们凭借一己之力把中国动画带入了一个公认的黄金时代，所以后世我们将他们尊称为"中国学派"。要注意的是，中国学派的水墨动画不能按照英文翻译简单理解为"毛笔绘制的 animation"，因为现在随便一个后期软件都可以提供廉价的水墨效果，但那样做出来的所谓"水墨动画"可是差了十万八千里。中国学派是用真正的中国画来做动画，虽然中国画确实都是用毛笔来绘制，但要分为工笔和写意两种笔法。其中工笔画法勾勒出的线条是确定的，写意笔法却不然，它会在宣纸上产生晕染效果——刚画完看起来是一个样子，隔一会儿再看就变成另一个样子。对于动画制作来说，这就造成了南辕北辙的差异。简单来说，我们大抵都知道动画制作的基本原理是把很多幅稍微有变化的图形连在一起，当它们快速翻动时便会产生视觉暂留，观众就会觉得画面动了起来。但这种动画有个最关键的基本特征，它每一帧必须得是确定的。如果连续几帧的轮廓和线条变来变去，拼接在一起时就没法形成动画了。然而中国水墨招牌式的特征就是不确定，尤其中国学派的艺术家们深受齐白石先生的影响，所以构成每一个镜头的画面都用写意笔法来绘制，我们看起来便会有一种完全不一样的视觉体验。但是话说回来，写意笔法每一帧都是不确定的，到底应该如何把它们连成动画呢？笔者当然不知道这个问题的答案，因为具体技术手法是当时上海美术电影制片厂的机密，不仅工艺极其复杂，而且对工作人员要求也极高，绝非当代动画培训行业可以批量复制出来的流水线作业。

除此之外，中国学派的另一大特点就是延续了中国美术的构图方式，所以上海美术电影制片厂出品的动画片无论使用什么材料和手法，都跟当代动画味道不一样，因为它们的底层逻辑和镜头语言跟当代动画不同。仔细观察一下，中国画的构图使用散点透视，西方绘画则是焦点透视。如果你不太了解这方面的知识，可以拿《蒙娜丽莎的微笑》

与《清明上河图》来作比较。典型的油画看起来像是照片，如果你用手机拍一张照片，也可以用各类 App 将它变成油画效果。但你的照片无论如何也无法变成《清明上河图》，因为散点透视是想象出来的构图。世界上不存在能把一整条街拍进去的照相机，这种视觉关系同人眼观察到的场景完全不一样。总而言之，由于中国画的底层逻辑不同，单看每一幅画时好像没什么问题，但是用连贯镜头叙事时，需要解决的问题就很多了。例如中国传统的连环画和现代漫画（comic）就完全是两种表达方式——可能你已经猜到了，连环画也没有特定的英语翻译，而"漫画"（マンガ）则是个典型的日制汉语。其实全世界各种不同的古代文明都有自己特色的"连续画面叙事"系统，它们通常出现在洞穴或墓穴的墙壁上，要么画在很长的卷轴里。而中国艺术中独一无二的"文人画"才是传统连环画的精神本源，也可将其看作是中日两国现代漫画的鼻祖，因为日本也受中国影响并在近代开始流行文人画。这个艺术名词并不是一种风格的描述，而是作者属性的分类。所谓文人画是指非职业画匠创作的作品，既不强调"画得像"，也不追求"画得像"。所以有些文人画只是在诗歌或文章旁边随手添几笔，这是不是有点像漫画家的行事作风？它本身是一场将艺术家从刻板教条里解放出来的"新浪潮运动"。如果我们把古代职业画匠的风格定义为中国的古典主义或曰学院派，那么文人画便有些类似于"中国的印象派革命"。它们之间的核心差异并不在于手法而是想法——文人画表达观点，职业画匠几乎不表达观点。文人画在后世成为中国漫画的鼻祖，因为 comic 的标准释义为：comics is a medium used to express ideas with images（漫画是一种用图片表达观点的媒介）。上一章中我们已经详细解释了这个概念。毫无目的的图片堆放在一起肯定不能称作漫画，因为漫画的本质是作者的观点，而这才是中国学派真正继承了传统美学的地方。无论材料、构图、镜头语言都不是最重要的，他们制作的美术片即便剥离一切技术手法，传递的终究还是中国符号与中国观点，并且具有鲜明的时代呼声。因此那些作品才能流行于大众，屹立于世界，直到今天也不过时。

改革开放初期，上海美术电影制片厂凭借深厚的积累，在面对进口动画的冲击时依然推出了一大批优秀作品，文化影响力也一直延续到20世纪末。遗憾的是，上海美术电影制片厂出品的那些美术动画片距离当代青少年毕竟非常遥远，尽管当年那些老IP用"现代手法"重制过很多次，但都无法再给观众留下什么印象。20世纪90年代以后，随着国营制片厂经济效益不断下滑，这些光辉的历史随即变成过眼云烟，让人感到无尽惋惜。中国著名学者、艺术评论家吕澎老师在《20世纪中国艺术史》里详细梳理了中国美术跌宕起伏的当代发展，其中包括绘画、雕塑和各类流行艺术，但是没有把中国动画包含进去，这不得不说是个遗憾。而这又是很正常的一件事，因为一般而言，艺术史的写作范畴都不会把这类集体创作的艺术品算进去。并不因为动画是20世纪以后才出现的新兴艺术形式，同艺术水平的高低也无关，决定边界的关键因素在于艺术的产权（property rights）。因为在传统上，我们把艺术当作艺术家的私有智力资源，无论它是否具有商业价值，艺术都属于它的创作者。但是如今这个问题变得越来越麻烦，因为绘画、雕塑或者装置艺术早已没有什么突破空间，而电影、动画、电子游戏或者工业设计到底算不算艺术呢？下个世纪的学者恐怕必须把这些当下最热门的流行艺术囊括进去，否则21世纪的艺术史几乎没有可以放进去的内容。这些新兴领域相比以往最大的改变就是强调艺术家彼此之间的协作，它们不再明确地属于艺术家，也不可能只由一个人或几个人完成，并且需要资本的介入，这些因素导致其产权构成非常复杂。而一旦进入到这种话语体系里，我们就不能只从艺术的角度去观察艺术了。

与大多数在近代落后的行业不同，中国动画并没有落后过，其发展巅峰反而处于备受批评的计划经济时代。因此在艺术行业内部很容形成一种观点：中国文化或者美术产业的衰落是市场经济造成的。其实我们平时看电影、写影评时，往往也会产生这种情绪。拿我们最熟悉的中国电影来说，它的发展脉络同动画类似，美学巅峰远在互联网时代以前。而在如今热钱不断注入的情况下，市场好像越来越发达，内容产量也不断提升，唯独水平不断倒退，这就导致我们普遍感觉艺术文化同市场是背离的。然而，倘若国营制片厂没有进行股份制改革，而是始终保持原样，我们的内容行业真的能一直保持不落下风的地位吗？回答这个问题，首先要看怎么定义"地位"。仅从艺术水平来说，当代的中国动画固然不能和当年相比，但产业规模扩大了很多倍，这本身也是地位的一种。当代富起来后的动画行业也不是没有试图推出追求艺术品质的中国美术片，但在20世纪80年代可以产生共鸣的剪纸、木偶或水墨风格的作品只能归于小众实验艺术的范畴。圈里人赞不绝口，大众消费却完全不买账。真正的原因在于，当代观众已经无法理解中国传统艺术之美。就如同前文中列举的那些戏曲、水墨画或者一切"濒临失传的老手艺"，在观众看来这种美术片和那些过时的民俗没有区别，都是老年人的生活方式——"我们不是好好地把他们保存在博物馆里了吗？"大众审美的变迁是在日常生活中悄然发生的，它体现在衣食住行的每一个方面，是社会自然演变的结果，同艺术家的个人修为没什么关系。即便国营制片厂原封不动地发展下去，它们同样无法阻止中国文化整体衰落的趋势。因此文化学者才会对审美能力的丧失无比焦虑，呼吁整个社会重视"美育"——这是由北京大学校长蔡元培先生提出的概念。北大的首任校长是中国著名学者严复，我们已经多次提及严复对于日制汉语的抵抗。包括他本人在内，以及王国维和蔡元培等学者，都在 20 世纪初期预见到中国文化灰暗的前景，王国维甚至在绝望中投湖自尽。

不过话说回来，一百年后的今天重新思考这一切未必会再次得出相同的结论。中国文化在当代之衰落，当真是所谓美育缺失造成的吗？

在讨论美育之前，我们首先要了解"美学"这个词到底是什么意思。虽然美学是一种深奥的哲学门类，但它却是哲学中最实用的一门学科。从字面上来看我们也很容易理解，美学研究的就是"美"的定义，或者什么样的文化是"好"的文化。我们已经知道产品可以解构为符号和意义，但符号学本身并不负责评判符号的"价值"。在人类的科学中，负责此事的哲学是美学，美学的作用就是为价值提供标准，不同的美学必然会产生不同的规则。德国哲学家鲍姆加登和黑格尔大概算是这门现代学科早期的奠基人，他们最初使用的词是 ästhetik，这个德语单词是感知的意思。但是我们很难给美学的发展梳理出一个特别清晰的历史，因为叫得出名字的所有哲学家都或多或少都表达过自己对于美的看法。其中特别有名的比如柏拉图、亚里士多德、托马斯·阿奎纳、康德、叔本华、大卫·休谟、维特根斯坦，以及中国的老子、孔子、庄子、朱熹、王阳明、王国维、朱光潜等。尤其在近代西方，美学是一门人人都可以插上一嘴的显学，哲学家以外的群体亦有很多相关的论著，而这些人也都对美学有所影响。所以当西方美学（aesthetic）逐渐成为一门广义上的普遍学科之后，这个词的一般含义其实就是"评判品位"。说到品位我们就很容易理解了，因为任何人都可以对别人的品位发表一番议论。比如你觉得客厅里放 4K 高清电视是有品位，我觉得客厅里摆一堆旧书是有品位；你觉得牛仔裤腿上剪几个洞是有品位，我觉得新裤子要熨平了穿才叫品位；你觉得买二十万的机械手表有品位，我觉得用手机管理时间更有品位——可见，我同这位假想中的仁兄在美学上从没达成一致。每当我们就这种分歧而争论时，表面上争论的是"消费理念"，真正针锋相对的其实是彼此的美学。回过头再细品前文中的案例，哆啦A梦将地球变成"崇拜翻绳高手的世界"，其本质不也是改变了地球人的美学规则吗？一旦规则被改写，翻绳的水平就成了人类行为的"价值锚点"，野比大雄的技能随即点石成金，直接可以换成钱花——也许你会羡慕幸运的野比大雄，然而真正倒霉的出木衫英才同学才更值得关注。因为按照原有规则判定为"优秀"的出木衫君，转瞬之间被判定为"废柴"，这合理吗？人类之间关于美学的争议看似无关紧要，可它仿佛一双看不见的手，左右了数以万亿的消费行为。由此可见，美学不仅非常实用，而且极其重要，它的重要性丝毫不亚于经济学，从某种层面来看实则高于经济学。因为经济学研究的是经济的规律，而美学研究的是价值的规则，甚至根本就是规则的制定者。美学影响社会伦理之后，经济学才去认识社会伦理。要不为什么亚当·斯密在写《国富论》之前，先写的却是《道德情操论》呢？

很明显，中国学派制作的动画能够在20世纪掀起流行潮，归根结底是它背后的中国美术在彼时大众眼里并非落后之物。然而当代的中国美术就是落后的吗？事实真相似乎也并非如此。普通人能够脱口而出的知名画家，例如达·芬奇、毕加索、梵高，以及中国的徐悲鸿、齐白石、唐伯虎，差不多也就这六个名字。问题在于，我们为何熟悉这些名字呢？这跟绘画本身没有任何关系，同画家的流派和水平也没有任何关系，纯粹是这几个画家流量大，相关的影视剧作和媒体报道多如牛毛，不知不觉便定义了我们对画家的认知。西方的青少年也一样，他们知道"文艺复兴三杰"是通过《忍者神龟》那部动画片，并不比同龄的中国孩子强多少。你若是没有为考试刻意背诵过相关内容，自然搞不懂艺术与艺术史，因为它们离生活实在是太远。况且那些我们能脱口而出的画家，无论中国的还是西方的，他们起码活在百年以前。倘若让路人说个当代的画家名字，恐怕没有一个人能讲得出来，因为当代绘画在全世界都是非常小众的话题。既然大众本来也不懂严肃艺术，又何来先进与落后之分？，不过，如此看来似乎更加蹊跷，既然中国美术并未遇到过什么"猝死"的情况，那么大众到底为何会对传统艺术丧失审美能力呢？

假使问题真的出在美育上——也不是因为美育的问题，而是美育自己有问题。尽管这话听起来像是绕口令，不过蔡元培最初阐述美育的概念时，他认为"美育者，应用美学之理论于教育，以陶养感情为目的者也"。所以美育当然很重要，但这并不是说美育是一门像体育似的课程：学生们坐在教室里，老师手里举着一个面包和一个大白馒头，从思想讲到艺术，从主观讲到客体，放学后每人留一篇课后作文——《论大白馒头的先进性——面包的兔子尾巴长不了》。你想想看，当真这样"教学相长"，老师和学生回家还真能只吃大白馒头不成？亚当·斯密看到此情此景一定会发出这样的感慨："善哉！美育老师偷吃面包是被一只看不见的手引导着，去促进一个并不是出自他本心的目的。"足见美育压根不是一门课程，更不是直接教授美学理论的意思，它就是一种观点而已。这个观点经过中国学者多年的研究也变得非常简约，即"审美应该是教育的目的"——笔者对此非常赞同。因此，当代美育工作的真正内容是欣赏文学、音乐、图画、戏剧、电影、舞蹈等流行艺术，其中本来就包含了动画。作为一种典型的流行艺术，欣赏动画本身不就是美育工作的一部分么？因此，当我们抱怨观众无法欣赏中国美术片是由于美育工作没做好时，这句话就等效于：美育工作做不好，是由于美育工作没做好。

试着把它反复读上几遍，你的大脑可能会感到抽筋，呈现一种原地打转的自循环逻辑。仔细想想，如果连小孩子看动画片都需要配一本说明书，那还有什么流行艺术能胜任美育工作？所以我们肯定不能这样去归因，更不能把责任推给教育。中国学派的动画片实际上是中国美术的动态化，当代社会失去了这种审美能力，当然是由于美术本身已经离我们的生活太远。但这番推论又必定产生一个新的追问：为何美术距离我们的生活非常遥远？

当代，无论油画还是水墨画，它们的商品形态都是"艺术收藏品"，只不过是极小一部分富人的消费行为。古代却不是这样，绘画与每个人的生活都息息相关。19世纪以前还没有发明摄影，旅行见闻要画出来才能与别人分享，人像也得靠画师高超的技艺才能留存。绘画本身就是高需求、高频次的大众服务业，全世界无论男女老少都离不开它。文艺复兴时期能够诞生那么多油画大师，首先也是因为这个世俗行业活跃。试想媒人若不拿张漂亮姑娘的画像，亲事如何才能谈成？如今年轻人相亲不也是先互看照片嘛。说到照片，我们都非常清楚，正是摄影技术的诞生，取代了绘画本来的功能。画家群体普遍产生了被照相机取代的恐惧感，这才是印象派革命的根本动机。然而有趣的地方是，当摄影掀起新的流行潮时，尽管它颠覆了绘画的商品形态，却一成不变地继承了绘画的美学。摄影中那些"高光""阴影""背景""轮廓""构图""色彩"之类的概念并不是摄影发明的，而是油画家们早就玩剩下的东西。因此摄影作为替代油画功能的新兴商品，沿用的却是油画的价值标准。画师怎么把女孩画得好看，摄影师就怎么把女孩拍得好看，区别只在于技术变得更简单高效。等到20世纪电影诞生以后，乃至当代一切形式的影像、视觉设计和三维动画，都始终在继承这种具连贯性的美学。所以艺术生考试不管选择什么专业，都是先从素描这一基本功开始训练，无论学习什么艺术门类都得先学油画。更宽泛地说，美术思潮对美学理论的发展广义地贯彻到了服装、家居、餐饮、建筑、城市规划以及大众消费的每一个出口。今天我们会观察到，尽管绘画已经距离现代人生活很远，但是同样级别的油画展和中国书画展，油画展上必定有大量年轻人去"打卡"，中国书画展却鲜有年轻人的身影。这两者的差异事实上根本同展品无关，也只有极专业的艺术评论家才真的去欣赏画作，我等凡夫俗子当然只是为了拍照发到社交网络上。然而"拍照发到社交网络"这一个行为，你数一数它包含了多少审美要素？我们通常会进入一个典型的包豪斯建筑中，油画布置在充满立体主义设计的室内空间里，并且采用后现代主义的灯光照明；你身穿街头风格的衣服，胳膊上挂着新洛可可潮流的手袋，涂一个自然主义的妆面，用未来主义造型的手机给自己拍下一张照片之后，再修饰成浪漫主义的色调——想想看，这一大堆产品观点凑在一起时为何不会互相冲突？因为无论商业形态如何变革，都有一个连贯的价值标准把所有产品统一起来，这个标准便是西方美学。通过这般解构再反推回去，中国书画应该放在什么样的展厅里？你自拍时又应该如何打扮自己呢？如果你想在中国书画展上实现一个从头到尾高度契合的行为，简直比凑齐七颗龙珠还难。因为这一件事涉及太多跨界领域的美学统一，而很多行业别说产品观点的逻辑自洽，连最基本的中国符号都还没找到。

一旦聚焦于这种流行文化的历史演变，就会发现个中规律恰恰不在复杂高深的哲学层面，而不过是世俗的经济学现象：当商品形态改变时，继承具连贯性的美学才能实现价值的最大化。道理也很简单，美学本身就是为价值提供标准的社会规则，这种规则往往延续了上千年的伦理习俗，轻易不可改变，一旦改变便很难再改回来。例如清初汉族男性被朝廷强制剃发，因此民间强烈反抗。但是几百年以后，大家都习以为常，觉得留辫子也挺好看，民国时要求统一剪辫子，反而招致老百姓怨声载道。尽管这个案例只是某种极端情况，但是每个民族都能意识到连贯性美学的重要性。抛开道德哲学不谈，我们仅从沉没成本角度分析，如果你要面向市场推广一种新产品，它是顺应大家的美学划算，还是颠覆大家的美学划算？即便要革新一种固有美学，恐怕也并非企业经营者自身能力所能及的，因为它意味着必须付出难以估量的巨大成本，有时候甚至不是钱能解决的问题。

就本小节所举案例而言，此刻真相终于得以浮出水面。中国动画在20世纪初期能够迅猛发展，恰恰不是因为当时的中国美术有多火热，而是当那些美术片掀起流行潮之后，美术本身才受到欢迎——因果关系正好相反。电影动画在20世纪初期是全球最时髦的新兴产业，用今天的视角来看，它是聚集了最多尖端人才的文化产业"核心赛道"。从19世纪末开始，剪纸、水墨、皮影戏一类的民俗已经过时。年轻学子留欧留日，接受的都是全盘西化的教育，上海租界里天天演奏时代曲，画家都在研究油画，中国美术距离当时的大众莫不是同今天一样遥远吗？但是正因早期中国动画人为传统美术赋予了新的商业形态，将具连贯性的美学延续到电影产品中，才让古老的文化焕发新的活力，拉近了大众和美术的距离。一言以蔽之，并不是美术成就了动画，而是动画成就了美术。半个多世纪过去，影视动画早已不是什么新鲜玩意儿。无数新兴的商业形态影响着人们的生活，而苦行修为几十载的中国动画遇到的瓶颈当然也不在行业内部。比如同时期的日本动画"精灵宝可梦"系列，到20世纪90年代时全球销售额已经达到150

亿美元。关键在于，这150亿美元并不是靠卖动画积累起来的，而是源于玩具和电子游戏的畅销。当时中国经济的发展焦点还在基础工业上，哪里懂得那些奇妙酷炫的新兴产业。中国动画在那个时代唯一的盈利模式就是电视台采购，而电视台又是靠电视广告赚钱——不客气地说，这完全就是石器时代和铁器时代的区别。当玩具和电子游戏在青少年当中风靡时，中国美术完全搞不清楚对手和自己根本就不在一个赛道里。仅就这一个IP而言都已经有如此惊人的差距，何况这种级别的外国动画还有很多。至于中国学派从20世纪40年代就开始面对的老朋友迪士尼，那时早已忙着在全球布局文旅地产。光靠一群传统动画人撑起的"小帆船"，怎么可能单挑好莱坞大公司的"太平洋舰队"呢？至于动画技术本身，90年代也从二维手绘向三维计算变革，相当于从劳动密集型手工业变为真正的高科技工业。连乔布斯都看好这个赛道，亲手布局了皮克斯动画这家神奇的创业公司，后者除了内容产品之外，也有很多自主知识产权的底层技术。很明显，这场新技术革命在早期积累的阶段和我们没有任何关系。如今传统的手工动画早已是夕阳产业，我们想把中国美学融入到三维动画中就变得非常困难了。这其中涉及的问题非常复杂，简单理解的话，就好比你在美国的超市里采购，想回家给自己做顿中餐。然而中餐需要的很多本土材料和特殊厨具超市里都没有，你不可能为了吃顿饭而自己去种地吧？想做中餐，也只能拿西餐料包凑合着用。做出来要是有几分"中国味道"，那真得靠厨子绞尽脑汁；做出来若是不伦不类，确实也没什么好的解决办法。

如果我们把观察视角放大到整个社会，当你试图在日新月异的新商业形态中把中国美学融合进去，首先要解决中国哲学的现代演绎，这大抵等同于比较学派的文化翻译工作。从摄影诞生开始，这种需求实际上就已经产生了。摄影的各项基础要素皆源于油画，而中国画的概念里并没有光影，构图思维也并非焦点透视，与强调立体感的油画技术并不契合。近代中国的画家们早就发现了这一点，所以从徐悲鸿先生开始，艺术家群体就在探索东方美学与油画技术的协调性。他们在20世纪创作的那些作品既可以理解为当时的流行艺术，也可以看作是理论建设本身。譬如西方油画对于光影的表现是神学发展的结果，光线并不是胡乱地强调主体，而是为了表现人与神的符号关系。既然中国哲学不是神学，那么中国油画应该如何诠释光线的合理性呢？具体而言虽然非常深奥，但这并不需要我们担心，在严肃艺术的领域中，基础工作先辈们早已做过。问题出在商业应用环节——当代绝大多数世俗产业并没有继承具连贯性的中国美学，或者说得直白一点，每当市场衍生出新兴商品形态时，开发者总是直接照搬外国的流行潮流。盖房子动不动就是"地中海风情"，买应季服饰遍地都是"纽约时装周"，满眼望去的日常生活用品当中，极少见到中国符号的影子。当然，大众品位是文化传播者引领的，然而《红楼梦》都能给拍成"马拉之死"，带动青年消费趋势的都市时尚剧还能不混搭吗？回望美术在20世纪的发展，即便"文革"时期的创作尚能把美学逻辑梳理清楚，反观当代革命历史题材的影视剧，处理美术置景、光影结构和人物造型时充斥着俯仰皆是的谬误。它们往往既不真实也不严肃，传递给观众的只有漫无边际的历史虚无主义。而所有的审美混乱最终都体现为价值观的混乱。缺乏统一的美学标准，当代中国商品经济自然无法突破它的天花板。这就好比中国家具城和宜家家居的区别，后者其实也是多种家具品牌的卖场而已。然而用中国家具品牌装饰房间时，只要采购者不是专业的设计师，张三家的床和李四家的柜子经常互相搭配不上。随便走入一个中产阶级家庭，往往发现室内装潢丑陋得一塌糊涂，花很多钱装修却更容易把房子装出"土豪风"，可见审美同收入从来都没什么关系。反倒经济落后地区几十年未变的乡村小镇，老房子、老家具组合在一起特别有味道，拍照片也显得有质感。所以对都市青年来说，两者相较，当然是选择全都在宜家采购比较简单。业内有一句流行语："和别的家具城相比，宜家输出的是'生活方式'"——仔细分析这句话，什么叫输出生活方式呢？通常我们会以为是宜家的样板间摆得特别好看，这样理解只能说差强人意，因为所有的中国家居品牌都有样板间，但你从未感觉它们输出过什么生活方式。事实上，宜家数百种家居品牌不会互相冲突，并不是靠设计师给你主导样板间的风格，而是你随意买随便都能配得上，连锅碗瓢盆都在一个体系里。因此"生活方式"的实际含义当然是指贯穿始终并且打通所有行业的那个美学标准。

　　假使我们懂得连贯性美学的重要性，时光回溯到改革开放初期，也许产业思路就会变得完全不一样。譬如处在 20 世纪 80 年代的分水岭上，上海美术电影制片厂那些不知所措的老职工能够有如今创业者对于商品经济的完整理解，笔者认为中国学派的辉煌完全可以持续下去。他们并非错在面对市场，而是受制于时代的局限，缺乏面对市场的经验。当时看来无解的问题，现在再看根本就不是问题。随着产权理论与制度经济学的发展，用现代工具回头重新分析老先生们面临的困境，我们很容易就能给他们找出数十种"文化 IP 赋能产业升级"的路数。然而时光不可能倒流，几十年过去以后，具备那种影响力的原创内容 IP 比大熊猫还稀缺，而中国美学如今受到商品经济的冲击早已变得支离破碎。在这种情况下，面对市场难道不是更加重要并且更加紧迫吗？因而本章讲述的国潮第三要素——面对市场——当然是引爆流行文化最核心也最不可或缺的一个必要条件。换句话说，当我们谈论一场流行潮时，不仅意味着一个符号广为人知的传播过程，并且一定包含赋予符号以价值的过程。价值固然不能完全等同于商业价值，但倘若文化本身和市场脱节，又如何给大众消费带来"炫耀资本"？生活中我们总能观察到，中国品牌和外国品牌在产品质量完全相等的情况下，定价也必须低于后者。这基本上是所有行业的潜规则，因为永远都有一双看不见的手引导普通人的消费决策。如果同时拿掉两者的商标做一场广泛的双盲测试（double blind test），其实绝大多数人根本分不清同类产品间的差异。只要把商标贴回去，消费者就会不自觉地将其泾渭分明地予以差别对待。试想一下，这个问题是企业靠打广告、买流量或者强行"升级"品牌能解决的吗？只要是一个中国品牌，产品符号中首先贴上了"中国"两个字，它的价值是文化资产决定的——因为共识是语言的基础，也是货币的基础，一种文化的资产或者一个企业的品牌都悄然被美学统一在符号的价值当中，形成消费者脑海中的"货币共识"。当我们谈论这两者时，说的其实是一回事。

因此，用一句话来概括国潮的定义，它应该是"一种具有中国符号的商品，并且观点在当下"。反过来说，当你试图制造一场中国潮流时，中国（chinese）符号、更新观点（idea）与面对市场（market）就是引爆流行的充要条件。这也意味着，我们应该在产品推敲阶段就从符号学、传播学和经济学三个维度预测其前景。前面章节中，笔者引用的案例本身就属于成熟的商品经济范畴，诸如服装、电器、音乐、电影或者房地产等，日常消费行为都隐含了产品的商业价值，但这个隐藏在深处的内容属性又很容易被忽视。在产品本身就是商品的情况下，只需要关注前两个要素就够了。如果产品自身并没有进入商业领域，市场要素便绝不能被忽视。例如那些对大众来说无关痛痒的非物质文化遗产，并不是说它们没有价值，但倘若不赋予恰当的商品形态，它们便只能呆在博物馆里缓缓消失，别说流行，连活下去都是问题。越是保护就离市场越远，没有观众、没有消费便没有后继者，长线来看当然还是会灭绝。最典型的就是中国戏曲，老百姓看戏的消费习惯早就没有了，所以戏曲本身就不是一种商品。今天我们还能勉强感受到戏曲的部分魅力，并非源于剧场行业的发达，而是构成戏曲的元素被拆分成很多细节，分布在不同的商业形态中——尽管主要是旅游纪念品这个行业。当然，笔者并没有瞧不起旅游纪念品的意思，只是相对于中国几百种戏曲文化的庞大规模，其商业开发还处于非常原始的阶段。日本光一个能剧都衍生出多少种业态了？很多最初甚至没有什么文化内涵的艺术形式也是如此，比如浮世绘，之所以能在当代成为很多潮牌青睐的设计元素，是因为近代以来浮世绘专门用来做小商品的包装纸，得益于海运物流行业的发展而在西方流行起来。同样，前文所述的插花或翻绳，如果只是停留于抽象文化这一形式，当然无法成为国潮。家居装潢是商业形态，儿童智力开发也是商业形态，只有附着于商业形态之后，文化形式本身才能产生价值。总之，我们不应把商品经济思维当成是艺术的背叛者。正如亚当·斯密所言："当一个人在正义的条件下追求自己的利益时，他会无意中促进社会的美好。"

也只有当国潮是一种商品的时候，中国文化才能活下去，站起来，走出去。

语言即货币

现在，让我们回到本书最初开始的地方。

在本书第一章中，笔者介绍过国潮这一现象缘于 2018 年运动品牌李宁的营销行为。因此，这一年通常也被认为是"国潮元年"。但是直到笔者写作这本书为止，过去的三年中，相对于国潮这个火热的概念，能称之为国潮的爆款产品却并不多见。尤其是后续模仿李宁的各类品牌，大抵上都没有抓到前者成功的诀窍，这不得不说是一种遗憾。从笔者的角度来看，国潮运动不应浅尝辄止，能够成功的案例也绝非偶然现象，我们当然希望有更多的企业轮番引领潮流，为消费者带来更多不一样的选择。那么根据本书此前的叙述，如果我们用全新的方法解构李宁服装的流行，会得到一个什么样的结论呢？

就其品牌符号而言，我们很容易把重心放到"李宁"这个名字上。作为中国一位著名的体操运动员，他在 1984 年的洛杉矶奥运会上夺得男子自由体操、鞍马和吊环 3 项冠军，并且是该届奥运会上获奖牌最多的运动员。但 1984 年距离现在已是一个非常遥远的年代，那时冷战尚未结束，笔者本人也还没有出生，我想绝大多数中国人知道李宁肯定和他当年被称为"体操王子"没有什么关系。倘若评选世界上最有钱的运动员，据说泰格·伍兹巅峰时期一年能赚两亿美元，梅西一年能赚一个多亿美元，然而李宁坐拥一家市值上百亿美元的公司，其他人跟他完全没有可比性。这位大叔在 1990 年用自己的名字创立的运动品牌"李宁"，是今天中国最大的服装品牌之一。退役之后的运动员亦不乏经商者，但把生意做到李宁这个高度的全世界再无第二人。可见我们应该用评判一位企业家的方式去看待李宁，而不是把他当成什么"下海经商的运动员"。换个角度来看，用自己的名字命名的运动品牌很多，比如迈克尔·乔丹同名的篮球鞋 Air Jordan 系列算是很知名的成功案例。但这类品牌通常都无法摆脱作为明星周边产品的宿命，随着运动员影响力的下降就会逐渐淡出人们的视野。李宁令人惊讶的地方在于，它从一开始就不是运动员的 IP 衍生品，"李宁"这个名字背后的人物和它的产品并没什么关系。虽然国外也有很多品牌用人名来命名，但它们一般都是设计师的名字，我们也将其称为设计师品牌。比如法国服装品牌皮尔·卡丹（Pierre Cardin，Pierre Cardin 其实是意大利人，但这个名字在意大利语中的拼写与英语完全一样）便是大家常见的人名商标。把李宁同这些设计师品牌类比也不对，因为他本人并不是设计师。

因此，"李宁"这个名字完全属于索绪尔所说的那种"随意性的符号"。李宁本人并不需要是个运动员，他完全可以只是一个沿海地区的普通商人，抑或这个品牌不叫李宁，而是改为"老李"或者"李先生"也没什么区别。类似李宁服装这种命名方式，我们不能把它和 Air Jordan 去比较，反而更像是王麻子剪刀。仔细想想，你知道王麻子到底是谁吗？当年这位叫王麻子的朋友是因为什么使自己的产品引爆流行的呢？这个问题看似无聊，又极为重要，因为"王麻子"这三个字在几百年前很可能起到了媒介的作用，但随着历史的演变它不仅起不到媒介的作用，甚至连王麻子本身的意义都没剩下。处于当下这种快速变化的时代中，根本不需要几百年的时间，产品只要几年不更新观点就会被消费者遗忘。如果这个最基本的问题都没有弄清楚，那么中国九成以上的老字号都要被淘汰。李宁在 2018 年以前其实是遭遇了业绩下滑、门店倒闭和互联网电商冲击等诸多问题的典型传统企业，而它通过成功的品牌升级再次崛起，其实更像是一个老字号经历低谷以后焕发青春的过程。因此对当下很多老字号和传统企业来说，反思这个现象尤其必要。不过，这种品牌升级到底升级了什么呢？如果面对"中国李宁"四个字时，把注意力放在"中国"这个词上也会产生误解。笔者在前文已经分析过，所有中国品牌都烙印着"中国"这个符号，即便不把"中国"两个字写在脑门上，消费者心里也非常清楚你是"国产的"。所以在品牌前面加上"中国"两个字并非屡试不爽的绝招，最近几年不成功的模仿者也层出不穷，有时甚至起到反效果。假如时光倒退到 2008 年北京奥运会，当李宁作为最后一位火炬手在世界瞩目下点燃奥运火炬，那一刻才是中国人的民族自豪感真正爆发的时候。然而 2008 年距离 2018 年也不过十年时间，如果靠一时点燃的激情便能使企业长盛不衰，李宁服装在此期间也就不会经历那么多挫折了。中国消费者是非常理性的，国潮不等于国货，购买国潮也不能和支持国货画等号。外国品牌只要能引起中国消费者的共鸣，同样可以掀起一场中国潮流。反过来说，倘若以为大众会毫无缘由地被商家消费爱国热情，那未免太过盲目自信了。

事实上，如果你平日里逛街时注意观察服装店的门头，会发现购物中心里绝大多数服装品牌都是由英文字母构成的。这其中固然有一小部分确实是外国品牌，但大部分都是 100% 纯国货。无论男装、女装、快时尚还是轻奢，有些直接起英文名字，有些使用含义模糊的字母缩写，也有些是英文单词的汉译发音。李宁服装以前的门店也写作 Li-Ning，使用的是汉语拼音的罗马字母，而并非像现在这样直接写成"中国李宁"四个汉字。也就是说，中国服装品牌压根没有几个拿汉字做商标的，甚至没有几个给自己起中国名字的。这当然不是为了什么所谓的国际化。诞生于 20 世纪 80—90 年代的服装品牌，起名本是随机事件，英文名字和中文名字的比例理论上应该相差不多。然而那个年代，凡是中国名字的中国品牌几乎都被消费者瞧不上，逐渐被淘汰掉。再往后创立的服装品牌，害怕被消费者认出来，便不敢轻易给自己起中国名字。演变至今，就导致现有服装品牌甚少有中文名字的，这一过程大概就类似于进化论所指的"自然选择"吧。当然，这既不能责怪服装企业，也不能指责消费者，毕竟改革开放初期我们每个人都对英文有强烈的崇拜。当初大学生找工作，中国企业薪资只有几百块时，外企薪资已能达到几千块。只要英语好，即便其他什么工作技能都没有，也可以获得一份收入颇丰的工作。不必多想，只要一个人说话时中英文混杂，一定是个有钱人。所以那个时代的中国人有强烈的移民倾向，就算不移民，最起码也要出国留学镀一层金，回来才能有更高的待遇，因此全民都在疯狂地学英语——"疯狂英语"甚至就是一个教育品牌的名字，它的观点特别具有那个时代的味道。1999 年张元导演制作过一部叫《疯狂英语》的纪录片，读者可以把它找出来欣赏一下。虽然那个时代距今不过 20 多年，但那时我们对于英语的狂热简直令人瞠目结舌。这种情况反映在服装行业上，闹出来的笑话就更多了。早期我们对时尚的理解大抵就是衣服上胡乱地印几个英文字母，别人看你就觉得是个潮人了。大部分人并不知道衣服上的英语翻译过来是什么意思，因为懂英语的人很少，连脏话都不认识。笔者青少年时代热衷于去服装批发市场淘打口碟和"外贸尾货"，现在的年轻人可能根本不知道那些玩意是什么，其本质上不过就是花钱买洋垃圾。但这不是因为我们蠢，而是因为当时外国品牌并不在意中国市场，在中国没有开设门店。即便开了门店，普通消费者恐怕也买不起。所以我们只能去买那些外国人扔掉的旧衣服穿在自己身上彰显品位，或者模仿外国电影里的造型打扮自己。大家现在熟悉的那些街牌OG，例如Supreme、BAPE、Stussy、X-Large一类，最初都是在20世纪90年代通过旧货渠道进入中国，再由当时最醒目的潮人淘出来才被大众认知的。买洋垃圾在当年看来并不丢人，因为70年代出生的流行作家还会把冰激凌当成奢侈品，80年代出生的情侣约会还要选在炸鸡店。90年代以后出生的年轻人对此就无法理解了，而千禧年之后出生的青少年恐怕会感到这些行为匪夷所思甚至非常滑稽。

随着中国经济的发展，这种莫名其妙的狂热自然会逐渐消退。尤其是人人都要考四六级时，我们不仅失去了对英语的崇拜，而且产生了厌烦情绪，因为英语早就跟收入没什么关系，除非为了做个翻译，要不然为何浪费那么多时间去背单词？我们找工作时，令人羡慕的顶薪全都是互联网巨头开出来的。尽管高薪导致工作强度也非常恐怖，但相比之下，外企的薪资并没有什么诱惑力，甚至完全颠倒了过来。当代中国企业普遍拿钱砸人，外企在招聘时才更喜欢跟求职者天花乱坠地谈理想。那些英语流利的海归留学生找工作也不再有优势，这倒不是因为中国本土大学生的平均水平提高了，而纯粹是企业不再迷信海外的教育。以前只要是海归，哪怕是所谓的"野鸡大学"念出来的，回国也能混个好职位。现在大学排名与在校成绩，网上随便一查便清晰可见，绝无蒙混过关的可能。一个人若只是英语好，想当个英语老师恐怕都要面临激烈的竞争，因为英语好的人实在太多。在这种情况下，我们对于生活品位当然会有完全不一样的理解。当全世界的城市都长成一个样子，大家身上穿的衣服也大同小异时，那些用蹩脚英文命名的中国服装品牌，现在看来就给人一种"山寨"的感觉。走在大街上突然看到几个漂亮汉字组成的 logo，能不让人眼前一亮吗？因此，"中国李宁"的关键符号是汉字本身——它是由汉字构成的，而不是罗马字母。基于同样的语义，假设李宁将英文商标 Li-Ning 升级为 China L-Ning，尽管也是在"李宁"（Li-Ning）前面加上"中国"（China），但只要不是用汉字写，就怎么想都觉得不对劲。不要说 logo 里加 China，即便把所有服装都改成中国国旗的红黄配色，消费者也不会因此而买单——很明显那应该是国家体育队的队服。李宁真正表达的是对服装行业"英语本位"的矫正——关于时尚潮流，中国文化应该有自己的诠释。

当代青年接受这个观点，是因为他们开始萌生对于自我的认同。这种认同并非一时冲动，而是经历了几十年漫长的扭曲和误解以后，逐步清醒的过程。其实笔者本人不是李宁品牌的粉丝，李宁也不是最早观察到这一变化的中国服装企业。早在 2018 年以前，就有很多中国设计师品牌使用汉字商标，坚持自己特立独行的东方风格。它们全都可以归类于国潮的范围，并且其中有些品牌早就引爆过流行。只不过"国潮"这个词本身成为一个话题，的确是 2018 年以后才发生的事，而那些新中式设计品牌的影响力也确实没有李宁那么大，包括本书第一章讲述的汉服热——如果此刻你还记得那些热血少年的故事——中国服饰领域在过去十年里诞生了无数的创新，各处都在积聚不同的力量，它们表达的观点几乎一致："关于时尚，中国文化应该有自己的诠释。"不过，为何最终将这场运动推向高潮的是李宁呢？追寻这一问题的答案，便要从品牌观点转为产品观点展开讨论。

虽然所有的中国服装品牌都有类似的诉求，但是具体到服装产品时，不同产品的观点就形态各异了。李宁本身是运动服饰，理论上来说，运动品牌和户外品牌应该是功能型产品，它们有自己特定的穿着场合。但中国消费者有一个大约在全世界独一无二的习惯，就是运动服的消费场景特别宽广。比方说，2012 年，全球最大的阿迪达斯专卖店在三里屯开业，是因为我们为世界上最热爱运动的民族之一吗？实际情况恰恰相反。大部分职场白领都处于亚健康状态，既没有时间运动也没有参与的兴趣。尽管不乏在健身房里办卡的人，但基本上只是为了洗个澡。如果我们看到一个人整天坚持塑形，唯一的感触就是"这个家伙真是好闲啊！难道不用工作的吗？"所以中国人穿运动服并不是为了运动，反而是由于运动服比较宽松，不运动也能穿进去。尤其三十岁之后"过劳肥"的现象非常普遍，人人都用一身运动服盖住自己的小腹。除此以外还有一个原因，就是中国学生的校服是运动服，从小学开始至少要穿 12 年，因此我们长大以后也对其他品类的服装不太习惯。综合这两种因素的影响，我们不论上班下班、约会休闲、台上演讲还是厨房里做饭，几乎全场景覆盖运动服，尤其男性对此非常执着。观察一下你自己身边的朋友，是不是从小到大只穿运动服和篮球鞋却从来不运动的宅男特别多？这样的用户画像也许有点怪异，但实际上，无论耐克、阿迪达斯还是其他运动品牌在中国市场都有极高的溢价，完全被当成中高端"时尚服饰"，与它们在国外原本的定位完全不同。反观常规意义上的时尚，距离大部分国人的生活反而比较远，男性更是普遍不关注。毕竟没几个人能达到模特的标准，而很多原创设计师品牌的剪裁又比较挑身材。所以国潮服饰虽然发展了很久，但只有做运动服时才走入大众的消费场景。

时尚当然应该让中国文化自己来诠释，但是具体怎么诠释，不同设计师的观点可能完全不同，做出来的产品自然也形态各异。比如汉服这种 16 世纪以前的传统服饰风格，它到底应该是节日庆典穿着的礼服，还是应该融入日常生活中，使普通人上班也可以穿？再比如所谓新中式服装，中国那么大，你怎么确定中式的边界？非要恢宏大气、开会专用的套装才叫中式吗？在设计师的圈子里，涉及这些具体观点便会争论得非常厉害。而关注于小事，关注于细节，并且关注于市场的观点之争，恰恰是西方每一次艺术思潮的实际动机，以及文化发展的源动力。欧洲文艺复兴并非某个高瞻远瞩的先知给艺术工作者提出几点建议，指挥大师们绘画应该怎么搞、雕塑应该怎么凿。所谓艺术思潮，自始至终都着眼于当下，譬如女性应该倡导什么样的身材，或者白领有没有穿拖鞋和大裤衩上班的权利。这些鸡毛蒜皮的世俗琐事表面上看起来或许非常无聊，然而它们恰恰是文艺复兴的精神内核。无论处于哪一个时代，这些观点具象化之后便会形成天花乱坠的学术名词，诸如"工业主义""达达主义""抽象主义""表现主义""未来主义""波普主义""象征主义""平等主义""女性主义""自然主义""保守主义""前卫主义""激进主义""后现代主义""时尚主义""反时尚主义""消费主义""反消费主义"……以此类推简直没完没了，稍不留神就像变魔术似地涌出一大堆新名词砸进你的脑袋里。但是这些西方文化中推导演绎出的概念，和中国人关注的问题等同于一回事吗？然而我们无论学设计还是学艺术，总是亦步亦趋地跟在西方后面人云亦云，只学"how"而不关注于"why"，把风格直接当成手法——例如"达达主义就是拼贴画""抽象主义就是泼墨""波普主义就是泼墨的拼贴画"——大部分人的确不懂设计，更不懂设计的原理，而我们所谓的原创，又是否真正可以称为原创？剥开以西方美学理论为中心的刻板教条，能否以自己的文化为出发点进行根本性的思考？

　　就拿中国人喜欢穿运动服这件事来说，如果咱们也试着用一个"XX主义"之类的大词来形容，便会感到莫名其妙。它当然也不可能有相对应的英文解释，假如西方解读此现象，最多也就给你扣一顶"东方XX主义"的帽子。别人的社会学不会认真研究你的社会文化，这一工作只能由你自己来完成——你的母语是汉语，当然只有你真正了解汉语的意义。这就是为什么我们的艺术思潮不能用"英语本位"的思维方式生搬硬套。反过来看，对西方来说非常重要的思想变革，完全一样的观点替换到我们的场景中，中国人同样无法感同身受。例如皮尔·卡丹，它其实是最早进入中国的西方服装品牌，皮尔·卡丹本人也是世界上最重要的服装设计师之一。这位天才设计师以前卫大胆的实验风格著称，但是在西方，他常因先锋思想而遭人唾骂。他在20个世纪不断掀起离经叛道的服装革命，被喻为"无法控制的疯子""黑暗缪斯"和"破坏秩序的野蛮人"，西方人认为，只有最狂最躁以至被上帝遗弃的无可救药之徒才会把皮尔·卡丹的衣服穿在身上——等等，皮尔·卡丹，真的吗？这是我们认识的那个皮尔·卡丹吗？现今，皮尔·卡丹服装品牌随处可见，门店遍布各大中老年消费者喜爱的国营商场。从小镇来到大城市打工的朋友们过年回家时，往往也会买一件送给自己的妈妈。实际上，它几乎就是"未来主义"的代名词，象征着人类对于星际旅行的畅想，西方一些人甚至认为它具有某种"太空社会主义"的倾向。1978年，当皮尔·卡丹作为第一个先锋服装品牌进入中国时，在西方引起了巨大争议。也正因如此，它是我们最早认识的"洋货"之一。20世纪80年代开始下海经商并且最先富起来的那一批叔叔阿姨们，肯定搞不明白泡泡裙和未来时尚的关系，更不明白"太空社会主义"是个什么东西。反正只要是洋货，统统当成奢侈品购买。京城最早的西餐厅——马克西姆餐厅也属于皮尔·卡丹，是当年第一家中外合资的西餐厅，以"顶级奢华"著称。总之，那些文化符号原本在西方代表什么我们根本不理解，能理解的就是贵。无论怎样想象，你都无法把这个牌子同星际旅行联系到一起。

公元 3456 年，地球环境正在急速衰退，只剩下沙漠和枯萎的荒原。人类不得不在宇宙中寻找新的栖息地，这个艰难的阶段被后世称为"银河大开发"。

此时，PX-28 星区繁忙的长途飞船站里人来人往，大多是经营卫星畜牧业的企业家、托运行李的宇航员和抱小孩的太空妇女。角落里有一间不起眼的小餐馆，霓虹闪烁的招牌上写着"长白环形山特色连锁"的字样。

"喀啦啦！"

餐馆的舱门被推开，走入一位膀宽腰圆的太空旅者，腋下夹着个漆黑的手提包。

餐馆老板赶忙搓着手上前招呼道："星际老铁，您坐！"

旅者坐在磁悬浮吧台凳上，摘下自己宇航服的透明头盔，沉沉地吸了一口气说道："哎呀，饿死我了，快给整点吃的呗。"

老板上下端详此人，只见他不住地抓着自己的光头，脖子上还挂着一条从曼达洛星买来的大金链子，想必是脾气非常不好的客人，便把后厨的老式烹饪机器人叫了过来。

"很高兴为您服务，您想吃点什么？"机器人小心翼翼地问道。

"你都有啥绝活儿？"

"环形山烤冷面、克隆小鸡炖蘑菇、量子锅炉包肉，还有……"

"别说了，这都饿死了，赶紧摆上吧！"

"Command received！请耐心等待 5 分 17 秒。"机器人开足马力奔向后厨。

旅客满意地吸了吸鼻子，将腋下的手提包甩在吧台上。昏暗的灯光下，Pierre Cardin 的金属标牌散发出神秘的光泽。

在此必须声明一句，笔者没有跟皮尔·卡丹过不去的意思。

显然，皮尔·卡丹的符号强行出现在一个科幻故事场景中，我们不仅无法接受，还会感到啼笑皆非。西方消费者眼里代表未来主义的符号，必然有它特定的文化背景和历史语境。这就好比阅读文章时突然看到一个陌生的词，总要把它放在上下文的关系里，没有上下文谁知道它到底在说什么！文化现象同样需要上下文关系，譬如它到底提倡什么以及反对什么，在它以前与在它以后到底如何演绎，诸如此类的逻辑都要悉数理清。否则，即使我们自诩英语学得不错，其实根本不了解对方深层次的含义。由此可见，跨文化的障碍其实是双向的。不仅将中国文化翻译到西方是一项艰巨的工程，事实上，将西方思想不加考量地直接套到我们的文化中，同样会显得哪里都不对劲。

至此，本书叙述的所有故事线索其实都隐隐地指向一个共同的目标：我们必须强调以中国文化和中国语言为本位的发展模式，实现 21 世纪的中国 "文艺复兴"（chinese renaissance）。中国 "文艺复兴"的概念以及这个宏伟的想法由来已久，并非笔者原创，而是一百年前新文化运动的旗手们挂在嘴边的一句话。chinese renaissance 最早出

现于英文语境，是胡适先生在 1933 年参加芝加哥大学比较宗教学系
的哈斯克讲座时提出的。胡适是中国新文化运动的发起者，而哈斯克
讲座旨在促进世界因不同文化而长期分隔的民族之间相互了解，并致
力于阐释古老文明重获新生的过程。胡适的演讲从宗教、哲学、政治、
科技等不同角度谈起，涵盖了中国文化与西方文化（主要是新教文化）
在不同侧面的简要比对，可以看作是他代表中国比较学派向美国学界
全面介绍中国的一次尝试。后来讲座内容形成了一篇著名的英语论文，
题目就叫 *The Chinese Renaissance*。作为一位学贯中西的近代文化
领袖，胡适从小就是出了名的神童，青年时代便誉满士林。1933 年
代表中国发言时他不过 42 岁，理论上来说应该满腔都是少年心气——
然而这番演讲的时机非常不恰当，因为其历史背景正处于 1931 年的
九·一八事变之后，所以根本目的还是为了向太平洋另一侧的宗主述
说自己的委屈。由于国际形势的混乱复杂以及他本人立场的尴尬，后
世的我们读来觉得有些别扭。

纵观历史，现代文明的这一冲突，只是新文明对世界进
行征服这一出大戏的尾声。这个新文明起源于西欧，它以不
断增长的力量和活力向着东西两个方向扩张。……在向西的
扩张中，它驯服了两个新大陆，在向东席卷时，它摧毁了非
洲和亚洲的每一个古老文明，也把整个大洋洲置于它的统治
之下。这一狂飙的另一股潜流，……攫取了斯拉夫地区。

东亚是新文明三条向外扩张路径的交汇点。此前，它没
有遇到任何有力的抵抗。正是在东亚，新文明征服世界这出
大戏要上演其宏大的终场。在这里，西方新文明与东方两个
主要的文明中心——大路上的中华帝国与岛屿上的日本帝

国——发生了正面的接触与冲突。新文明征服全世界的成功
将取决于这两个帝国的最终西化。

胡适将中日两国比喻为西方文明征服全球要攻下的最后两座城
池，他究竟是认可这种征服还是反对这种征服呢？由于字里行间都透
露出犹豫不决，我们很难在他的文章中找到一个明确的观点。一方面，
他非常羡慕日本能够在西化上取得巨大成功，并将日本的成功归结为
"拥有一个强有力的统治阶层、享有特权的军事集团和数千年来独特
的政治发展方式"三个关键要素；另一方面，他又想强调中国文化有
着自己的骄傲，应该坚持以自身为本。这两个想法本来就在肚子里面
打架，关键是他还希望中国能够获得西方的帮助。这就导致演讲内容
里有诸多自相矛盾的地方，与其说他是在讲一个中国"文艺复兴"的
故事，还不如说他是在试探性地询问听者对中国复兴的意见。这种小
心翼翼的态度，从头到尾体现在胡适先生百感交集的修辞中。后世
我们都知道，那场演讲仅仅过去几年以后，日本就发动了全面侵华战
争，而大部分文人再有满腔报国热情，也不得不躲到昆明去了。因此
在那个时代提出中国的"文艺复兴"，固然是描绘了一个非常美好的
未来，却有些空喊口号的感觉。毕竟当时的中国政治腐败、一盘散沙，
根本无法拿来和日本做对比。没有综合国力作为依托，哪里轮得到文
艺先行复兴呢？

百年之后的我们重新审视前人的思考时，发现胡适很多超前的判
断放到今天来看反而恰到好处。比如他认为"只有通过接触与比较，
人们才可清楚地、批判性地认识、理解各种不同文化的相对价值。在
一个民族是神圣的东西，在另一个民族则可能是荒唐的；而为一种文
化人群所鄙薄、所摒弃的东西，在另一个不同的环境中可能成为一座
格外庄严华美的大厦之基石"。本质上来说，胡适当然渴望让世界感

受到中国文化的魅力，因此他对于中国"文艺复兴"的定义和使命可谓归纳得非常精准——"它是完全自觉的、有意识的运动，它需要新语言、新文学、新的生活观和社会观；一个生气勃勃的民族使用的活的语言，应能表现出一个成长中的民族的真实感情、思想、灵感和渴望；我们既要理智地理解过去的文化遗产，也要积极参与现代科学研究工作"。还有一点有趣的是，胡适在谈及中国"文艺复兴"时很早就意识到了传播的重要性，并且非常准确地使用了"媒介"这个词。他认为新文化运动的成功得益于媒介的作用，但并不是指当时中国几百种报纸和杂志，而是相对于古旧的文言文，白话文是媒介。同理，其实我们也可以说科学是西方的媒介。那个年代还没有诞生传播学，更没有那些后来对于媒介属性的研究。回顾百年前学者的思考，今天我们能够用商业创新去实践这些当年看来不合时宜的想法，不正是继承了先辈们的遗愿吗？

在揭开中国"文艺复兴"的历史悬念以后，现在回头看本书第一章中曾经列出的一道充满疑惑的选择题。通过讨论国潮的判定方法，现在我们可以解决第一章中遗留的问题了。

请从下列选项中，指出哪些是国潮，哪些不是国潮。

A．一件印着京剧脸谱的黑色 T 恤衫

B．一首由《茉莉花》改编的 rap 歌曲

C．豆腐口味的汉堡包

D．穿马褂的布拉德·皮特

E．印着"中国吉利"四个字的吉利牌豪华跑车

F．《西游记》题材的乐高玩具

G．赛博朋克风格的雷锋手办

A选项中的京剧脸谱是最常见的中国符号之一，T恤衫也是非常普适的商业形态。然而传统京剧的观点现代人已经无法感知，如果只是在T恤衫上印个京剧脸谱，只能归类为旅游商品的范畴，类似于印着"不到长城非好汉"的那种纪念品。虽然它的确是一件衣服，却不属于常规的服装消费场景。在20世纪80年代，中国人最早将T恤衫称为"文化衫"，这两种不同的命名方式，前者强调服装版型，而后者其实才概括了它的产品本质。T-shirt这个词本来就诞生于美国，作为世界上销量最大的一种服装品类，它的演变历史几乎就是美国流行文化的传播史。最初在这种衣服上印刷表达观点的图案或文字是受到政府限制的，因为它很明显是天然的"自媒体"。设计师有表达的诉求，但管理服装企业的办法无法适应这种新生态。所以随着法律的发展，T恤衫也被视为媒体，企业只要遵守媒体审查的相关规定，就可以印刷内容。因此20世纪60年代以后，文化衫几乎成为所有服装品牌必不可少的一个产品类别。尤其是对于当代的潮牌来说，它是表达观点最为直接的一种形式，而其材料和生产工艺又最廉价。假如我们购买一件100元的T恤，那么至少90元是为观点付费，或者说是品牌的溢价，因而将其称为"文化衫"绝对名副其实。不过这恐怕也是中国企业最薄弱的一个地方，就服装这种商品而言，青年需要个性的表达和多元的文化。但是很多情况下，企业在面向青年时往往只是模仿外国潮牌喊几句空洞的口号，例如"追随前路，表达态度"之类的标语，配上一些花哨的广告，根本无法传递到消费者的心里。想想看，这种口号说了就同没说一样。路是什么路？态度又是什么态度？不具体谈开，它就没办法变成媒介——即便你把两个硕大无比的"态度"印在T恤上。倘若抛开所有的技术要素纯拼文化资产，便会感受到"IP赋能产业升级"这件事有多么重要。假设一个京剧题材的流行漫画能将脸谱附着于当下的意义，那么当然会有人把它穿在身上，不过话说回来，这样的漫画又去哪里找呢？

第三章我们已经讨论了中国流行音乐的处境，所以 B 选项现在看来就显得不伦不类。汉语的发声方法和英语说唱有极大的矛盾，因此把它们强扭到一起并不是所谓的更新观点，只能说是一锅味道诡异的乱炖。E 选项中容易给人产生误导作用的是"中国吉利"这四个字，它算不算是一种追逐潮流的观点更新呢？就汽车企业而言，产品本身的观点远远比企业那些"使命""愿景""价值观"更重要。豪华跑车这种车型本身就不是一个中国符号，因为跑车是两座的，代表个人主义倡导的生活方式。中国人重视家庭，我们的哲学不强调利己性而是强调利他性，为了照顾老人以及养育孩子，成年人甘愿付出巨大的牺牲，甚至承受远超自己所能负担的压力。这就跟西方文化有着天壤之别，一个只贪图自己享乐的年轻人往往被当成纨绔子弟而被周遭所有人瞧不起。因此跑车永远都不会是一种畅销的车型，自然也不会进入国潮的范围。其实吉利作为一个非常成功的民营企业，它的董事长李书福很早以前就总结过，"汽车就是四个轮子加两排沙发"——还有比这更深入人心的观点吗？

事实上，F 选项是一个真实存在的产品。乐高积木本身只是无属性的材质，它可以任意组合为不同文化的主题。针对中国市场推出的《西游记》《三国演义》等产品就是乐高的国潮系列，深受中国消费者的喜爱。诞生于丹麦的这家百年老字号是中国所有玩具企业竞相学习的对象，用一个更热门的词语来形容，它就是"潮玩"行业的标杆。然而老 IP 翻新并非永恒的灵丹妙药，自从万氏兄弟那部《大闹天宫》之后，《西游记》到今天不知道已经衍生出多少部作品，但大部分都很难给大众留下什么印象。尤其是在观点当代化的过程中，特别容易流于形式主义，看起来人物只是换了身衣服，故事观点却非常老套。例如 G 选项中出现的赛博朋克（cyberpunk）风格，它是一种常见的科幻世界观——既然都叫世界观了，可见赛博朋克本身就有它的观点。那么赛博朋克的观点和中国故事的观点能不能结合到一起，又该如何去结合呢？理论上来说倒也不是不行，只是具体而言非常复杂，需要从文化根源出发寻找答案。比如雷锋作为一个典型的中国符号，他代表了中国人身上那种可贵的利他性。他本人去世以后，不乏以雷锋为题材创作的当代作品，但唯一令笔者感动的只有 1996 年出品的电影《离开雷锋的日子》。当代的年轻人已经很难理解历史上真实存在过这样一个平凡质朴的英雄，这恰恰是我们需要谨慎思考的一个社会问题。反观好莱坞，那种弘扬社会正能量的"美国雷锋"故事其实一抓一大把。因为这个符号真正重要的是利他性，一个人只要愿意为人民服务，就可以从他身上感受到雷锋精神，而这种精神不止中国社会需要，美国社会同样需要。既然是精神，它就必须通过具体的故事来诠释，如果单纯只是把一个雷锋形象的玩具手办贴上科幻电影里的造型，那么也就只能是一个没有灵魂的空壳。

最后，C 选项和 D 选项就令人感到很有趣了。尽管并没有豆腐口味的汉堡包，布拉德·皮特也从来没有穿过马褂——这当然是笔者编造的玩笑，但它们会给人传递一种怪里怪气的意味。它们貌似是中国元素，但仔细品味又觉得好像哪里不对，往往会让人联想到另一个叫"中国风"（chinese style）的词。作为一种西方流行文化的现象，从 20 世纪下半叶开始，中国风就已经出现。和国潮这个全新的概念相比，中国风的历史更为悠久，我们也很容易将它们混淆。那么，国潮和中国风的区别到底在哪里？我们又该如何看待这两者的演变呢？

第六章

尾声：
李小龙的传奇谁来继承？

为什么中国武术必须"能打"？

1995 年，北京电影学院的校园里迎来一个美国访问团，与全校师生进行了一场短暂的交流活动。尽管它只是影视行业内部的一件小事，却在后世对整个中国的文化产业造成了难以估量的影响。当时北京城还没有修建四环路，所以今天我们看到的北京电影学院以及它隔壁的北京电影制片厂旧址，在那个年代其实位于郊区。前来参与交流活动的不仅有学校师生，还有制片厂的职工，以及文化部门的领导，来往人群依然把蓟门桥周边的巷子挤得水泄不通。每个人都热切地排着队，手中拿着签名本，渴望一睹好莱坞电影天才们的风采。现在的人或许很难想象，二十多年前并没有"娱乐圈"这个概念，导演不是"大腕"，演员也不叫"明星"，他们其实更像国家定向培养的特种运动员。这场活动的意义和气氛与其说像电影展，不如说更像是计划经济时代的"中美篮球友谊赛"。因为和 80 年代开始蓬勃发展的制造业相比，中国影视行业的市场化改革比较晚。北京电影学院和曾经的北京电影制片厂紧紧相邻，而这两个单位也完全就是一回事，在电影学院毕业的学生会自动分配到制片厂工作。现在我们所说的导演、摄影、录音、灯光、美术、道具之类的不同职业，似乎有着泾渭分明的身份差异，但在当时都是厂子里地位平等的职工而已。

这个著名的外国访问团由美国圣丹斯电影节的创始人罗伯特·雷德福（Robert Redford）领衔，由一大波美国电影新浪潮运动中涌现的青年导演组成。虽然本书并不关注于此，不过笔者还是需要介绍一下发生在大洋彼岸的那场电影新浪潮运动。今天我们所熟悉的这一代美国导演多多少少沾都了新浪潮的光，这个过程中更是涌现出无数优秀的作品，只要喜欢看电影的朋友肯定都如数家珍。然而80年代的好莱坞已经体制僵化，日渐凋敝，如果没有这场"美国潮流"从根源上更新它的活力，恐怕今天美国的影视行业完全是另一番景象。它的发动者罗伯特·雷德福是一位功成名就的好莱坞知名演员，虽然他对中国观众来说比较陌生，不过他的行业地位大概相当于"美国的刘德华"。事实上，仅仅以"刘德华"来类比远远不够，因为好莱坞的超级明星在政界也有很大的影响力，他们往往肩负巨大的社会责任，甚至不乏直接从政的人，比如著名的里根总统。罗伯特·雷德福虽然没有选择走这条路，但他的实际影响力比普通政界人士还要大。作为新浪潮运动公认的旗手，这位"长袖善舞的圆桌骑士"通过创立圣丹斯电影节，面向全球进一步吸引多元文化的创新血液，为好莱坞一线制片厂输送优秀的青年人才。总的来说，这也是美国电影产业推动这场新浪潮的核心动机。所以他本人因其巨大的贡献在2015年获得总统自由勋章。这枚由总统亲自颁发的勋章几乎可以代表美国政府对文职人员最高的表彰，但也不仅限于美国本土。历史上获此殊荣者都是在全球范围内对美国国家利益有重大促进，或是对美国文化传播有杰出推动作用的人，比如特蕾莎修女、撒切尔夫人、猫王、比尔·盖茨、阿波罗13号的机组人员等。

　　在这场电影新浪潮运动之前，华裔在美国一直都是毫不起眼的少数族裔，迄今为止也不过才几百万人，而中国文化更是蜷缩在社会边缘的小众文化。相比卑微的存在感，华裔勤奋工作对美国社会的作用却至关重要。中国电影以及中国电影人便在这场运动的促进下，与西方文化进入了一个互相欣赏的蜜月期，因为这是当时美国政府鼓励的民间活动。其实在雷德福率团来华一年之前的1994年，美国独立电影发行公司米拉麦克斯（miramax）的创始人就已带领团队来北京访问过一次，与北京电影制片厂协商中国电影出口与合拍片的问题。理论上来说，一家海外的小公司到中国洽谈一项总盘子不超过1000万美元的业务，实在是微不足道的小事，放到今天来看还不到电商直播一天的销售额。然而当时这场业务会谈被安排到人民大会堂举行，足见中国政府对它的重视程度。从张艺谋的《菊豆》《大红灯笼高高挂》到陈凯歌的《霸王别姬》，自90年代开始，中国电影通过米拉麦克斯的代理发行以及圣丹斯电影节的推介，在美国引发了持续十几年的中国热。除了中国导演以外，举世闻名的美国华裔导演李安之所以能够获得成功，其实也是直接受益于这场运动。他的早期成名作《推手》《喜宴》《饮食男女》都是表现中西方文化碰撞的题材，而他自始至终的金牌搭档，电影制片人詹姆士·沙姆斯就是在1991年的圣丹斯电影节上看到《菊豆》方才对中国文化产生了浓厚的兴趣——后者也是获得奥斯卡最佳外语片提名的第一部中国电影。不过需要说明的是，米拉麦克斯只是表面上很小，当时中国政府并不知道它在1993年就已被迪士尼公司收购，所以这也可以看作是美国最大的娱乐集团全球扩张的业务线之一。

　　这批到北京电影学院参与交流的新浪潮导演中，最受欢迎的莫过于昆汀·塔伦蒂诺和他带来的那部电影《低俗小说》。即便从来不看电影的普通人，也绝对见过《低俗小说》的海报：乌玛·瑟曼优雅地拿着一支香烟，趴在散乱着手枪和漫画的双人床上，她翘起的脚跟上方用老式香港电影的标题风格，以大号字体写着 *Pulp Fiction*。当时校园里的师生并不知道昆汀是谁，也不可能预测到那部电影会在后来二十多年时光里经久不衰。其实，当时《低俗小说》便是最受欢迎的作品，随着这部电影在校园里引起轰动，全校师生都抢着跟昆汀合影、向他索要签名。无论如何，我们可以想象那一次交流活动对中国电影当代的领军人物们产生了多么深远的影响，很明显，昆汀自己也没有想到他会在遥远的北京受到这样的追捧。1995 年的活动之后，他还多次跑到北京闲逛，并且经常被粉丝认出来，这位老兄也是乐此不疲。要说明的是，90 年代中美之间的产业交流非常频繁，那一阶段还有很多美国导演来到北京，只有昆汀属于非官方性质，因为他是真的喜欢中国的武侠电影，也跟中国导演们称兄道弟。比如张艺谋的《英雄》在美国做 DVD 发行时，就和昆汀的作品《杀死比尔》做了捆绑销售，这位美国当红导演为促进《英雄》的销量提供了巨大的帮助。而《杀死比尔》本身就是一部充满武侠味道的功夫电影，乌玛·瑟曼饰演的女主角身穿李小龙招牌式的黄色连体运动服，向全世界展示了一个东方视角的复仇故事（美国观众基本分不清中国和日本的区别），表达了对 Bruce Lee 这位全球最著名华裔电影人的致敬。甚至在 2002 年拍摄它时，原定在日本取景的部分全都改到中国拍摄，由北京电影制片厂负责它的搭景工作。尽管剧组搬到北京拍摄的成本大幅低于日本，但并不完全为了省钱，必然跟昆汀的北京情结有很大关系。当时在片场的几百名外籍工作人员中，导演本人是唯一的"中国通"。收工以后他会恶作剧似地带着大家到片场附近的川菜馆里吃饭，只有他一个人非常享受，其他人都被川菜浓烈的味道搞得上蹿下跳——美国的中餐厅倒也不是没有川菜（szechwan cuisine），只不过它和中国的川菜完全是两码事。

徜徉在那些美好的旧时光里，昆汀·塔伦蒂诺可能完全没有想到，仅仅二十几年以后，他会拍摄另一部观点完全相反的电影。那部略显神秘主义的影片叫《好莱坞往事》，如果对好莱坞历史不甚了解，肯定会看得一头雾水，但是对普通的中国观众来说，唯一记住并且极度反感的地方就是片中对于李小龙的负面刻画。和昆汀早期电影中那种浓浓的武侠情结正好相反，《好莱坞往事》中登场的李小龙是个傲慢的自大狂，他盲目吹嘘自己的实力，结果被布拉德·皮特扮演的特技演员暴打一顿（严格来说也算是打了个平手）。尽管它的几条故事线采用了真真假假的叙事方式，以此来打破虚构和非虚构之间的那堵墙，但李小龙这条故事线观众并不认为是虚构的，导演本人也承认这就是他所理解的"真实的李小龙形象"。如果只是个不了解中国文化的普通美国导演拍了这样一部电影，或许根本没人在意他的观点。然而它的导演偏偏是被中国影迷像神一样崇拜的昆汀·塔伦蒂诺，这其中最吊诡的地方是，在《杀死比尔》中还对李小龙和中国武侠电影疯狂致敬的导演，为何在这么短时间里态度发生一百八十度的转向？以至于关于这部电影是否涉嫌辱华的媒体争论当时如雨点般砸落在我们的视野中。互联网上的争论点其实根本不在于历史上的李小龙是否真的做过那么愚蠢的事——实际上每个人都知道这个情节是编造出来的——大家争论的焦点在于中国武术到底"能不能打"。这种所谓的"能打"，不是指动作演员在电影里面飞檐走壁，而是现实世界中练习中国武术的人能否击败搏击运动员。也就是说，《好莱坞往事》中一个虚构的段子引发的是我们对于现实问题的观点之争。正方与反方各执己见，网民被迅速割裂为两个水火不容的群体。从某种程度上来说，这正是这部影片媒介运用得无比成功的地方，它引发了一场同电影本身根本无关的社会大讨论。而这个看似莫名其妙的体育问题，却是一个在近年来屡次掀起大众广泛关注的话题，并且在绝大多数情况下，中国武术都以小丑的姿态败在搏击运动员手下。中国互联网从不缺乏热点，但热点通常不超过 48 小时就会被遗忘，然而关于这个令人哭笑不得的流行文化现象，却反反复复、花样频出地被提及与讨论，可见它触及的深层次问题远非表面上看来那么无聊。

不过从这个侧面也可以看出，塔伦蒂诺对于中国社会的观察其实比普通美国导演要深刻得多，出手可谓一击即中。那部影片上映于 2019 年，巧合的是，本书讨论的"国潮元年"恰恰也就在此前一年。这便是笔者在本书最后一章内容中，以此悬案作为切入点的灵感来源。有趣的是，虽然我们已经就此展开了诸多讨论，却没有用一个字介绍李小龙到底是谁。很明显，赘述李小龙的生平是一件非常多余的事情。作为 20 世纪全球最知名的 100 个人物之一，可能也是迄今为止世界上最有名的一个中国形象，他真正做到了打破文化之间的壁垒，在世界不同语言之间建立了一种共识。我们对于李小龙作为一个流行文化符号的熟识程度，其实远远大于对他本人和作品的了解。这位年仅 32 岁就英年早逝的武术天才，在其短暂职业生涯中留下的电影并不多，尤其是他在好莱坞的发展还没有开始就结束了。在美国他所饰演过的最负盛名的角色并非中国人，而是《青蜂侠》中男主角打击犯罪的助手加藤，类似于蝙蝠侠身边的小跟班罗宾。《好莱坞往事》中李小龙挨揍的场景，无非是《青蜂侠》的拍摄片场而已。很难说"加藤"是否可以看作是华裔演员在 20 世纪 60 年代好莱坞所能达到的最高点，《青蜂侠》本身甚至不是一部电影，只是一部在 ABC 电视台播出一季就遭腰斩的电视剧，与它在美国民间引发的功夫（kungfu）

流行潮完全不相匹配。李小龙去世于1973年，四十年后塞斯·罗根翻拍《青蜂侠》时，美国人都还搞不明白"加藤"是个日本名字，可见西方世界对于中国文化的普遍认知几乎一直在原地踏步——鉴于本书前文叙述的故事中，从周星驰谈到周杰伦统统绕不开这个话题，此刻读者怕是已经非常厌烦于此，此处也就没有必要再作评价。

但是，为何直到今天我们依然在讨论李小龙呢？无论是周星驰还是周杰伦，每一代流行文化的领军人物都不约而同地以自己的方式，并且在他们的创作领域中不断地致敬自己心中的这位英雄，仿佛功夫英雄在后世没有更新过。以当代视角来剖析李小龙的电影，其文学艺术水平并不高，动作设计方面也早已被中国武术指导们不断超越。所以今天的观众很难再欣赏20世纪70年代以前那种老式功夫片，而且确实没几个人完整地看过李小龙的电影。对于笔者这一代青年来说，李小龙的后继者——成龙和李连杰的功夫电影我们要熟悉得多。比如李连杰的《精武英雄》我小时候看过不下一百遍，长大以后才知道那是在致敬李小龙的《精武门》。后来真把《精武门》找出来欣赏，发现它远没有《精武英雄》好看。然而，奇怪的情况出现了，尽管成龙和李连杰都在延续李小龙的精神，作品质量和数量远远高于李小龙，并且他们在好莱坞的发展也比李小龙更进一步，却并没有像李小龙那样成为全球公认的国际符号。随着成龙和李连杰年事已高，再看当代的中国动作明星，他们的作品实际上拍得更加精美，动作场面也加入了更多特效，但是不仅没办法走出国门，甚至在国内观众看来也充满争议。例如甄子丹主演的系列作品《叶问》，其实是表现李小龙师傅的人生，故事套路同李小龙的电影差不多，但是观众并不相信叶问真的能用他的咏春拳打赢那些搏击运动员。不管是中国的动作电影还是好莱坞的动作电影，如果用科学逻辑来解构人体工程学，那么所有的动作电影都不可信，电影只不过是一种夸张的娱乐产品。问题在于，半个世纪以前李小龙在电影中的表演也是夸张的，为何当时能够感动中国观众，外国观众也看得不亦乐乎？与之相对应的是，中国半个世纪以来的综合国力提升了不知多少倍，为何现在我们反而无法接受它呢？如果说我们对功夫的崇拜是一种盲目自信，那么在中国人挨饿受冻、普遍营养不良时，那种夸张的演绎才更像吹洋牛吧？而当代吃饱喝足，我们的身体素质远远高于那个年代，反而觉得中国人根本不可能打得过洋人，这不是很令人疑惑吗？就这一点而言，假设我们绘制一张曲线图，你会发现随着中国综合国力的逐渐上升，中国人的自信心反而在逐渐下降，让人百思不得其解。

换个角度来看，关于李小龙的话题迄今为止依然能够引发大面积的网络讨论，说明他的观点在当代也起到了媒介的作用。而他短暂人生中贯穿始终的观点究竟是什么呢？如果我们试着回忆李小龙为数不多的电影台词中最深入人心的一句话，那么它必定是："告诉你们，中国人不是病夫！"

这句台词如雷贯耳，随即形成了第二个疑点。如果说当年的中国观众为这样一个观点而喝彩，是因为中国人在晚清以来真的被当成"东亚病夫"，那么当代再没有列强敢于欺负中国，我们奥运会奖牌数排名世界前三，哪里还见过什么病夫！可是李小龙在 20 世纪 60 年代抛出的话题为什么今天还会被讨论呢？难道我们认为中国人在当代还是"东亚病夫"吗？与此同时，倘若将这个话题深入思考下去，进而还会形成第三个疑点：我们为之争论得不可开交的实际话题，也并非李小龙的观点。如果你仔细梳理整个事件的发展过程，就会意识到我们的关注焦点产生了微妙的扭曲。当布拉德·皮特暴打李小龙的情节令中国观众产生反感时，每个人都知道它只是个虚构的段子，然而大众并非为事件的真伪而争吵，而是纠结于事件逻辑的真伪。通俗地说，就是那个在民间传说中天下无敌的李小龙，是否可能被一个白人特技演员暴打？假如他可能被暴打，那就说明关于李小龙的种种传说都是迷信（superstition）。已故的李小龙当然不可能活过来自证（self-certification），为了证伪这种传说，就需要"李小龙的功夫"来做个自证。注意，当大众讨论发展到这一步时，便很自然地形成两个独立的命题——

A．李小龙究竟是不是一个传奇（legend）？

B．中国武术到底"能不能打"？

以上两个命题中，理论上来说 A 命题是"规定性讨论"，B 命题是"描述性讨论"——当然，结构主义语言学并没有发明这种奇怪的概念，它们只是笔者用来形容此种现象的比喻方式。但是，这两个看起来毫无关联的命题，为何 B 命题的答案会推导出 A 命题的结果，两者之间呈现出一种奇怪的因果逻辑呢？总而言之，三个令人困惑的疑问产生了。为了破解这三个吊诡的谜题，需要站到一个更高的层面思考它们的本质。很明显，在前面几章内容中，每当笔者开始没完没了地咬文嚼字时，就会引入新的理论工具，以帮助我们穿透迷雾。至于中国武术到底能不能打这种问题，实在不应该在这本书里讨论，因为它是个纯粹的体育话题，不仅幼稚而且非常无聊。事实上，我们真正应该关注的问题是"为什么中国武术必须能打"，而不是"中国武术到底能不能打"，这完全是两码事。当你读到此处时，它已经是本书最后一章，请允许笔者把重点搁置一旁，先讨论一下后者的答案。尽管我对此很不情愿，它也同我们真正要表达的观点毫无关系。但是倘若不把这个问题解释清楚，读者可能会觉得我避重就轻地绕开矛盾。

在英文语境下，"功夫"（kungfu）这个词并不是指武术（martial），因为武术是古代用于战争的军事技术。人类学研究持续了这么多年，迄今为止还没有发现过不打仗的人类部落，因此全世界各个民族在古代都有自己的武术。martial 作为一个英文单词，源于拉丁词语mars，它看起来非常眼熟，在英文里是火星的意思。这是因为西方古代的占星术把火星的守护神定为战神，所以火星和战神是同一个词。而 mars 是古罗马战神玛尔斯的名字，由于古罗马众神是从希腊诸神里抄来的，所以玛尔斯就相当于古希腊战神阿瑞斯。总而言之，武术的词源是战神（god of war）——看到这个名字想必年轻读者肯定会血脉贲张，因为索尼公司全球最著名的动作游戏就叫《战神》。而那个游戏的主人公是一个骁勇善战的斯巴达武士（warrior），人挡杀人，佛挡杀佛，干掉正牌的希腊战神阿瑞斯之后自己登上战神宝座。事实上，"武术"一词的实际含义也是如此，它就是指古典军事时代的杀戮技术，而不是用来形容拳击、摔跤或者任何形式的搏击运动（combat sport）。在西方，武艺高强的典型形象就是一个全副武装、身披红色斗篷的罗马军官，或者在竞技场中咆哮搏杀的角斗士。在很多影视艺术作品中，我们都见过罗马士兵挥舞短剑的精彩镜头，不过古代人并不真的那样打仗。早期的罗马军队仿照希腊人使用长矛方阵，但是被汉尼拔率领的游击队差点灭国。这之后罗马人的武学才开始萌芽，学习伊比利亚半岛上的游牧民族，将武器从长矛改为西班牙短剑。与西方一样，中国古代的武术当然也是用于战争。我们的战神稍微有点多，比如汉族一般都祭拜手持青龙偃月刀的武圣关羽，或者哪吒的父亲李靖——哪吒在父亲的逼迫下削肉剔骨而死的故事同古希腊悲剧有几分相似，是我们每个人都耳熟能详的神话。古时的军事技术远比我们想象的复杂，而枪炮发明以前，一个民族的武术基本上决定了它的战争效率。这其中最能打的武术必然是蒙古族的骑射，因为从成吉思汗到忽必烈只用了半个世纪的时间就征服了几乎整个欧亚大陆，至于斯巴达武士或者角斗士的传说只是夸张的演绎，论实战根本排不上号。要注意的是，欧洲正是因为武术并不强，才催生了科学技术的进步，而我们在古代无敌于天下的满蒙骑兵，到了19世纪还能打得过谁？

今天的武术已经不再用于战争，所以当代语境下的武术叫martial arts。一定要在 martial 后面加上 art（艺术），这才是它的正确用法，否则就会产生歧义，比如中国功夫就是 chinese martial arts，而不能叫 chinese marial。它是指不同民族的各种武术剥离军事用途之后，用肢体语言表达哲学和形而上学的艺术形式，也可以理解为一种美学游戏。既然是美学游戏，压根就不存在能不能打的问题，更不能直接去对决。诸如中国侠客江湖厮杀或是日本浪人挥刀对砍，专业形容词应该叫"械斗"，肯定不会在当代发生。假若把古罗马的竞技场重新搬回来，恐怕也没有任何人愿意进去送死。当然，喜欢打打杀杀是人类的天性，现代文明社会依然无法阻止大家对于决斗的热情，所以就需要用体育比赛的方式满足这种荷尔蒙冲动，而不同民族的武术衍生出的竞技体育形式就叫搏击运动。所以一种武术到底"能不能打"比的是它们各自衍生出的搏击运动，而武术中 arts 这部分是没法直接拿来比试的。不过这其中存在一个问题，现代搏击运动倡导用赤手空拳的方式文明对决，而古代武术都是用兵器的，所以特别依赖于兵器的民族就没办法衍生出自己的徒手搏击系统。不过，如果你认为搏击都是赤手空拳，却又并非如此，因为西方的击剑（fencing）就是一种 combat sport，并且是奥运会中唯一可以使用兵器的搏击运动。反观日本的剑道，其在全世界流行了那么久，却并不能进入奥运会搏击项目。如果按照这个规则来判断，世界上最能打的武术肯定是击剑，因为只有击剑可以用兵器，其他搏击运动都不准用兵器。读者看到这里恐怕要掀桌子了，这算什么结论呢？照这个逻辑推演下去，干脆说最强的武术是手枪不就好了？是的，手枪决斗（dueling）还真的是早期奥运会的正式项目之一，也是 combat sport 的一种。参赛双方像欧洲贵族那样背靠背各自向前走出十五步转身开枪，只不过枪里的子弹是假的，并且运动员身上戴着护具。

如果这种结论没办法令人信服，我们就不得不在此基础上加入新的限定条件，例如："一种武术能不能打，只可以在不使用兵器的情况下去做比较。"那么在新的规则之下，中国武术衍生出的徒手搏击运动就叫散打，它诞生于改革开放初期，从传统武术的动作中演变出来，至今已有四十多年的历史。如果非要问散打属于哪一门哪一派的话，它的门派应该叫"什刹海体校"。那些专业运动员的训练强度远超普通人的想象，日常训练很容易受伤，如果在比赛规则上不加以约束，擂台上甚至会打死人。搏击运动的本质还是厮杀，不管什么形式的搏击都要加入各种规则的限制，而规则越是宽松的格斗，伤害性就越大。比如泰拳和俄罗斯桑搏都属于比较危险的搏击运动，桑搏又被称为俄罗斯军用格斗术，听名字就吓人。散打其实也是中国的军用格斗术，官方的正式比赛里规则限制很多，但特种兵与毒枭或恐怖分子肉搏时就不讲究那些规则了——我想任何人都能理解两者的差异。所以，规则才对一种武术到底能不能打起着决定性作用。比如有一种很流行的看法认为，世界上最能打的武术是泰拳，其实这主要是因为泰拳的限制规则比较少。如果把"规则少"当成"能打"的标准，那么缅甸拳比泰拳的规则更少，是否可以算作最能打的武术？问题是缅甸拳又被称为自杀式格斗术，充满了阴狠毒辣的攻击方式，真要修行这种武术恐怕自己也活不长。事实上，"能打"并不等于"好"或"流行"。虽然近年来网友纷纷嫌弃中国武术不能打，但在中国真正热门的武术是所有搏击运动中最不能打的韩国跆拳道，无论参与学习的人数还是其商业价值都远远大于那些能打的武术。跆拳道本身能不能算作 combat sport 一直都有争议，因为它更接近于追求美观的艺术表演，或者说介于艺术表演和竞技体育之间。然而能打的中国散打始终不被奥运会接纳，不能打的跆拳道反而进入奥运会。因此全世界都有练习跆拳道的选手，而散打只有中国运动员自己在努力坚持，这就为中国武术自证能打造成了另一重障碍。由于没有外国人按照散打的规则参与我们的比赛，只要散打说自己厉害，马上就会有人质疑中国人没有同外国运动员交过手。而当一个中国运动员在外国其他种类的搏击赛事上获得冠军之后，他们又说他使用的是外国武术——绕一圈，又把逻辑绕回去了。

可见一种武术想要自证能打，不仅同自己的规则有关，还跟世界范围内的规则有关，麻烦程度简直空前绝后。那么，有没有一种规则，可以让世界上所有不同流派的武术凑到一起同台竞技呢？当然有，这种将各民族武术平等比较、互相促进的观点，恰恰来源于李小龙生前未能完成的遗愿——或者我们可以将李小龙喻为"比较武术学"的创始人，一位用身体践行思想的学者。在美国成名的 20 世纪 60 年代，他即便想要证明中国武术的实力，也没有一个可以展示的平台，最多只能参加日本的空手道比赛或者韩国的跆拳道比赛。奥运会更是只有拳击、击剑、希腊式摔跤和自由式摔跤四种搏击运动，而它们全都源于西方的武术。博大精深的中国武术连个平台都没有，这大概是李小龙愤怒的根源，也是他创作那些电影的动机。众所周知，李小龙本人创立的功夫叫截拳道，不过截拳道并非纯粹的中国武术，而是试图在全世界所有武术之上建立一种通用标准，野心可以说非常之大。因此，截拳道其实是一种搏击规则，而非种搏击运动，或者说它具有成为搏击运动的潜力。但是由于李小龙英年早逝，截拳道还没来得及发展就销声匿迹了。

不过，这个宏大的设想在后世被美国的体育娱乐公司巧妙地开发出来，演变为 MMA（综合格斗）的规则，也就是今天我们经常听说的那种比较暴力血腥的无限制格斗。这项运动原本并不是没有限制，MMA 即 mixed martial arts（混合武术）的缩写，意思是将各民族武术混合到一起来较量。这种貌似无规则、无限制的比赛形式，其实也有很多规则，并且规则一直不停地修改。当我们真把所有武术放到一起比较时，就像柴门霍夫整合世界语一样麻烦——不同武术的特点有时完全相反，根本没办法做到绝对公平。就拿拳击来说，它是西方武术最主要的搏击运动形式，拳击手在 MMA 的擂台上就非常吃亏，别人能用腿，它只能用拳头，身体其他部位不可以攻击。同时，拳击规则要求两位运动员必须保持一定距离，缠抱在一起时谁也挥不出拳头，裁判还必须把他们分开，否则比赛没办法进行下去。然而到了综合格斗的擂台上，有些武术偏偏就是用缠抱的方式进攻，让对手身体无法发力，或是破坏对方的肢体关节。比如巴西柔术选手的习惯是一上来就抱住对方倒地扭打，拳击手连一拳都还没打出来就窒息了。生活中我们大概也有这种经验，网上跟人辩论时你永远无法击败一个抱着你满地打滚的对手吧！对体育不感兴趣的读者或许觉得这很滑稽，但一点都不好笑。很长一段时间里，"地板流"选手统治了综合格斗的擂台，站着打的人很难击败躺着打的人，想赢只能学习躺着打的技术。如果按照 MMA 的规则来判断，那么世界上最能打的武术肯定是巴西柔术。问题是，这样一来武术的多元化彻底消失了，每个人的打法都趋近于同质化。观众想象中那种"相扑大战拳击手""中国功夫对阵日本空手道"之类像电子游戏似的精彩场面永远不会出现，导致比赛的观赏性急剧下降。运动员能打了，产品却"不能打"，商业价值提不上去，运动员的输赢还有什么意义呢？

至于《好莱坞往事》中那个假想的情节，银幕之外的李小龙从现实逻辑上来说会被一个白人特技演员暴打吗？这一问题的答案很明显也取决于规则。李小龙的身形在中国人里算是偏瘦的，他的体重官方数据是64公斤，而布拉特·皮特的官方体重是72公斤。倘若在职业拳击比赛的擂台上，他们分别属于超轻量级选手和中量级选手，中间差了三档。如果按照MMA的规则，那么他们分别属于羽量级选手和次中量级选手，中间差了两档。不管什么搏击运动，从来没有出现过一种不计算体重的规则。任何习武之人都不会越级参加低量级比赛，因为打赢的唯一结果就是被观众耻笑。假如真有这样不区分体重量级的比试，那么它一般被称为流氓斗殴。所以，这场搏击会不会发生，取决于那位白人特技演员是不是流氓。在现实世界中，我们便可以检验事件逻辑的真伪了——

A. 好莱坞片场的工作人员当中有流氓

B. 李小龙会被流氓暴打

命题A可以推导出命题B的答案，这个结论应该是毫无争议的。但是实际上，好莱坞的工作人员中根本不可能有流氓，所以这一事件也就不可能发生。总之，最终你会发现，当我们试图判断一种武术到底能不能打时，真正的意义在于你相信谁的规则。一个人认可哪种文化的规则，哪种文化的武术就能打。不过，既然规则这么重要又如此刻板，也的确让人感到厌烦。毕竟什么事得先定个规矩，连打架都要讲武德，它就变得既不爽也不刺激了。世界上有没有完全没有规则，不考虑体重，甚至不讲究单挑，随手抓起桌椅板凳就能团伙群殴的搏击比赛呢？——此时你心中产生的幻想，大抵同美国青少年一样。所以美国还真的流行这种类型的比赛，它叫美式职业摔跤（professional wrestling），是美国半个多世纪以来流行文化最重要的符号之一。不过，美式职业摔跤并不是搏击运动，它只是一种 performing art（舞台表演艺术），因为所有的美式职业摔跤选手都是特技演员，打斗过程也是提前商量好的套路。有的选手扮演正义的角色，有的则扮演邪恶的角色，打扮成各种各样代表不同符号的造型在擂台上比赛。根据剧情的需要，有时还需要在赛场之外进行战斗，其实它就是一种半即兴的肥皂剧。当然，所有运动员日常也要进行艰苦的训练，否则保护措施做得再好也会受伤。当一个角色扮演得非常成功，具有极高人气时，赛场上就会经常出现剧情互动。比如选手在做出最后一击的动作之前，全场观众竖起大拇指，高喊着"kill"一类的口号进行裁决，裁决的结果对剧情发展也有影响。这种画面令人印象深刻，我们在电影中也见到过——两千年前的古罗马竞技场里，角斗士的生杀大权也掌握在观众手中。其实，美式职业摔跤就是把古罗马角斗士的表演搬到了现代，可以看作是西方传统文化的一种当代演绎，或是一种保持连贯性美学的商品形态。只不过当年坐在观众席上的是意大利人，日耳曼部落负责在场下厮杀；如今观众坐在观众席上，场下则是全世界不同民族的角斗士。

尽管美式职业摔跤的表演都是假的，但和综合格斗相比，美式职业摔跤的商业价值高得多，广泛出现在影视、电子游戏以及各种流行事物中，例如最新一代的动作明星道恩·强森就是美式摔跤手出身。

所以从产品角度上来说，美式职业摔跤的确更能打一些，至少它是更为正统的西方文化符号。反观综合格斗选手使用的搏击术，几乎看不到西方武术的影子，和美国主流体育相比也没那么受欢迎。因此，如果对中国武术到底能不能打这个问题始终纠缠不清，倒不如反问自己一个问题：武术究竟是什么呢？日本柔道和空手道、韩国跆拳道全都能进入奥运会，难道是因为它们更能打吗？

国潮不是"中国风"

　　请原谅笔者花费这么多篇幅，用泥浆摔跤似的语言试图将真相解释清楚。饶是如此，恐怕依然无法说服所有质疑者。而这并非孤立的现象，生活中我们会发现很多诸如此类辩解不清的问题，每个人都固执地相信自己愿意相信的事实。当你不得不面对矛盾重重的自证困境，理性和逻辑却无法帮助你时，你就会感觉自己仿佛陷在沼泽中再也爬不出来，周身上下充满无力感。与你想象的不同，造成这种境况的原因绝非偶然，很多时候它甚至是某种原本就带有目的并且被刻意为之的结果。而这种目的，就是萨特所说的决定意义（meaning）的那个目的（purpose）。每一种语言背后的文化都是由无数个符号构成的，从语言学的角度来看，当一种文化的根本性结构被破坏，就会导致符号的意义产生错乱。反映在现实中，便会形成"鸡同鸭讲"式的无效沟通，这是因为彼此间的共识已经在不知不觉中消失殆尽。由于构成每一种语言的符号都非常多，它所形成的坚固壁垒并没有那么容易被摧毁。为了攻陷一座宏伟的城堡，你既不可能强行拆掉它墙上的每一块砖，也完全没必要那样做。我们只需要找出关键的支点，一旦把支点击破，其他砖块自然无法形成结构，堡垒便会轰然倒塌。或者将这些关键符号想象成帮助语言大军运送粮草的小推车，无论多么庞大的军队，一旦后勤供给被切断，自然也就瘫痪了。总之，在任何一种文化中，这些关键符号都起到了稳定结构的基石作用，它绝不能被破坏，破坏之后便很难修复。正因它如此重要，有关这种关键符号的研究与思考，如今已经成为全世界人类文化与社会科学领域的一门显学——这门学科就叫神话学（mythology）。顾名思义，神话学就是研究神话的学科，不同民族以及不同文化背景中都充满形形色色的神话。比如古希腊有奥林匹斯山上的众神，中国有后羿射日、女娲补天等民俗传说。但神话（myth）不是神（god），切不能把神话学和神学、宗教学混淆。后者研究的是信仰（faith），神话学研究的是信任（trust）。简单来说，共识是"人类对故事达成的一致看法"，而故事虚构与否完全取决于你信或不信，也就是逻辑上的真（ture）或假（false）。神话符号构成了一种文化中最普适的信任规则（trust rule），它的关键不在于自身的真或假，而是决定整个文化的真或假。如果只从字面上来看，这番描述让人颇有些费解，尤其是我们脑海中浮现出的那些神话故事，诸如女娲补天或是宙斯打雷，怎么看都是普普通通的"封建迷信"。这不禁令人感到困惑，那些老掉牙的玩意儿有什么可研究的？要注意的是，以上所说的那些老掉牙的玩意儿只是狭义上的神话，它们来源于古老的历史和民间传说，也许在几百或几千年前起到了极其重要的作用。但是当20世纪的符号学开始迅猛发展，特别是传播学诞生以后催生出来的现代神话学，它真正的研究重点变成了广义的神话，尤其是流行文化中层出不穷的当代神话。由于它们看起来往往并不像个神话故事的样子，所以当你不自觉地产生迷信时也几乎不会察觉。是的，这种无处不在的迷信（superstition）其实充斥着我们每一天的生活，只是大部分人浑然不知。譬如——

    A. 德国制造精益求精

    B. 美国医疗服务最好

    C. 尾气导致全球变暖

    D. 深海鱼油强身健脑

笔者列举了几个互联网上最常见的流行神话，如果不嫌麻烦，我们可以把这个有趣的头脑风暴持续下去，直到这张纸写不下为止。当然，不必写那么多，光是这四个命题足以让很多读者质疑："这些算是哪门子的神话？它们不就是事实吗？"然而它们真的是事实吗？如果就这些命题展开长篇大论，大众一定会不自觉地站成两队，互相针对，彼此口诛笔伐。生活中这种场面也很常见，假设我们邀请一位科普专栏作家将这四个命题稍加改动，每个句子添加两个字和一个标点，改成如下这样——

    A. 德国制造真的精益求精？

    B. 美国医疗真的服务最好？

    C. 尾气真的导致全球变暖？

    D. 深海鱼油真的强身健脑？

毋需深入，作家动笔之前，光是标题摆在那里恐怕就已引发争议。而这种争议，肯定同它们背后数以万亿的消费市场有关。抛开商业不谈，这几个命题共同的特征都是描述范围极为宽广，限定条件却含混不清。比如"德国制造"和"美国医疗"这类含义广泛的主语，究竟指的是哪一种制造业抑或哪一种医疗服务？又是针对什么阶层的消费者？不具体而言便极易产生歧义，甚至推导出完全相反的结论。而具体到每一种产品，倘若消费者需要完整公正的评测，就必须拿出专业的调研报告；当调研报告也不具备普适的说服力时，还要辅以广泛的双盲测试。当然，这一切都是需要成本的，而这些成本必然进一步转嫁到商品定价上。那么一种产品或服务究竟是因为质量好所以价格贵，还是因为价格贵所以质量好呢？如此一来，便又陷入到经典商业逻辑的困境中，寥寥几个追问就可以让答案变得无比复杂。细化到一种产品都这么麻烦，何况一个完整的产业链——产业链可是由数万种产品构成的排列组合！很明显，这个世界上不存在如此宏伟的客观结论，消费者对于德国制造或美国医疗的信任并非出于理性，而是基于不假思索的"迷信"——但是一定要注意，神话学概念中的"迷信"并不是一个贬义词，它只是一个中性词。譬如，虽然我们从未严格地证明尾气排放同全球变暖的关系，但节能环保、绿色出行的倡议终归是好事一件。至于大众支持环保的行为究竟是出于理性还是迷信，似乎也没有那么重要。除此以外，就消费者而言，能够对一种商品或一个品牌产生迷信并不是坏事，从某种程度上来说，它反映了消费者无条件的认同和非理性的执着，是我们所能表达的对于品牌文化资产的最高赞誉。

中国品牌里当然也不乏这种神话，例如笔者小时候街边小卖部里流行的玻璃瓶装北冰洋汽水。几乎所有的北京青年都对北冰洋有着谜之青睐，尽管它只是一个普普通通的地方企业，配方和口味与同类汽水相比也没什么区别。夏日聚餐时，若不人手一瓶北冰洋汽水，就浑身不舒服，仿佛欠缺了某种"仪式感"（ritual）似的。反观北冰洋这个品牌，如果从百年以前的最初设定来看，它的符号甚至跟中国没有任何关系。但对于北京本地的消费者来说，只要提到北冰洋一定不会联想到地球最北端的那片大海，而是极其确定地指向京城文化中不可分割的某种情怀——是的，我们通常用"情怀消费"来解释这些独特的文化现象，而它们实际上是地方城市的神话符号。你完全没办法用理性来解释这件事，神话最大的特点正是如此。类似于北冰洋，西安也有它的冰峰牌汽水。对于一个西安青年来说，兵马俑、油泼面和冰峰汽水就是他们最大的骄傲和自信。倘若你非要用理性去跟他们辩驳，试着告诉对方："油泼面是一种高油高盐的碳水化合物；冰峰汽水只是一种加糖的廉价碳酸饮料；至于兵马俑，不就是在尘土飞扬的坟地里摆了几排掉色的雕塑嘛？"这番貌似理性客观的判断，西安人不仅听不进去，反而会愤怒，这位试图为大众"除魅"的家伙甚至还会挨揍，因为他的言论侮辱了对方的神话，而那是一种文化中最重要的尊严。反过来说，假使西安这座城市的神话符号真的被破坏了，西安青年从骨子觉得自己的家乡不过就是一堆高热高碳水和破砖烂瓦，谁还会留在这座城市生活呢？同理，更不会有任何外地人特意跑到那里去旅行。当我们不再信任神话，也就不再信任它背后的文化，更不会信任这个群体中的每一个人。无须物理拆除这座城市的一砖一瓦，只要将它的关键符号悉数破坏，这种语言的整体结构就会分崩离析。假以时日，几乎不费吹灰之力，它自然就会变成一座衰落的鬼城。这种反向的严重后果在现实社会中不胜枚举，可见神话符号对于一种特定文化的整体信任（trust）有着举足轻重的影响。

以上举例的北冰洋和冰峰汽水，或是诸如此类无法解释的情怀消费，实际上也是国潮非常重要的一部分。尽管它们不是在当代刻意为之的结果，却是由种种机缘巧合铸就的历史财富。这就回到了本书最核心的讨论话题上：国潮不仅意味着赋予符号以意义的过程，更包含了赋予价值的过程。一种商品一旦成为国潮，它必然掀起一场流行文化中的消费神话。这些现代神话是中国文化中不断更新的关键符号，也是汉语维持生命的珍贵养料。现代传播学将企业的品牌行为定义为"商品符号从消费者身上获取信任的过程"，因此全球商业竞争的本质亦可理解为无休无止的符号战争。我们通常认为成功的企业一定是"故事讲得好"，不过必须要注意的是，故事的可信度并不完全取决于它讲得好不好。当一个企业背后的文化本身"不可信"时，你张嘴就已经是错的，故事又要讲给谁听呢？更为甚者，当一种语言背后的文化资产归零，那时使用的语言只能叫"谎言"。试想某君生产了一个全球最好的大白馒头，但他如何让消费者相信这一点呢？即便他从小麦播种开始全程直播自己的生产过程，每一个运输环节都用区块链技术监督又能如何？我们可以找出无数个理由反驳他的证据，并且指责这个大白馒头是一场彻头彻尾的阴谋。事实上，无论你的产品"能不能打"，它都没办法自证——从逻辑上来说，真实无法自证。反过来说，假设别人做个"全球最好的面包"，根本毋需多废口舌，所有的消费者就是无条件相信这一点。因而企业的天花板，归根结底是它背后文化的天花板；它不是孤立的存在，而是被整个结构决定的结果；结构若被整体破坏，企业还能活下去吗？所以，将视角从一个品牌、一座城市放大到整个国家乃至整个民族，神话学研究的便是一个民族的信心（confidence）以及如何让一个民族失去自信的关键问题，因而我们也可以把神话学简单理解为"信心学"。不过就产业链条上的位置而言，很明显它在我国的地位与它的重要性完全不成正比。

放眼于全球视野下的不同产业，神话学既可以应用于制造品牌，也可用于破坏品牌，无论它的结果是正面还是负面，都已经成为商业战争的关键发力点。不过，最初的神话学并没有预料到它在后世的实用价值。在索绪尔奠定结构主义语言学的基础之后，另一位影响世界的法国学者克洛德·列维-斯特劳斯（Claude Lévi-Strauss）将结构主义引入到人类学研究中，便诞生了结构主义神话学这门现代意义上的超级跨界学科，列维-斯特劳斯本人也被广泛称为"结构主义人类学之父"。这些复杂的大词理解起来其实没有看上去那么晦涩。从前文简略的描述中读者应该也能感受到，所谓神话学研究其实横跨了符号学、社会学、人类学、心理学、传播学等一大堆学术门类，但它本身并不枯燥。既然人类的生命是由大脑、骨骼、血液、组织器官构成的，如果我们也将社会比喻为一个生长中的、活的生命体，那么神话作为一种文化中的集体功能，自然就是这个生命体的关键器官。关键器官出了问题，不论多么强壮的生命体，机能运转也会受阻，甚至死掉。列维-斯特劳斯的文章都是纯学术的，咱们普通人读起来很是困难。另一位法国文化领袖罗兰·巴特则将神话学的思维方式真正应用到流行文化中，使之走出象牙塔，奠定了后世流行文化战争的"基本法则"。本书第四章简要介绍过罗兰·巴特这位后结构主义大师的基本观点，事实上，他最具影响力的作品是一本叫《神话学》的散文集。这本书既包含专业理论，又饶有趣味地讨论了 20 世纪 50 年代的电影、文学、时尚、体育以及彼时法国流行文化方方面面的现象。和纯粹的学者相比，显然罗兰·巴特的性格更为入世，所以他的书普通人也会听说过，比如那本著名的《恋人絮语》。对笔者这样的文艺青年来说，法国电影新浪潮阶段的大腕们也多少受到了罗兰·巴特的影响，谈及这些人物的故事大家想必都耳熟能详。不过，在罗兰·巴特所处的时代，法国本土的流行文化已经开始走下坡路，知识分子的呼声在消费主义面前显得彷徨无力。尤其是受到美国流行文化铺天盖地的冲击，无论电影新浪潮还是类似于皮尔·卡丹那类先锋设计师品牌，其自身都没办法走出法国经济的瓶颈，只能昙花一现地短暂绽放。这是因为二战之后，整个欧洲的发展方向并不是他们自己说了算的，而是完全取决于美苏冷战的局势，这种浓烈的氛围也是所有流行文化的核心主题。譬如在一篇叫《火星人》的文章中，罗兰·巴特非常警醒地解构了所谓科幻（science fantasy）电影或未来主义的实质。

飞碟的神秘一开始就完全具有尘世的特性。设想此物来自深不可测的苏联，来自另一个具有清晰意图的隐秘世界。这其实是西方神话把共产主义世界归于另一个星球的缘故，苏联是地球和火星之间的中介世界。只是那些不可思议的东西在这过程中改变了意义，我们把较量的神话转变成评判的神话。火星和地球相比唯一的进步就是运载工具本身，而火星只是幻想中的另一个地球而已。飞碟作为一种浑圆的飞行器，光滑的金属与无缝材料蕴含了星球的最高级状态，以及我们感知范围内有关邪恶主题的一切——转动的角度、不规则的机翼、噪声和破碎的表面。所有这些都在科幻小说当中作了精细的拟定，火星人异常的精神状态完全依据了同一性或者双重性的神话。东方与西方的对抗已经不再是纯粹善与恶的冲突，而是善恶二元论的混战。

其实罗兰·巴特想要表达的是，神话符号充溢于图片、电影、新闻、体育、表演、广告和任何一种由文字或表象构成的信息之中，它们潜移默化地影响着我们的一言一行，只不过大众通常并不知晓。当然，这篇文章所说的飞碟和外星人是 20 世纪 50 年代的风格，咱们现在理解起来感觉有些别扭。然而科学幻想始终都是主流意识形态的观点之争，这一点倒是在后世无数次地得到验证。无论《星球大战》一类电影还是《命令与征服》那类电子游戏，这些我们童年时代熟悉的经典，剥去科幻外壳的故事架构，无非就是那几句不断重复的车轱辘话。重要的是，尽管冷战早已结束，但是当代语境下制造科幻神话的流水线并没有偃旗息鼓，反而愈演愈烈——很明显，它能在不知不觉中决定数以千亿的大众消费，比如那个在中国人人都知道的典故："钢铁侠的人物原型是一个叫埃隆·马斯克的硅谷企业家。"这个典故到底是从哪里来的？钢铁侠作为漫威宇宙中的一个人物形象诞生于1963年，而埃隆·马斯克出生于1971年，就算文盲也能看出后者不可能是前者的人物原型吧？然而"硅谷钢铁侠"这个诡异的绰号就是可以做到每天刷新于你的视野，且不说马斯克本人鼓吹的那些故事同美国严肃科研机构是否矛盾，《钢铁侠》本身作为一部漫画，它代表的也只是科学幻想而非科学本身。高中生都懂得"力的作用是相互的"，马斯克大哥飞到天上发射炮弹的一瞬间，肉体必定支离破碎，其本质和《七龙珠》里的龟派气功没有任何区别，为何从来没人用理性和逻辑质疑它的现实性？当然，我们没必要跟少年漫画的幻想如此较真，而移民火星同样是毫无科学常识的成人童话——至少目前是。任何一个航天科技领域的工作人员都会遗憾地告诉你，没有受过特殊训练的普通人根本无法在太空船里生存。真想离开地球的话，现实中不妨到我国藏北无人区住上几年，因为那里的条件比火星好上几百倍。想去太空旅行，又何不先从高空跳伞练起？如果高空跳伞对你来说都太难，那就从每天蹦极一百次开始。倘若一个家伙连蹦极都做不到，那么离开大气层时基本上会死在宇航服里。

当然，笔者对马斯克并没什么偏见，以上死缠烂打的论述也并非出于我的本意。换位思考一下，用理性和逻辑批判幻想是多么无聊的一件事！对于任何一个民族的神话，致以礼貌尊重都应该是最基本的教养。问题在于，当这种冒犯出现在我们自己的语境里时，却会产生完全相反的情况，这难道不值得深思吗？譬如本章开篇时提到的那个故事，当李小龙和他所代表的中国武术遭到羞辱时，部分人表现出的并非神话遭亵渎的愤怒，而是神棍被打倒的狂欢，仿佛这件事情同自己没有任何关系。是的，功夫是中国文化在几千年来最重要的神话符号之一，而李小龙是 20 世纪 60 年代这种符号的具象化形态。无论是他创立的截拳道还是日本空手道、韩国跆拳道，名字里都有个"道"字。作为历史最为悠久的汉字之一，"道"是中国文化信仰的本源，也是汉语最基本的底层结构。在英文里，它一般翻译为 Tao——一个抽象的音译。《圣经》中，《约翰福音》开篇第一句话说："In the beginning was the Word, and the Word was with God, and the Word was God."中文版翻译为："太初有道，道与神同在，道就是神。"

对西方文化不熟悉，可能不太理解福音书里为什么用 Word（文字）指代 God（神），这涉及西方神学最本质的东西，实在很难解释清楚。不过，语言对任何一个民族而言都是神圣的，这应该是每个人的共识。至于我们把《圣经》中的"神"翻译为"道"，用西方的神学来对应中国的形而上学，它可不是发生在当代的事。实际上，最早的《圣经》翻译工作是由西方传教士完成的，学者们参考的是拉丁语版本的圣经和希伯来语原文。对古人来说，这种遥远的精神共鸣是毫无疑问的，并且彼此之间不分伯仲。然而几百年过去，今天西方神话于我们而言是有神圣性的，中国本土神话则不然，就此而言，中国文化的基本盘实际上早快保不住了。例如古希腊神话中有普罗米修斯盗火的故事，我们也有大禹治水的传说。无论大禹还是普罗米修斯，它们都应该是一个民族最重要的神话人物，但这两者的语义描述却有着极大的差异。一部电影可以直接叫《普罗米修斯》，因为"普罗米修斯"五个字看起来既炫酷又充满丰富的哲学内涵；《大禹》听起来则像一部充满说教的儿童动画片，即便把片名改成《厉害的大禹》或者《极限大禹》，你还是不会去看，大禹更不会因此而显得"很厉害"。这其中的决定性原因便是"Word was God"——神话符号一旦扭曲，语言的神圣性当然也会跟着崩盘。随着一个又一个神话被破坏，整个社会显现出的表征就是我们骨子里越来越不自信。

　　读到这里你肯定会质疑："这本书写了二十万字的废话，最后就为了抛出这样一句陈词滥调吗？文化自信和我有什么关系？"是的，大部分人肯定觉得这事和自己没有任何关系——直到有一天，当你试图证明自己的价值时，你有没有想过，为何一个中国企业花几百万找外国设计师，仅仅是把 logo 改个边框，却唯唯诺诺地满心赞许，连个修改意见都不敢提，而同样的工作请中国设计师，价格恐怕不到十分之一，同时甲方可能会让你反反复复改出几百版方案，还要骂你废物？水平相等的情况下，你的方案永远不会有权威，你讲的故事对方也永远不会认可。即便你有二十年的修为，在个中领域积累了无数经验，一个大学刚毕业的小孩依然可以劈头盖脸地斥责你的方案"不能打"。这一切仅仅因为你是中国乙方，黑头发、黑眼睛、满口汉语，甲方虽然嘴上不说，但是心里就是有一架倾斜的天平，将你们泾渭分明地置于两侧。直到这一刻，你才黑白分明地感受到，自始至终就有两个标准在评判你和一个外国同行。你就像受尽侮辱的李小龙那样，竖起身上每一根汗毛，紧紧攥起拳头问道："我书读少，你不要骗我。是不是改完这一遍，尾款就能打给我？"

　　以上场景当然只是笔者想象出来的。但是，只要你做过一天乙方，就能理解这个玩笑其实是个充满冷漠而残酷的现实。一个中国乙方如何证明自己同外国乙方一样优秀呢？我们当然没办法自证。有些人几乎每一天都在不知不觉地鄙视自己的文化，可笑的是，处于这条长长的鄙视链最底端的，恰恰就是自己。如果你都觉得自己的文化滑稽可笑，别人当然"理所当然"地认为你的文化滑稽可笑，最后的结果自然是你觉得自己也滑稽可笑。试想李小龙所处的那个时代，如果无法感同身受，今天的观众很难理解为何他总是那么愤怒。他的电影永远都像刻意挑衅似的——用简单粗暴的情节与夸张的肢体动作将白人打翻在地。从某种程度上来说，他表达的情绪很明显过于激动，然而他无处安放的愤怒又从何而来？他有显赫的家世、英俊的外表、流利的英语和迷人的微笑，同为中国人，你难免不对这样优秀的青年心生嫉妒，然而他在大部分白人眼里不过是个"黄祸"罢了。他活着时从未遇到过公正对待与等而视之的眼神，他奉行的武士之道被当成滑稽可笑的猴戏。而这种愤怒不仅体现在他一个人身上，其折射出的是整个香港电影界的集体情绪表达。如果不是刻意研究电影史的人，通常不会意识到香港电影在20世纪50年代以前只是全盘照搬西方的临摹产业。而功夫片的发展，其实是戏曲元素的当代演绎，因为我们看到的所有动作片打斗套路都源自武生的表演体系。中国戏曲和西方戏剧有很大区别，首先表现在我们极度不爱使用道具。演员独自站在空荡荡的舞台，身上遍插旌旗是为了表现千军万马，而这一切都得靠观众想象出来。你看到的是对打，但每一拳每一腿表现的实为中国文化的形而上学。用布莱希特的话来形容，便是一种独特的间离效果，并且是全世界独一无二的暴力美学系统。所以从功夫片开始，香港电影才真正走出了自己的路，后世甚至脱离于武术本身，拍枪战片时依然让人感受到武侠的精神。这种流行文化曾经一度反向输出到美国，在美国青年当中作为一种亚文化风靡了几十年。那种愤怒的情绪表达尤其令民权运动中的黑人青年感同身受，所以 Hip-hop 文化中很多符号其实都是从中国功夫片里模仿来的，例如霹雳舞和蒙面侠客的匪帮造型，只不过今天我们统统认不出来罢了。

那些逝去的辉煌在 20 世纪 90 年代以前还历历在目，此后短短二十年间究竟发生了什么？仅就电影产业来说，本章开篇其实早就给出了答案。美国电影新浪潮的本质是面向全球吸纳创新人才，优秀的中国电影人，尤其是那些优秀的中国武术指导，是好莱坞动作电影续命的关键。如果你翻看 80 年代以前的好莱坞电影，火爆的场面都集中于枪战和追车，只要涉及肉搏战就丑陋无比，无论施瓦辛格、史泰龙还是尚格·云顿，全都打得形似泥浆摔跤。随着 90 年代中国武术指导不断加入好莱坞工作人员的队伍，爽快的中国式暴力美学彻底更新了好莱坞导演的拍摄手法，这种文化融合的作品则被贴上了"中国风"的标签，成为一种美国文化的商品形式。当然，美国是一个面向全球吸引移民的多民族国家，华裔虽然只有几百万人口，但是中国风构成了美国潮流不可或缺的一个部分。当各种不同民族、不同领域最优秀的精英移民到美国，紧密团结在白人新教文化周围时，才逐渐形成了当代美国文化完整的形态。多年以后，如今好莱坞电影中的打斗场面也已变得行云流水一般，年轻观众还以为那原本就是他们发明的东西。问题在于，明明都是使用同样的套路，当白人演员一个打一百个时，我们觉得合情合理并且看得不亦乐乎，而反过来看自己的动作片，却感觉像猴戏一样滑稽可笑，你觉得到底出了什么问题呢？

在这短短二十年间，电影产业的悄然转舵不过是冰山一角罢了。流行文化无孔不入地改变了我们的生活习惯，影响着我们的一言一行。很多人再也无法欣赏中国艺术，部分艺术家也仿佛失去了创作能力。在某些城市，大街小巷充斥着乱七八糟的音乐，一些人躺在沙发上刷手机，而在某些人看来，中国文化似乎只剩下猎奇和审丑的滑稽百态。看看那些粗制滥造的剧本和拙劣模仿的创意，在过去十年间，本土流行文化越来越像是东施效颦的山寨流水线。虽然我们不断地强调原创的重要性，但是只要原创的方向没有集中于中国符号，那么它实际上就毫无价值。市场也从未缺乏物理意义上的国货，但它们永远只是洋货的廉价替代品。在这种情况下，消费者支持国货的结果难道不是与其初衷南辕北辙？许许多多的青年艺术家开始觉醒，意识到这一切不能再持续下去。他们从各自角度观察到的现象，就像你逛街时看到那些琳琅满目的中式英语，就如同你听到那些发音诡异的中国歌曲。当这本书的旅程已经到达终点时，你是否开始理解他们的内心世界？一个当红的歌手可能突然去学戏曲，一个被甲方激怒的设计师可能突然去读历史，一个功成名就的摄影师可能突然开始写毛笔字，而这些看似毫无关联的表象都在隐约揭开一场伟大浪潮的序幕。文化自信不是空喊口号，因为亚当·斯密的那只手永远都在左右着我们的消费决策。文化自信也不是盲目吹嘘，因为百年以来无数的先贤早已为此鞠躬尽瘁。文化自信是当这座最后的城池开始坍塌时，我们团结一致，抱着背水一战的决心发起反攻。你要看这个国家最优秀的那一批年轻人，他们开始喜欢什么，他们开始焦虑什么，以及他们又在引领什么。文化自信就是每个中国人之间彼此尊重，文化自信就是有朝一日当甲方再对你提出无理的修改要求时，你可以像李小龙那样擦擦鼻子说道——

"我告诉你们，国潮，不是中国风！"